26-80

Dietmar Lochner   Wolfgang Ploss

Wärme- und Schalldämmung im Innenausbau

Doppelbände in der Reihe

Fachwissen für Heimwerker

Karl-Heinz Böse	**Heizkosten sparen**
Werner Dittmer	**Hausbau leicht gemacht**
Hans H. Göres	**Betonieren und Mauern**
Heinz Graesch	**Holzarbeiten dekorativ und nützlich**
Dietmar Lochner	**Ferien- und Wochenendhäuser im Selbstbau** **Dachgeschoßausbau**
Peter H. Nengelken	**Bauen im Garten mit Holz und Beton** **Rustikale Möbel selbst gebaut**

Weitere Bände in Vorbereitung

Dietmar Lochner   Wolfgang Ploss

Wärme- und Schalldämmung im Innenausbau

Verlagsgesellschaft Rudolf Müller, Köln-Braunsfeld

CIP-Kurztitelaufnahme der Deutschen Bibliothek

Lochner, Dietmar

Wärme- und Schalldämmung im Innenausbau
Dietmar Lochner; Wolfgang Ploss
11.–22. Tsd.
Köln-Braunsfeld: R. Müller, 1980 (Fachwissen für Heimwerker)

ISBN 3-481-24142-9

NE: Ploss, Wolfgang

1.–10. Tausend 1979
11.–22. Tausend 1980

ISBN 3-481-24142-9

Verlagsredaktion: Ingeborg Roggenbuck
Druck: A. Hellendoorn, Bad Bentheim
Printed in Germany

Vorwort

Selbst sich wiederholende Krisen und Katastrophen lassen uns kaum Vorsorge treffen, um zukünftigen Schaden zu vermeiden.
Nun sind es nicht einmal die spektakulären Naturkatastrophen und technischen Unglücksfälle, die uns das Fürchten lehren sollten, sondern die unsichtbaren, überall anwesenden Gifte unserer technischen Zivilisation. Jeder führt auf persönliches Schicksal zurück, wo er die Ursache seiner Krankheit, Vitalitätslosigkeit, Müdigkeit und Angst in einer Umwelt zu suchen hätte, die er allerdings zum Teil selbst vergiftet hat.
Zweierlei scheint nach den Diskussionen um den Umweltschutz festzustehen: Erstens wird die Natur durch die Technisierung für sämtliche Lebewesen zunehmend toxisch, zweitens sind die in den hochtechnisierten Ländern lebenden Völker bis auf wenige Gruppen nicht gewillt, ihren Lebensstandard durch Technologieabbau einzuschränken und zu einfacheren Lebensformen zurückzukehren. Was ist zu tun?
Einmal wird die Industrie umweltfreundlichere Energien und sogenannte weiche Technologien zur Verfügung stellen, zum andern wird der Einzelne die technischen Gegenstände und Energien umweltbewußter benutzen lernen müssen. Dabei dürfen wir nicht darauf warten, bis zum Beispiel die solar- oder windkrafttechnischen ungiftigen Energien zur Verfügung stehen, sondern wir können, ohne unsere Bedürfnisse einzuschränken, den Energieverbrauch herabsetzen, indem wir sparsamer haushalten.
Es ist nachgewiesen, daß riesige Energiemengen durch ungenügende Wärmedämmung der Wohngebäude verschwendet werden. Offensichtlich sind die Energiekosten trotz der Versorgungskrisen immer noch so niedrig, daß die Verschwendung munter weitergeht. Ob der Frosteinbruch dieses Winters in Europa eine andere Haltung bei uns hervorruft, bleibt abzuwarten. Jeder

sollte sich vor Augen halten, daß mit dem Mehrverbrauch von Energie die Luft aus den Heizrückständen dauernd zusätzlich mit Millionen Tonnen gesundheitsschädlichem Schwefeldioxid, Stickstoffoxiden, Kohlenoxiden und Stauben belastet wird. Der private Hausbrand nimmt in der Gesamtstatistik ohnehin eine traurig führende Rolle in der Luftverpestung ein. Im Einzelfall haben Untersuchungen ergeben, daß die Verschmutzung durch bessere Wärmedämmung bis zu 60 % reduziert werden kann. Und das auch, wenn man davon ausgeht, daß die Herstellung der Dämmstoffe Energien verbraucht oder ihnen selbst Energierohstoffe als Substanz zugrunde liegen. Wer dem Umweltargument keinen Glauben schenkt, dem wird eine Gegenrechnung zumindest beweisen, daß eine optimale Wärmedämmung seines Hauses sich für ihn selbst nach drei bis vier Jahren amortisiert hat.
Obwohl im Gegensatz zur Giftbelastung der Luft die Lärmverschmutzung bewußt registriert wird, treten Gesundheitsschäden auch hier erst Jahre später auf. Man kann sich kaum vorstellen, daß der durch Gewöhnung aus der Wahrnehmung verschwundene Lärm auf die Dauer Vitalstörungen und Krankheiten hervorruft. Hierbei spielen sicher persönliche Unterschiede und die psychologische Einstellung zur Art des Lärms eine Rolle. Wir sollten uns aber darüber klar sein, daß die Lärmbelästigung und die Luftverschmutzung zwar nicht die einzigen krankmachenden Faktoren unserer Umwelt sind, aber immerhin keine unbedeutenden.
Niemandem ist damit gedient, mit Hilfe provisorischer und kurzlebiger Konstruktionen den genannten schwerwiegenden Beeinträchtigungen zu Leibe zu rücken. Deshalb sind in diesem Buch nur solche Baukonstruktionen ausgewählt, die wirksam auch über Jahrzehnte ein Haus und seine Bewohner schützen. Zum Teil gehen die vorgeschlagenen Baumethoden über den Rahmen der Selbsthilfe hinaus. Wichtig ist aber, das Verständnis für die Zusammenhänge eines notwendigen baulichen Eingriffs zu wecken.

Hamburg, im Januar 1979

Dietmar Lochner
Wolfgang Ploss

Inhalt

Einleitung 9

Wärmeschutz 11

Übersicht 11
Dämmstoffe und ihre Verarbeitung 12
Dach 19
Holzschutz 20
Dämmung der Dachfläche 22
Dachunterspannbahn 24
Verstärken und Ausrichten der Sparren 26
Dachschräge und Holzverkleidung 28
Dachschräge und Gipskartonverkleidung 30
Dachschräge verputzt 32
First und Traufe 34
Kehlbalken und Abseite 36
Dachflächenfenster und Dachgaube 38
Dachausstieg und Dacheinschnitt 40
Elektroinstallation, Luke, Heizung und Zwickelausbau .. 42
Dachdecke aus Beton 44
Dachdecke aus Holz 46
Geschoßdecke 48
Kellerdecke 50
Kellersohle 52
Grundwasserdichtung und tiefer gelegte Kellersohle 54
Außenwand 56
Kelleraußenwand 64
Wandaußendämmung 68
Maueröffnungsanschlüsse 70
Fenster 71
Rolladen, Klappladen und Jalousien 80
Dachflächenfenster 82
Außentüren 86
Innentüren 88
Rohrdämmung 89
Heizkörpernischen 92
Sanitärobjekte 94
Schornstein 96
Heizung 98

Schallschutz 99

Übersicht 99
Wände 101
Bauphasen Wandtyp I 104
Bauphasen Wandtyp II 108
Bauphasen Wandtyp III 112
Bauphasen Wandtyp IV 116
Decke und Fußboden 119
Schwimmender Estrich 120
Holzbalkendecke 122
Naßraumfußboden auf Holzbalkendecke 124
Abgehängte Decke 126
Fenster 128
Innen- und Außentüren 132
Installation 135
Sanitärobjekte 138
Heizungsanlagen 140

Bauphysik 141

Wärme 141
Schall 149

Stichwortregister 155

Einleitung

Ein großer Umbau fängt oft ganz harmlos mit dem Wunsch an, ein schönes Bild aufzuhängen. Nicht nur, daß, wie in Witzzeichnungen, der Putz in größeren Fladen abfällt, ärgert einen, sondern der fleckige, bucklige Putz selbst. Und erst der häßliche, große Löcher und Spalten aufweisende Übergang zwischen Wandfläche und Fußleiste ist Anlaß genug, die beabsichtigte Verschönerung an anderer Stelle zu beginnen. Beim Herausnehmen der Fußleisten fallen größere Putzflächen ab. Warum sollte nicht dann auch gleich die schon lange notwendige Verlegung des Unterputz-Starkstromkabels in Angriff genommen werden? So tragisch ist es auch nicht, den Fußboden hochzunehmen, der schon nach dreimaligem Abschleifen wieder so dunkel aussieht und endlich einer radikalen Erneuerung bedarf! Die Heizkörper gehören eigentlich in Nischen unter das Fenster! Das zugige Fenster hätte schon lange renoviert werden müssen . . . die »Großbaustelle« ist entstanden!
Daß bei all solchen Baumaßnahmen auch wärme- und schalltechnische Gesichtspunkte zu beachten sind, werden Ihnen die nächsten Seiten deutlich machen.

1

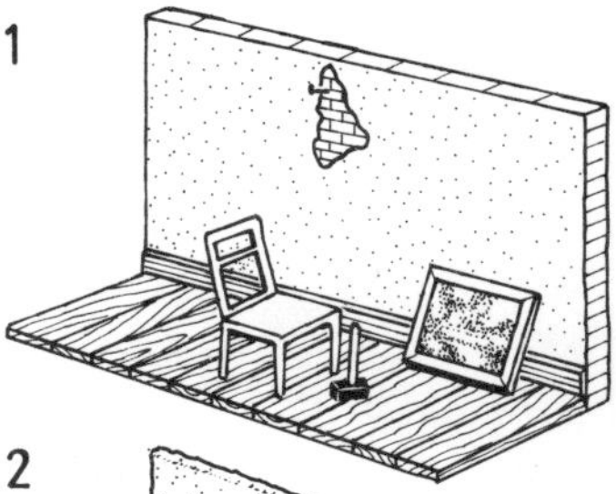

2

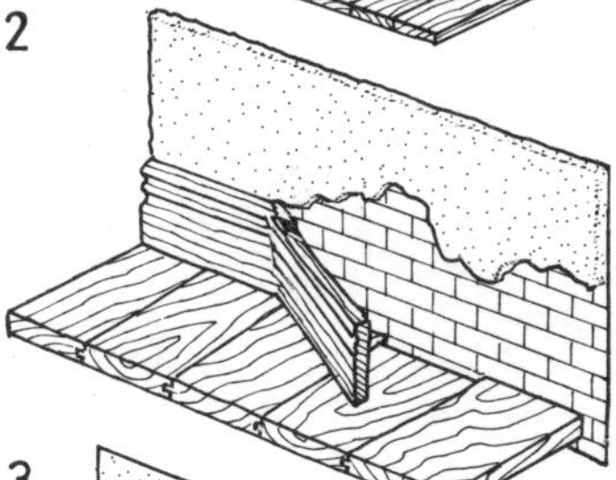

3

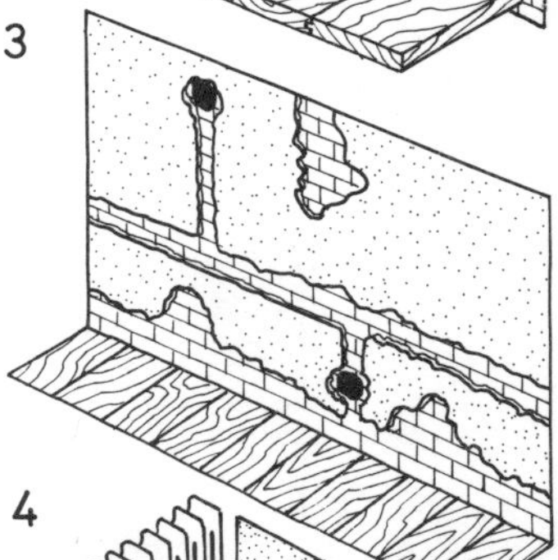

4

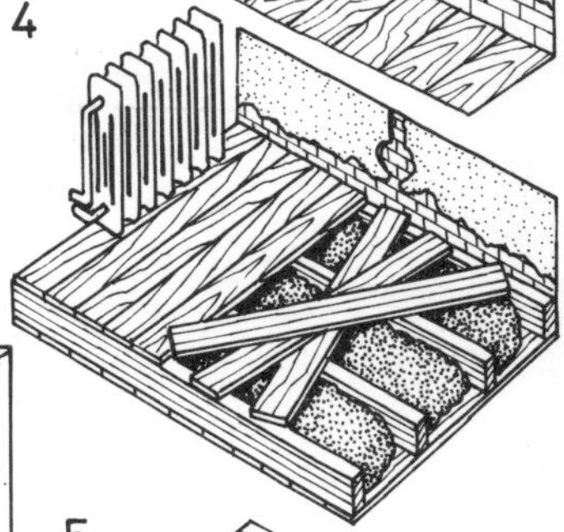

5

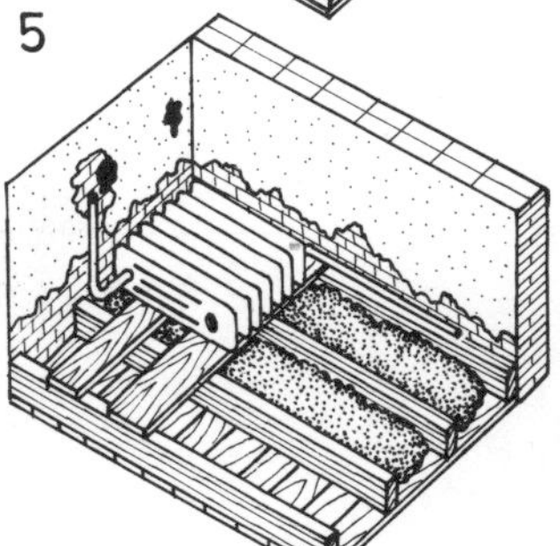

6

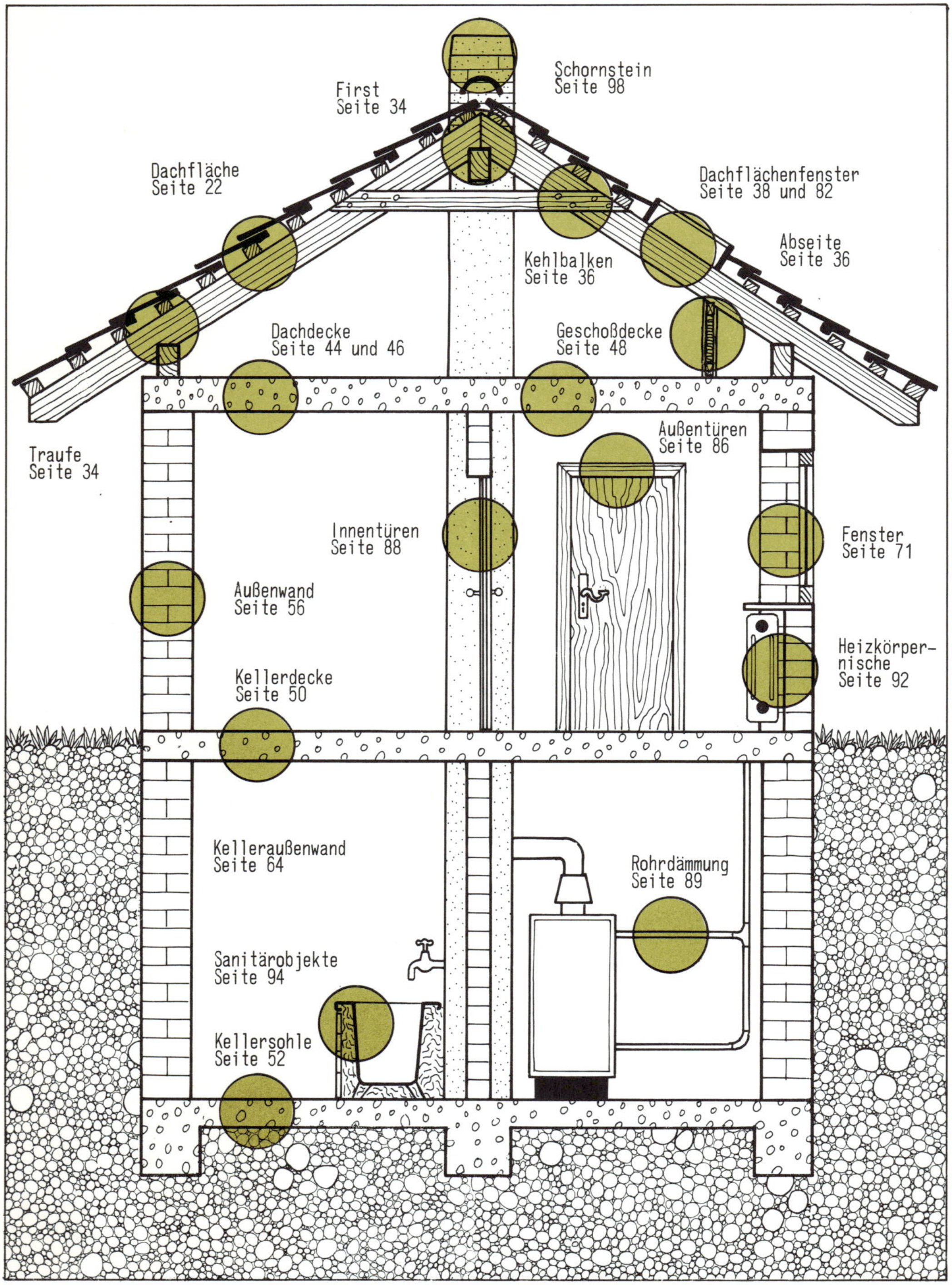
Schornstein
Seite 98
First
Seite 34
Dachfläche
Seite 22
Dachflächenfenster
Seite 38 und 82
Abseite
Seite 36
Kehlbalken
Seite 36
Dachdecke
Seite 44 und 46
Geschoßdecke
Seite 48
Außentüren
Seite 86
Traufe
Seite 34
Innentüren
Seite 88
Fenster
Seite 71
Außenwand
Seite 56
Heizkörper-
nische
Seite 92
Kellerdecke
Seite 50
Kelleraußenwand
Seite 64
Rohrdämmung
Seite 89
Sanitärobjekte
Seite 94
Kellersohle
Seite 52

Wärmeschutz

Übersicht

Eine Vielzahl klimatischer Einflüsse von außen und innen wirken auf die Bauteile eines Hauses. Einige dieser physikalischen Einflüsse haben wir in nebenstehender Zeichnung zusammengestellt.
Die traditionellen Baumethoden, die den klimatischen Wirkungen ausreichend Rechnung trugen, haben sich durch Auslese in Jahrhunderten herausgebildet.
Höhere Ansprüche und neue Baustoffe führten dazu, daß die alten Bauweisen durch Ingenieurkonstruktionen ersetzt wurden. Baufehler und Schäden, die auftraten, weil neue Baustoffe nach alten Baumethoden verarbeitet wurden, zwangen die am Bauen Beteiligten, die einzelnen Materialien und deren physikalische Eigenschaften genauer zu untersuchen. Dabei stellte sich heraus, daß die einzelnen Stoffe unterschiedlich gut den verschiedenen Anforderungen gerecht werden. Während früher massive, kompakte, einheitliche Konstruktionen den Witterungseinflüssen gewachsen waren, bestehen die heutigen Konstruktionen aus mehreren zusammengefügten Schalen, die einzeln die verschiedenen Aufgaben erfüllen.
Eigens entwickelte Dämmstoffe übernehmen den Schutz vor Kälte und Lärm. Dabei ist es noch gut, daß Schall und Wärme durch gleiche Stoffe eingedämmt werden können. Die Dämmstoffe sind feuchtigkeitsempfindlich, so daß sie vor Feuchtigkeit durch Sperrmaterialien zu schützen sind, die eine eigene Gruppe von Stoffen bilden.
Der Gebäudeschnitt, Seite 10, gibt einen Überblick über die nachstehend in wärmetechnischer Hinsicht betrachteten Details. Auch wenn nicht ausdrücklich auf die sonstigen bauphysikalischen Funktionen der Konstruktionen wie Feuchtigkeits-, Feuer-, Chemikalien- und Holzschutz erklärend eingegangen wird, so sind sie doch in den aufgeführten Details berücksichtigt.

1 DÄMMSTOFF gerollt

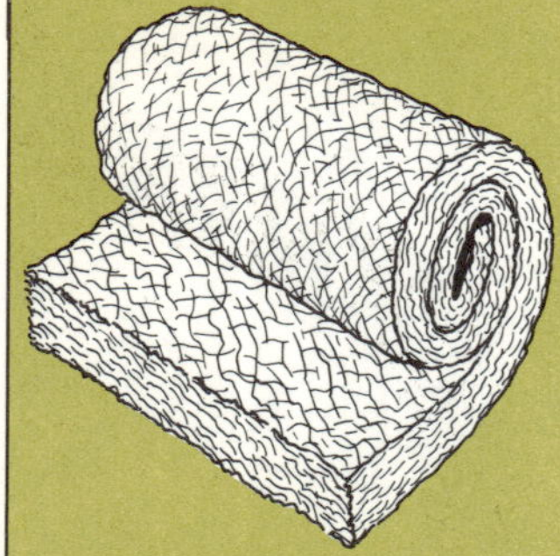

Dämmstoff aus:
Steinwolle
Glaswolle
Polystyrol (grob und fein)
Polyäthylen
Kokosrollfilz
Bitumenkork
Kork
organischem Filz
synthetischem Filz

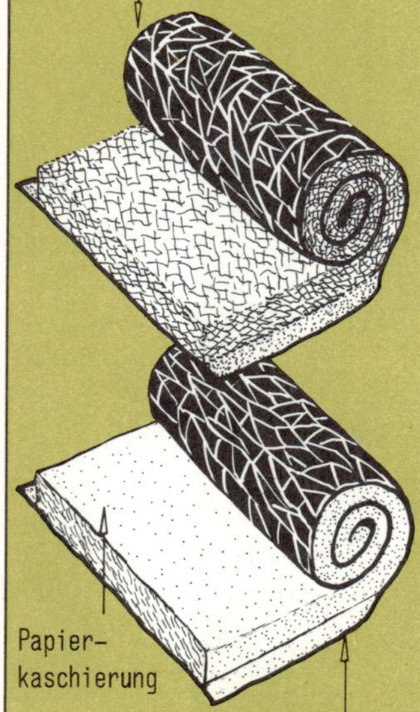

Dämmstoff aus:
Steinwolle
Glaswolle

Dämmstoffe und ihre Verarbeitung

Wärme läßt sich nicht einsperren. Selbst der dickste Dämmstoffmantel könnte den Wärmefluß, der immer vom Warmen zum Kalten strömt, nicht aufhalten – aber verlangsamen! Hierin liegt die Wirksamkeit der Dämmstoffe.

Die gute Dämmung eines Hauses hat zwar im wesentlichen die Aufgabe, für den Bewohner eine behagliche Temperatur zu schaffen. Daneben trägt sie aber dazu bei, Temperaturspannungen zwischen kalten und warmen Bauteilen zu verhindern und die Tauwasserbildung auszuschließen. Damit werden Bauschäden wie Rißbildungen, Mauerwerksdurchfeuchtungen und Korrosionsschäden ausgeschlossen. Letztlich würde bei ungenügender Dämmung die Benutzbarkeit eines Gebäudes nur durch kräftiges Gegenheizen ermöglicht.

Bisher ist man allgemein durchaus in der Lage, bei den relativ billigen Energiepreisen verschwenderisch mit den Brennstoffen umzugehen. Die Energiekosten werden aber in Zukunft immer stärker die Haushalte belasten.

Um einen praktikablen Überblick der handelsüblichen Dämmstoffe zu bekommen, haben wir sie in sieben Gruppen eingeteilt. Erstens: Gerollte Dämmstoffe. Zweitens: Weiche und halbsteife Dämmstoffmatten. Drittens: Steife Dämmstoffplatten. Viertens: Falzplatten. Fünftens: Mehrschichtplatten. Sechstens: Randstreifen und Dichtungsstreifen. Siebtens: Sonderformen.

Bei der Einteilung ist von der äußeren, mechanischen Form ausgegangen, weil diese bereits Hinweise über die Verbauung gibt. Der Dämmwert der chemisch unterschiedlichen Materialien ist ziemlich gleich, so daß für die Auswahl allein die Verarbeitungsmöglichkeit und Aufgabe entscheidend ist. Denn will man zum Beispiel eine Wand mit Dämmstoff bekleben, kommen nur Platten in Betracht. Zwickelhohlräume lassen sich nur mit losem Material verfüllen, und unregelmäßige Räume zwischen Sparren kann man am besten mit Rollenware dämmen.

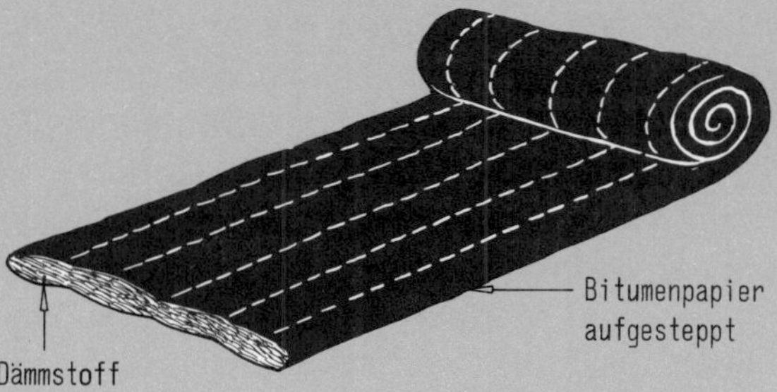

Dämmstoff aus
Steinwolle
Glaswolle

2 DÄMMSTOFFMATTEN (weich und halbsteif)

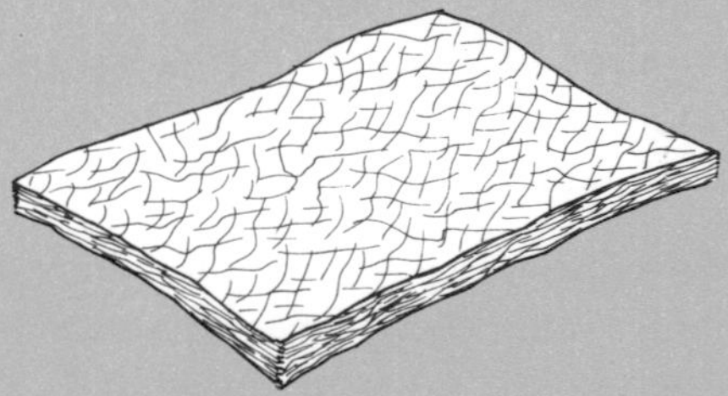

Dämmstoff aus:
Steinwolle
Glaswolle
Kokosfilz
Bitumenkorkfilz
organischem Filz
synthetischem Filz
Polystyrol

3 DÄMMSTOFFPLATTEN (steif)

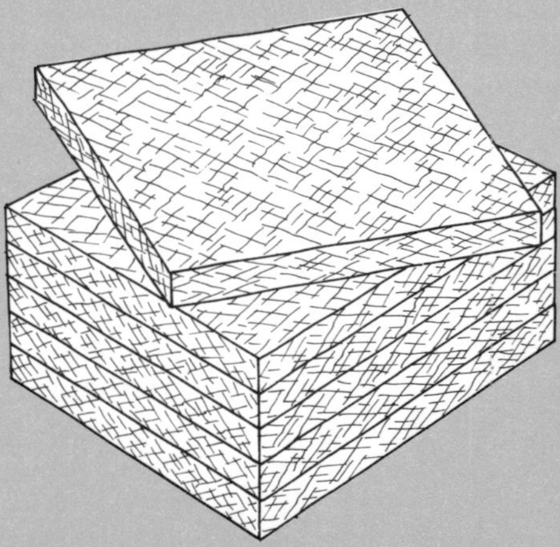

Dämmstoffe	Strukturen
Dämmstoff aus: Steinwolle, Glaswolle, Kokosfilz	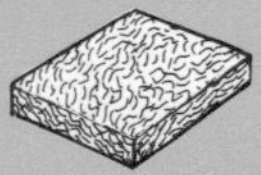 feinfaserige Struktur
Polystyrol (grob und fein), Polystyrol (bitumengebunden)	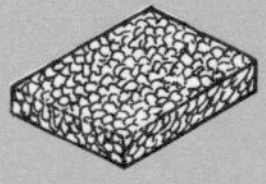 Kunststoffschaum
Polyurethan, Perlite	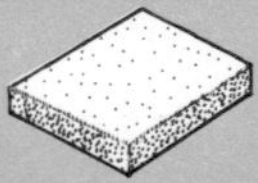 Hartschaum
Kork, Bitumenkork	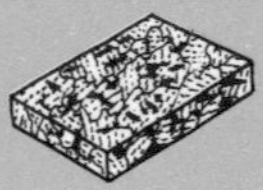 Kork
Holzwolle (magnesitgebunden)	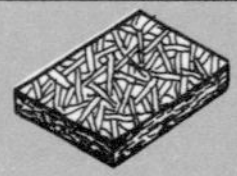 grobfaserige Struktur
Schaumglas	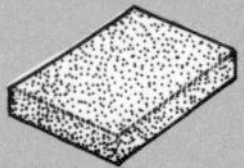 geschäumtes Glas

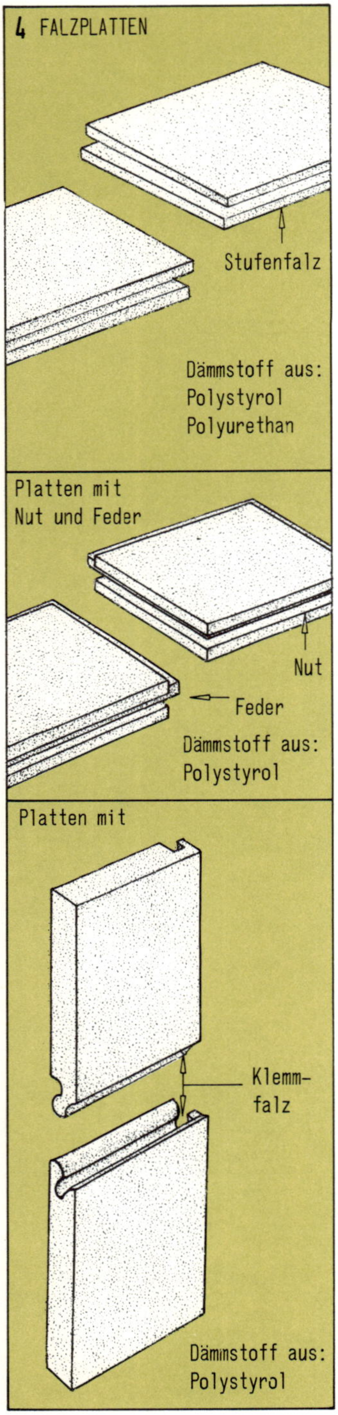

1 (Seite 12) Gerollter Dämmstoff. Das üblicherweise beim Dachausbau verwendete Material ist gerollt. Es gibt zwei Haupttypen: Einmal unkaschiert, zum andern mit Aluminiumfolie, Papier oder Bitumenpapier kaschiert. Viele unterschiedliche Dämmstoffarten stehen gerollt zur Verfügung. Wenn möglich, sollte man den organischen Stoffen den Vorzug geben, aber die meisten chemischen Produkte sind nach Einbau wohl unbedenklich. Die kleiderstoffartigen Bahnen verwendet man, wenn sie an einer Holzkonstruktion befestigt werden können: An Wänden auf Lattengerüst, beim Dach zwischen den Sparren. Die Kaschierungen bieten Feuchtigkeitsschutz und ein angenehmeres Verarbeiten. Die Dämmstoffdicken liegen bei 4 bis 12 cm, die Breiten bei 60 bis 120 cm, die Längen bei 6 bis 10 m.

2 Dämmstoffmatten. Das den Rollen ähnlich lose Material eignet sich mehr für den Schallschutz. Als Körperschalldämmatten werden sie liegend verwendet, man kann sie aber auch als Wanddämmung einsetzen. Die handlichen Matten werden in Stärken von 1 bis 14 cm angeboten. Die üblichen Größen haben Seitenlängen von 60 bis 120 cm.

3 Dämmstoffplatten. Steife Dämmstoffplatten gibt es in sehr vielen Varianten, zumal, wenn man zu ihnen noch die Mehrschicht- und Falzplatten zählt. Alle chemisch unterschiedlichen Dämmstoffarten sind auch als steife Platten erhältlich. Das große Produktangebot hat seinen Grund darin, daß das Baugewerbe die leicht und schnell montierbaren Elemente hauptsächlich verwendet. Während bei den zuvorgenannten Arten die Befestigungsmöglichkeiten eingeschränkt sind, stehen hier alle Montagetechniken offen: Nageln, Schrauben, Kleben, Mörtelkleben. Die Größen entsprechen den Dämmatten. Einige Hersteller liefern das Material sogar in Blockform, so daß man sich Sonderformen ausschneiden kann.

4 Falzplatten. Erst in den letzten Jahren sind Dämmplatten mit Falzen auf den Markt gekommen. Eine Dämmummantelung muß möglichst fugenlos einen Raum umschließen. Stumpfe Stöße von Platten sind

5 MEHRSCHICHTPLATTEN

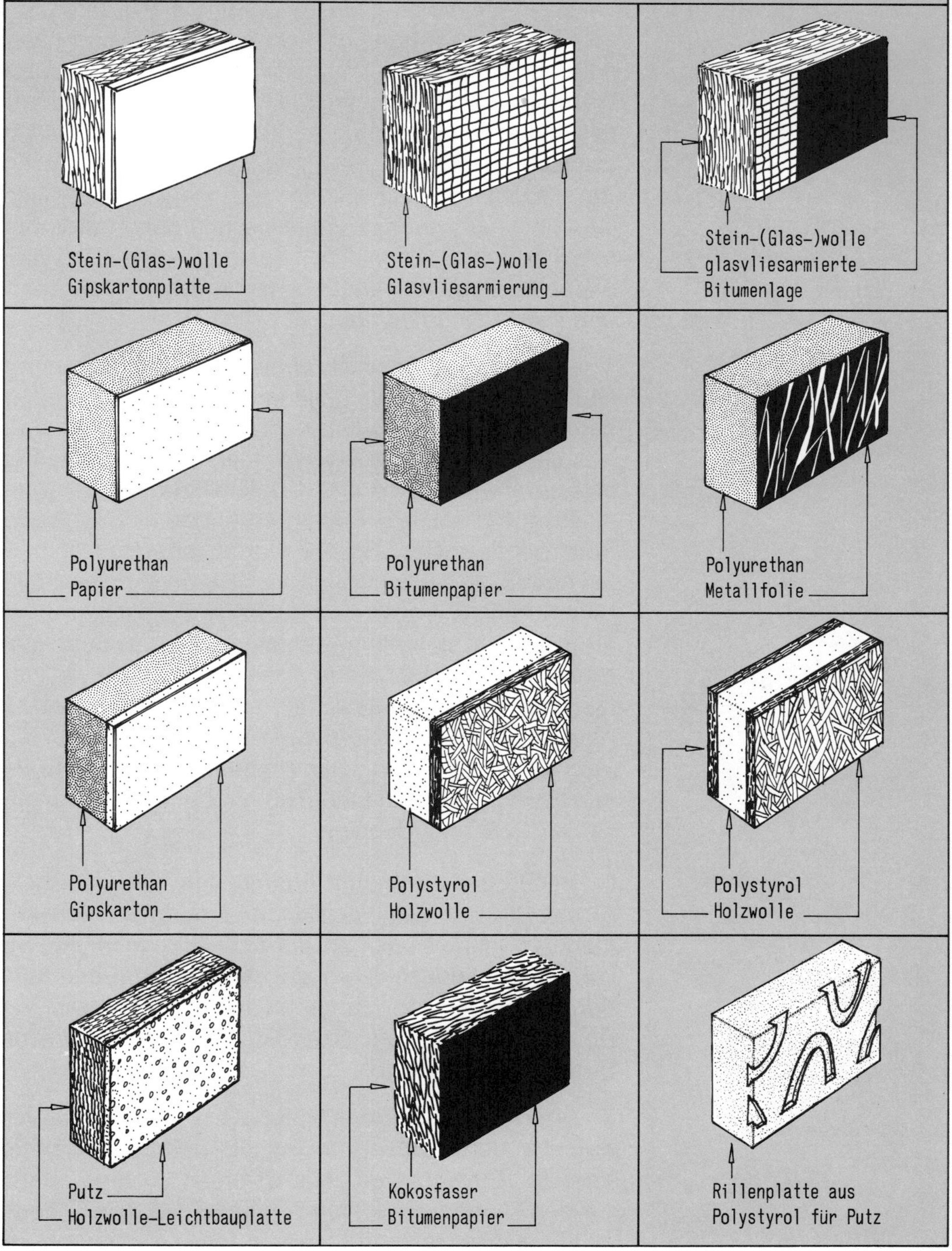

6 RANDSTREIFEN UND DICHTUNGSSTREIFEN

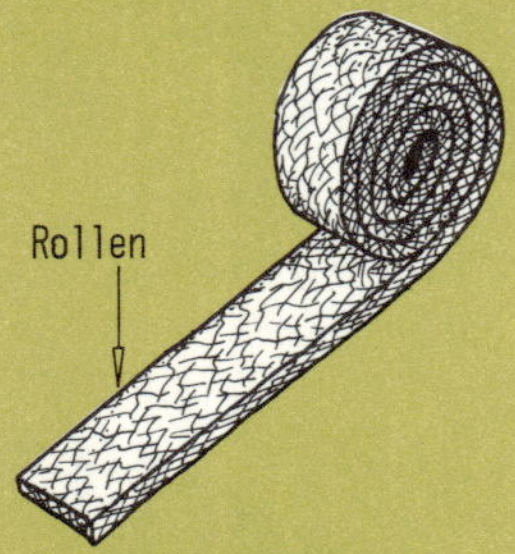

Dämmstoff aus:
organischen Filzen
synthetischen Filzen
Filze mit Folienbeschichtung
Polyurethan
Polyäthylen

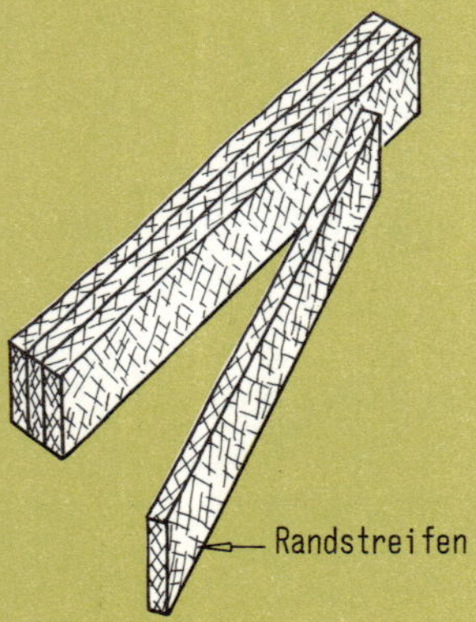

Dämmstoff aus:
Steinwolle
Glaswolle
Kokosfaser
Kork

aber schwierig zu verschließen. Da die Dämmschicht immer verkleidet wird, hat man keine Kontrolle darüber, ob nicht trotz sorgfältiger Dichtung, die Platten bei den folgenden Arbeitsgängen verrutschen und dadurch Wärmebrücken entstehen. Die Falze bieten die Gewähr, daß in den Fugen zumindest die halbe Dämmstoffdicke wirksam bleibt.
Die Verriegelung mit Klemmfalzen stellt in der Fläche eine unlösbare Verbindung zwischen den Platten her. Die Maße entsprechen denen der Platten ohne Falz. Das hauptsächliche Anwendungsgebiet liegt in Fassaden- und Dachaußendämmungen.

5 (Seite 15) Mehrschichtplatten. Die Mehrschichtigkeit ist darin begründet, daß in Einzelschichten aufzubauende Konstruktionen wesentlich zeitaufwendiger sind als solche, bei denen zwei oder mehrere Schichten nicht erst an der Baustelle zusammengefügt werden müssen. Bei solchen Platten erübrigen sich entweder Konstruktionsschichten, Feuchtigkeitsschutzschichten oder Sichtflächenschichten. Glasvliesarmierungen, Rillenfurchen, Papier- und Holzwollekaschierungen dienen als Konstruktionsschichten, Bitumenauflagen, Bitumenpapierkaschierungen und Metallfolienschichten dem Feuchtigkeitsschutz, bei Gipskartonkaschierungen, Putz- und Holzwolleschichten entfallen die Verkleidungsarbeiten. Die Plattenmaße weichen im einzelnen stark voneinander ab. Von einigen Typen gibt es geschoßhohe Elemente.

6 Rand- und Dichtungsstreifen. Für ganz spezielle Anwendungsgebiete wie Randdämmung von schwimmendem Estrich oder für die Schwingungsdämpfung von Konstruktionshölzern gibt es fertig zugeschnittene Formteile. Wer nur geringe Mengen braucht, wie zum Beispiel beim Einbau eines Fensters, fertigt sich die Streifen selbst ab.

7 Sonderformen. Loses Material braucht man bei verzwickten Hohlräumen, zum Beispiel unter Badewannen oder in Rohrschlitzen. Mit körnigem Schüttmaterial werden Fußböden gedämmt und geebnet. Den Schaum aus Sprayflaschen sprüht man in Risse oder Durchbrü-

7 SONDERFORMEN

loses Material

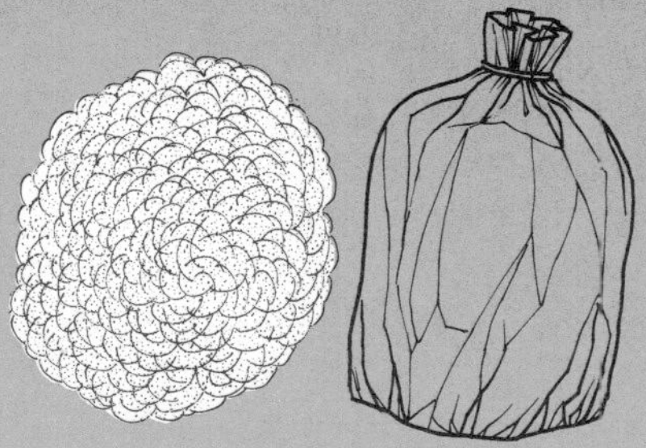

Dämmstoff aus:
Glaswolle
Steinwolle

körniges Schüttmaterial

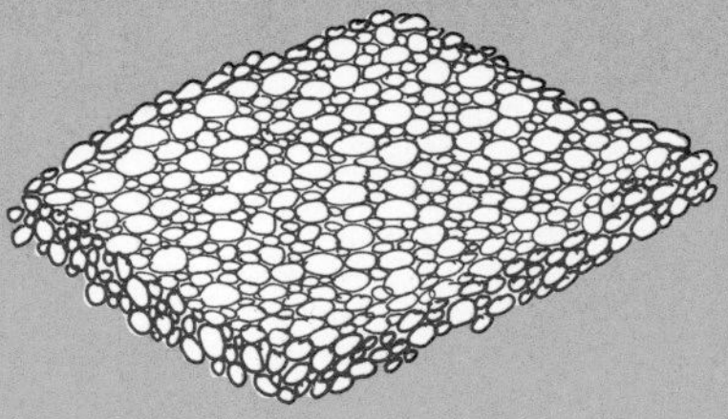

Dämmstoff aus:
Perlite

Schaum

Dämmstoff aus:
Herathan

Putz

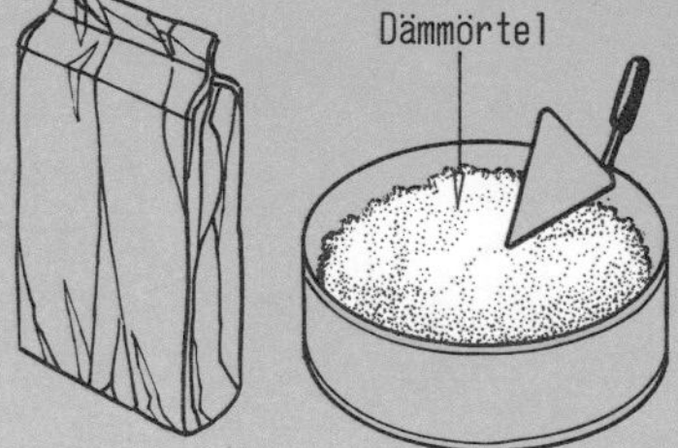

Dämmstoff aus:
Perlite

Formteile

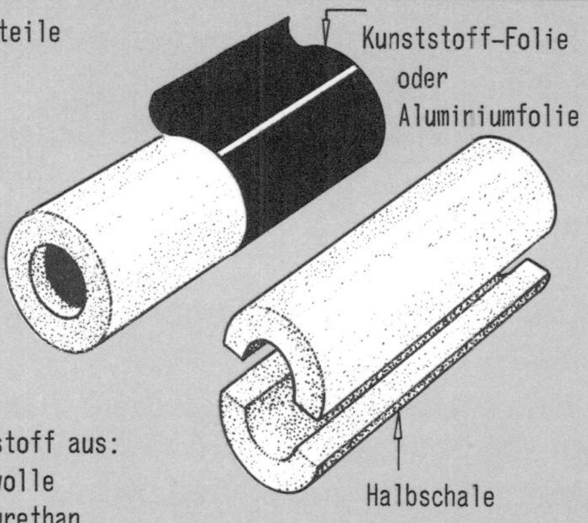

Dämmstoff aus:
Glaswolle
Polyurethan
Schaumglas

Schnur

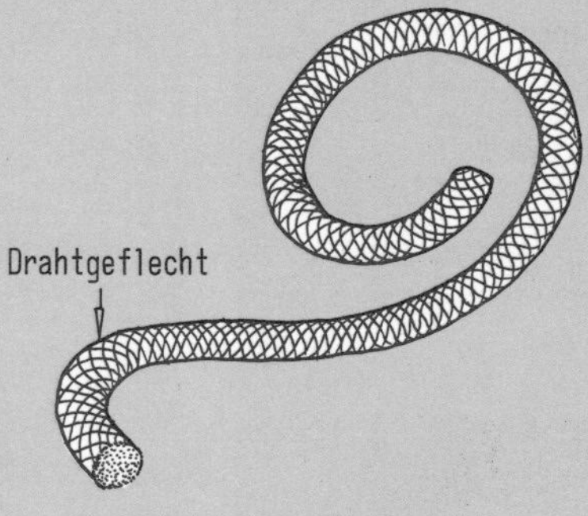

Dämmstoff aus:
Glaswolle

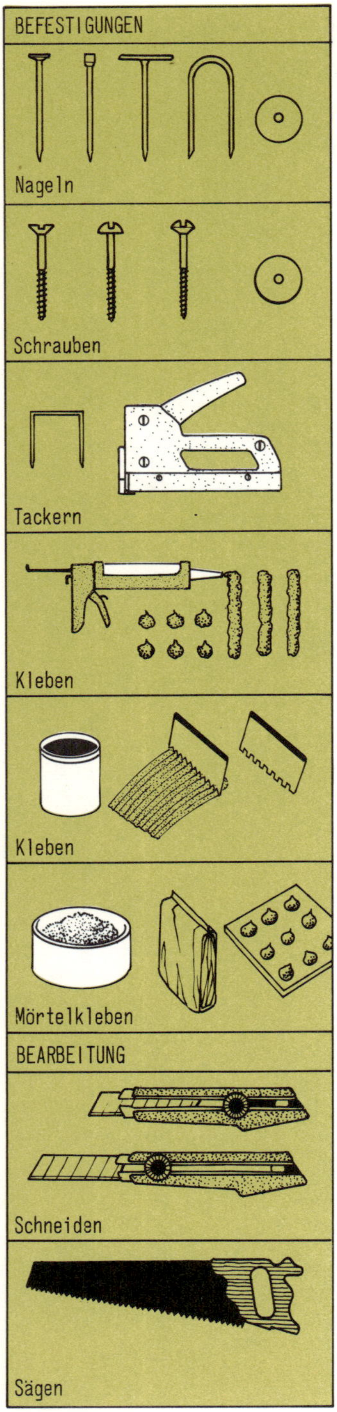

che. Schlitze, aber auch ganze Wandflächen, lassen sich mit Dämmputz beschichten. Eine Reihe von unterschiedlichen Spezialformteilen werden auf den Baustoffmärkten angeboten. Als Beispiele zu nennen sind Rohrdämmsysteme mit und ohne Folienummantelung und Dachrandkeile. Fenster- und Türanschlüsse dichtet man mit Glaswoll-Dämmstoffschnüren.

Wie aus nebenstehendem Bild ersichtlich, sind der Einbau und die Verarbeitung der Dämmstoffe mit üblichen Werkzeugen möglich.

Damit man die Werkstoffe kennt, mit denen man umgeht, sind hier Zusammensetzung und Eigenschaften der wichtigsten Dämmrohmaterialien genannt:

Glasfaser: Mineralischer Grundstoff. Die Fasern sind beim Dämmstoff kunstharzgebunden.

Steinwolle: Grundstoff ist flüssige Hochofenschlacke oder geschmolzenes Naturgestein. Als Dämmstoffe sind die durch einen Dampfstrahl zerteilten Fäden kunstharzgebunden.

Kokosfilz: Gewinnung von der Umhüllung der Kokosnüsse. Die Matten werden auch auf bituminöses Papier gesteppt.

Polystyrol: Ausgangsstoffe sind Äthylen und Benzol, die zu Styrol polymerisiert werden. Die Granulate werden mit Blähmitteln vorgeschäumt und unter Hitzeeinwirkung weiter aufgebläht.

Polyurethan: Polyadditionsprodukt aus Kohlenwasserstoffen und mehrwertigen Alkoholen.

Polyäthylen: Das aus Kohle, Erdgas oder Erdöl gewonnene Äthylengas wird polymerisiert.

Perlite: Kleine Kugeln aus künstlich geschäumtem vulkanischem Gestein.

Kork: Gewinnung aus der nachwachsenden Rinde der Korkeichen.

Filze: Vorwiegend aus Tierhaaren hergestellt. Häufig bituminös gebunden.

Magnesitgebundene Holzwolle: Herstellung aus Holzwolle mit Magnesitbinder, der aus unterhalb der Sintergrenze gebranntem Magnesitgestein besteht.

Schaumglas: Geschlossenporige, geschäumte Glasmasse.

Dach

Für einen umfangreicheren Dachausbau muß beim Bauamt eine Genehmigung eingeholt werden. In den einzureichenden Plänen sind Angaben über Zugang (Treppe, maximale Steigung = 19 cm, kleinster Auftritt = 26 cm), Belichtung und Wohnfläche einzutragen. Bei der Wohnflächenberechnung sind Raumteile, die eine lichte Höhe von 2,0 m haben, voll anzurechnen. Solche, die nur eine Höhe von einem und zwei Metern haben, werden halb angerechnet. Unter einem Meter bleiben Raumteile in der Wohnflächenberechnung unberücksichtigt (Bild **1**). Die mittlere Raumhöhe muß aber mindestens 2,30 m betragen.

2 und **3** Aufgrund der genannten Bestimmungen lassen sich Dächer mit Neigungen unter 35 Grad und häufig auch Walmdächer über 35 Grad nicht ausbauen. Der Wohnraum würde zu klein. Außerdem läßt sich die Treppe nicht dort einbauen, wo man eine ausreichende Kopfhöhe von 2,0 Metern hat.

4 und **5** Steile Satteldächer eignen sich am besten für den Ausbau. Der Hinweis sei erlaubt, daß es bei solchen Dächern am praktischsten und schönsten ist, den Dachraum bis zum First und zur Traufe voll zu nutzen. Räume wie sie in Bild 5 angedeutet sind, wirken sehr eng und ungemütlich, zumal da häufig der Fehler gemacht wird, den Bodenraum in viele Zimmerchen einzuteilen. Die Abseitenzwickel lassen sich bei voller Nutzung vorteilhaft als Stauraum oder als Heizkörpernische, der Spitzboden für Schlafkojen oder Spielpodeste verwenden.

6 Einen Sonderfall stellen Pfettendächer dar, bei denen der Bodenraum durch die die Pfetten tragenden Stützen verstellt ist. Wenn die Felder zwischen den Stützen ausreichend groß sind oder die Kanthölzer in Zwischenwände einbezogen werden können, braucht man sie nicht umständlich zu versetzen, was einen großen Bauaufwand auch im darunterliegenden Geschoß bedeutet.

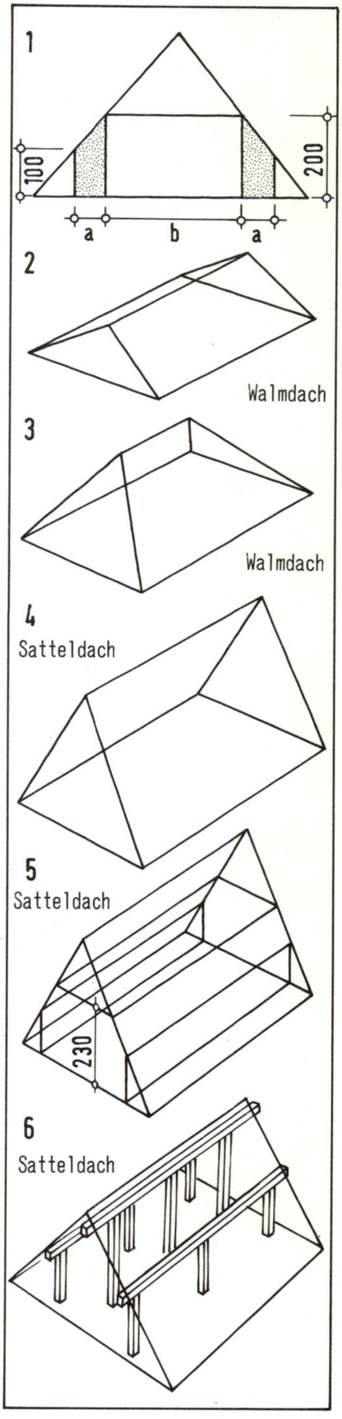

1

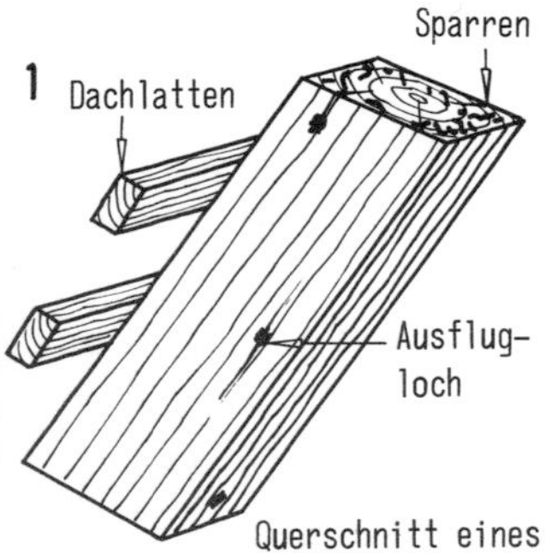

Querschnitt eines vom Holzbock befallenen Sparrens

2

Hausbockkäfer (Großer Holzwurm)
Hylotrupes bajulus

3

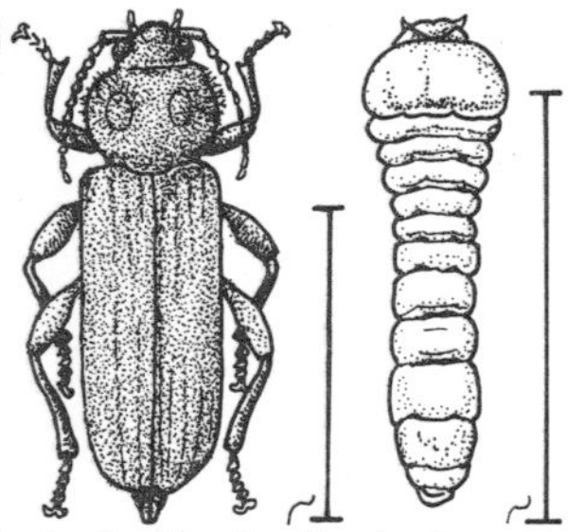

Orginalgröße des Hausbockkäfers und der Larve

Pochkäfer (Holzwurm)
Anobium punctatum

4

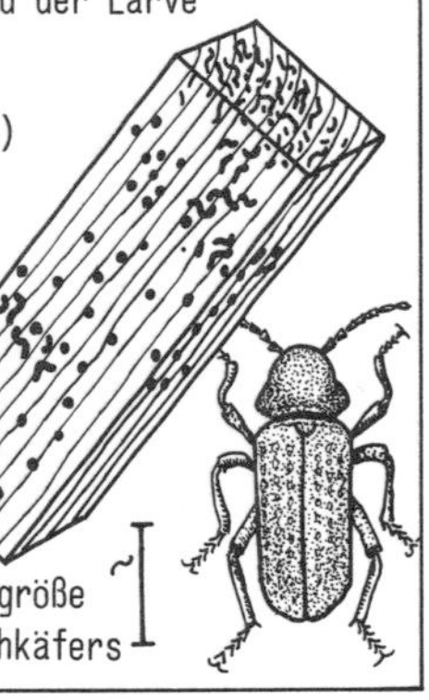

Orginalgröße des Pochkäfers

Holzschutz

Zur Prüfung der Ausbaufähigkeit eines Bodenraumes gehört die Untersuchung der Holzteile auf Befall durch Holzschädlinge. Zwei Insektenarten zeichnen sich durch besondere Gefräßigkeit aus: Der Hausbock und der sogenannte Holzwurm. Mit diesen Bezeichnungen sind der Hausbockkäfer und der Pochkäfer gemeint. Das Zerstörungswerk verrichten nicht die Käfer selbst, sondern deren Larven. Sie nagen sich täglich um ihre Körperlänge vorwärts.

1 bis **3** Für einen Dachstuhl am gefährlichsten ist der Befall durch Hausbockkäferlarven. Sie bleiben bis zu sieben Jahren im Holz. Bei ungünstigen Bedingungen sogar noch länger. Man erkennt den Befall an den ovalen 5 bis 10 mm großen, ausgefransten Ausfluglöchern, die teilweise schwierig aufzufinden sind. Auch wenn man nur wenig Löcher findet, kann das Holz schon total zerstört sein.

4 Die im Dachgebälk seltener vorkommende Larve des Pochkäfers wird meist durch alte, auf dem Boden abgestellte Möbelstücke eingeschleppt.
Zwei Verfahren zur Bekämpfung der Holzschädlinge sind geeignet: Das Abbeil- und das Heißluftverfahren.

5 Das Abbeilverfahren ist möglich, weil die Tiere das weichere, eiweishaltige äußere Holz bevorzugen. Das härtere Kernholz bleibt verschont. Die Fraßgänge werden abgebeilt und anschließend mit Holzschutzmittel imprägniert.

6 Das Heißluftverfahren beruht auf der Tatsache, daß Larven ab 46 Grad Wärme nicht lebensfähig sind. Mit Heißluftmaschinen wird die Lufttemperatur über Rohre im Dachboden auf 80 bis 110 Grad gebracht. Temperaturmesser, in der Mitte der stärksten Holzbalken angebracht, bestätigen die Abtötungstemperatur. Nach einer 6- bis 8-stündigen Behandlungsdauer werden zusätzlich chemische Holzschutzmittel aufgesprüht. Das Heißluftverfahren ist für den Dachstuhl schonender und preisgünstiger.

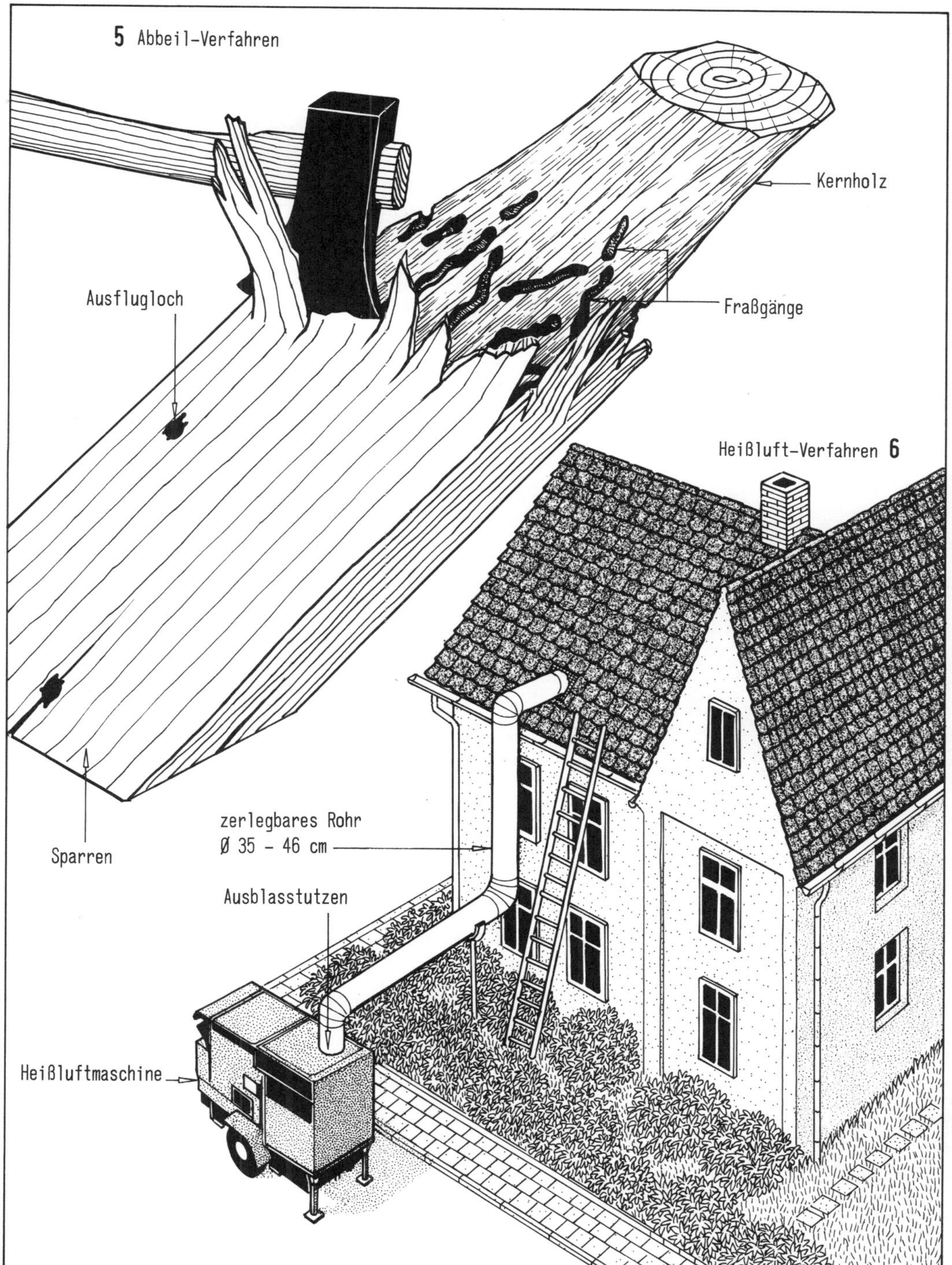
5 Abbeil-Verfahren
Kernholz
Ausflugloch
Fraßgänge
Sparren
Heißluft-Verfahren 6
zerlegbares Rohr
Ø 35 - 46 cm
Ausblasstutzen
Heißluftmaschine

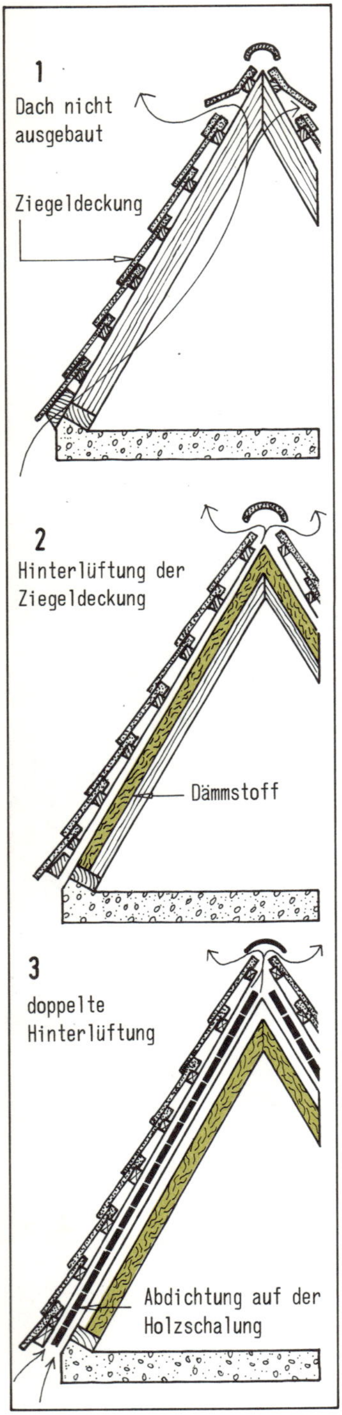

Dämmung der Dachfläche

Eine Reihe von Gründen (wie zusätzliche Schaffung von Spielfläche, Steuervergünstigung, Mieteinnahmen und bessere Ausnutzung kleiner Grundstücke) haben dazu geführt, daß bereits über die Hälfte aller Einfamilienhäuser ein ausgebautes Dachgeschoß haben. Für das gesunde Klima eines Hauses wäre aber ein nichtausgebauter Dachboden wünschenswert.

Wenn beim Ausbau der Luftraum im Boden abgedichtet wird, sind drei technische Probleme zu bedenken: Erstens, die Dachdeckung muß dicht sein. Zweitens, die Dachdeckung muß von der Innenseite her abtrocknen können. Drittens, das Wärmedämmaterial muß eine ausreichende Dicke (mindestens 10 cm) haben und fugendicht verlegt sein.

Bei Zweifeln an der Dichtigkeit der Dachdeckung empfiehlt es sich immer, das Dach neu eindecken zu lassen. Wenn Sie ein Angebot für die Neu- oder Umdeckung Ihres Daches einholen, werden Sie feststellen, daß diese Arbeiten gar nicht so teuer sind. Die Wärmedämmung läßt sich von außen, wenn das Dach abgedeckt ist, einfach anbringen, und man kann zum Schutz des Dämmstoffes eine Unterspannbahn vollflächig aufnageln.

1 bis **3** zeigen die Hinterlüftung der Dachhaut. Wer es besonders gut machen will, hinterlüftet auch die Abdichtung. An der Traufe und am First werden Lüftungselemente eingebaut.

4 und **5** Der Dämmstoff ist von innen eingesetzt. Abwechselnd übernehmen der Holzquerschnitt und das Dämmaterial den Wärmeschutz. Die Materialanschlüsse müssen besonders sorgfältig ausgeführt sein.

6 Die Dämmstoffplatten werden vollfächig oder besser in zwei Schichten fugenversetzt angeordnet.

7 Die geschlossenporigen Hartschaumplatten mit Spezialfalzen (zum Beispiel der Firma Isopor) lassen sich auf die Sparren nageln. Die Konterlattung bildet den Zwischenraum für die Hinterlüftung.

8 Weichere, bitumenkaschierte Dämmstoffe legt man zwischen die Konterlattung.

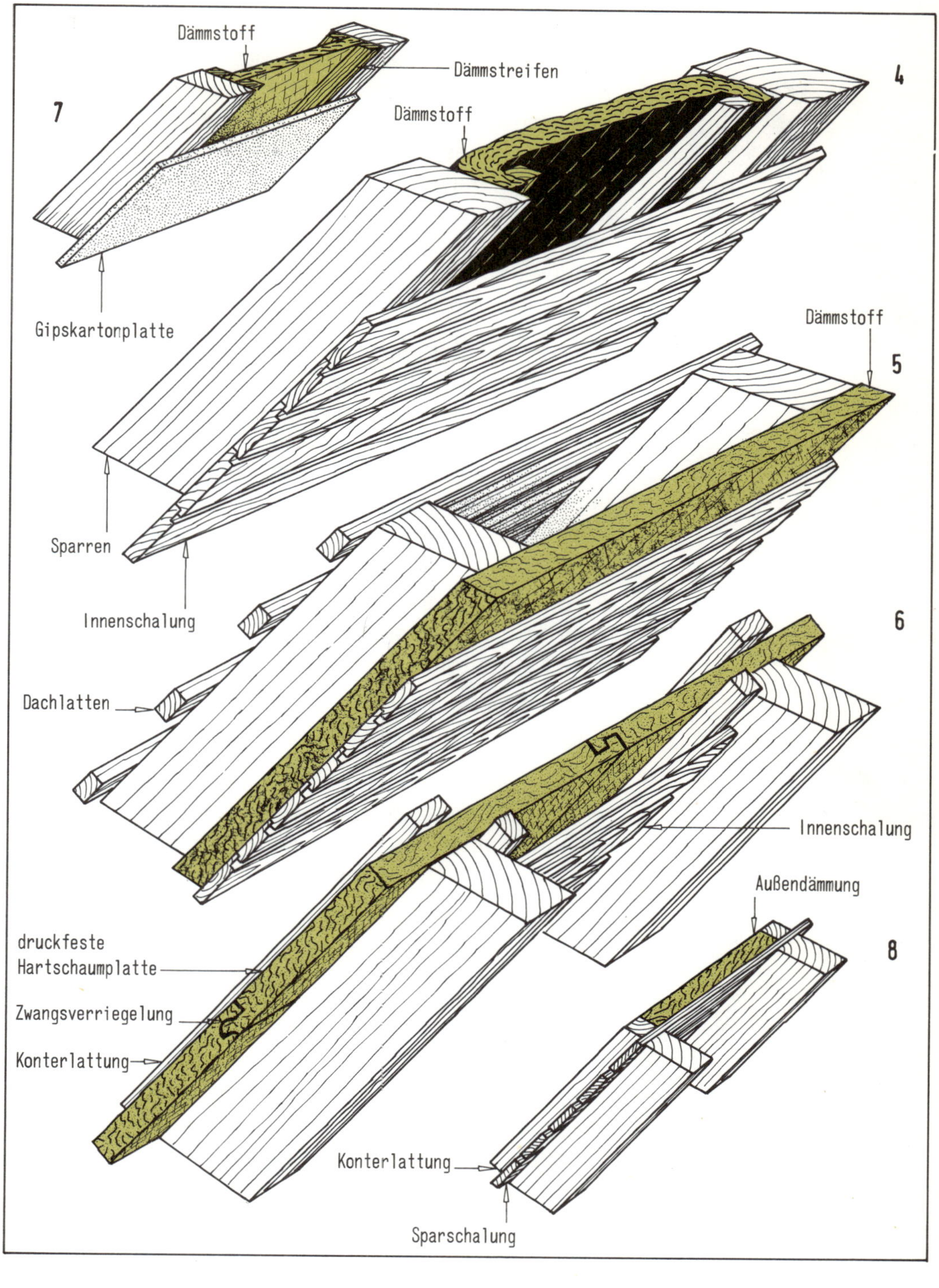
Dämmstoff
Dämmstreifen
7
Gipskartonplatte
Dämmstoff
4
Sparren
Innenschalung
Dämmstoff
5
Dachlatten
6
Innenschalung
Außendämmung
8
druckfeste Hartschaumplatte
Zwangsverriegelung
Konterlattung
Konterlattung
Sparschalung

Dachunterspannbahn

Die in den letzten Jahren entwickelten Unterspannbahnen (zum Beispiel der Firma Dörken) ersetzen die Eindichtungsarbeiten mit Schalung und Bitumenbahnen. Die Folien bestehen aus schwerentflammbarem und gewebeverstärktem Polyäthylen. Sie sind sehr reißfest und temperaturunempfindlich. Ein eingearbeitetes System feiner Poren sorgt ohne Beeinträchtigung der Staub- und Wasserdichtigkeit für den Luftausgleich von innen und außen.

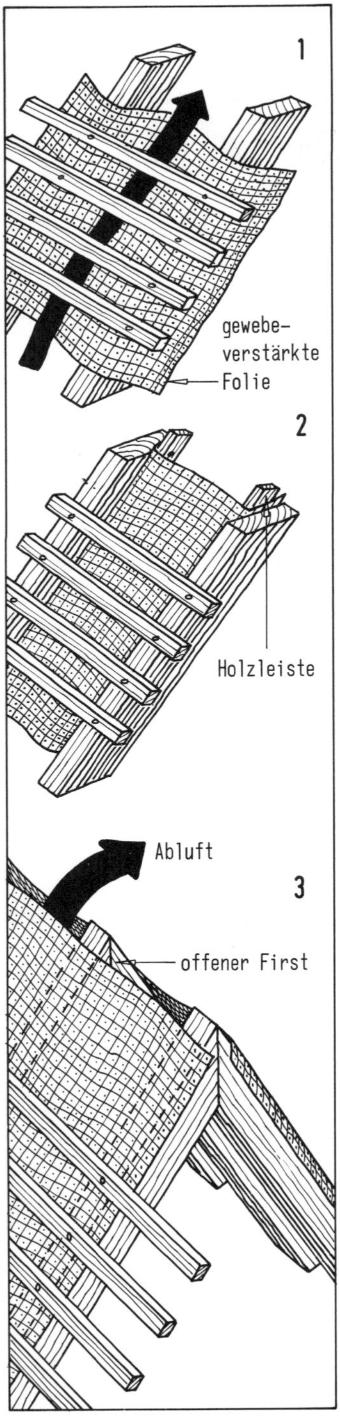

1 und **2** Die Unterspannbahn wird bei Neudeckung parallel zur Traufe über die Sparrenlage gespannt. Man kann die Folien auch von innen anbringen, was ungünstiger ist, weil Wasser zwischen Folien und Sparren eindringen kann. Die Folie wird nur lose gespannt, damit ein Durchhang entsteht, der die Belüftung gewährleistet und eindringendes Wasser in der Mitte des Sparrenfeldes sammelt.

3 Die Unterspannbahn darf nicht über den First hinweggezogen werden. Sie endet 5 cm vor der Spitze. Die Abluft strömt hier nach außen.

4 Die Traufbohle muß so breit sein, daß kein Wasserstau auf der Unterspannbahn entsteht.

5 Die Folienlappen, die beim Einschneiden entstehen, werden auf den Dachlatten stramm befestigt, so daß der Öffnungsteil leicht hochgezogen wird. Wasser läuft dann von der Öffnung weg.

6 Bei den Einschnitten der Dachflächenfenster schiebt man oben 20 cm breite Folienstreifen ein, die zu einer Folienrinne eingefaltet werden.

7 An aufgehenden Mauerteilen wird die Folie hochgezogen.

8 bis **10** Pappdocken, mit oder ohne Falz, die zusammen mit der Ziegeldeckung verlegt werden, bieten besonders guten Schutz gegen alle Witterungseinflüsse. Abdichten durch Mörtelverstrich macht die Dachhaut starr und sturmanfällig. Vorschrift ist, bei Neudeckung jede dritte Pfanne mit Sturmhaken zu befestigen.

4

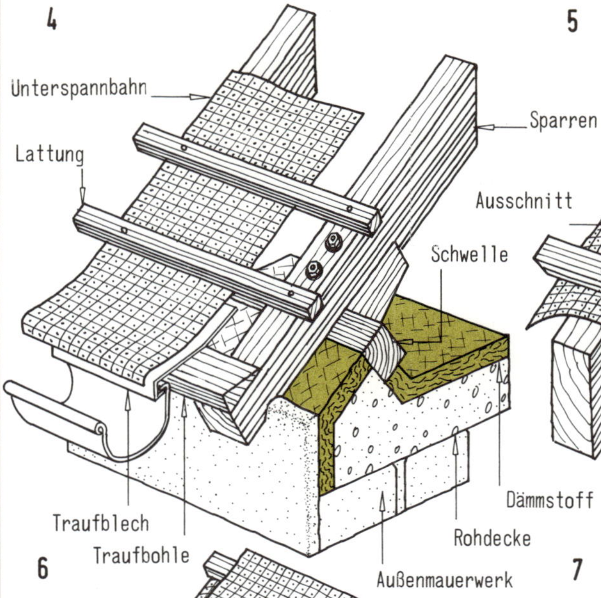
Unterspannbahn
Lattung
Sparren
Schwelle
Traufblech
Traufbohle
Dämmstoff
Rohdecke
Außenmauerwerk

5

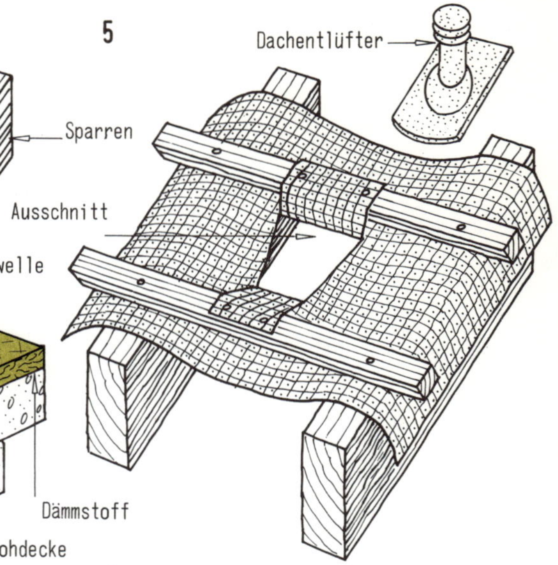
Dachentlüfter
Ausschnitt

6

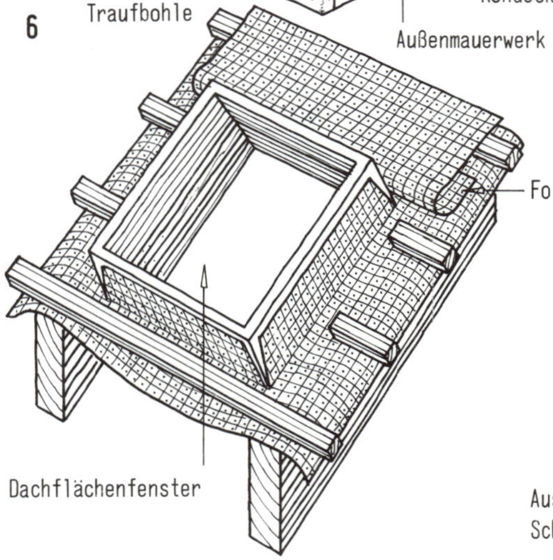
Folienrinne
Dachflächenfenster

7

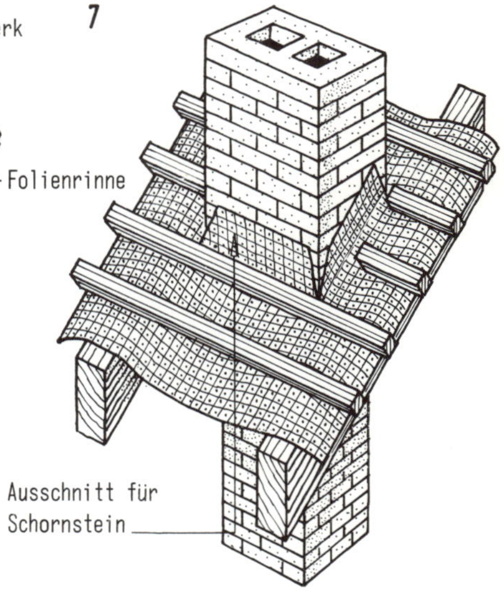
Ausschnitt für
Schornstein

8

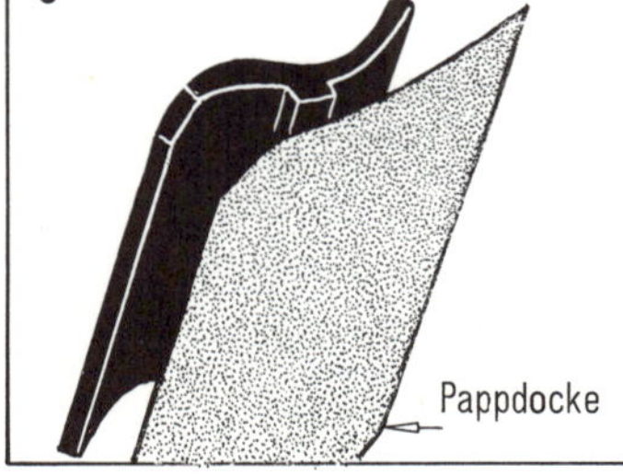
Pappdocke

9

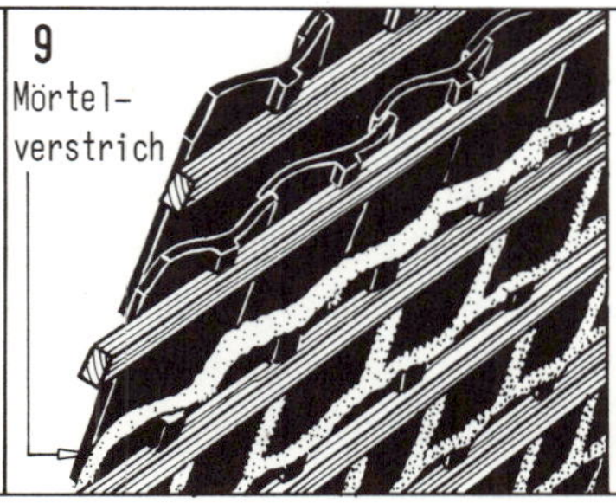
Mörtel-
verstrich

10

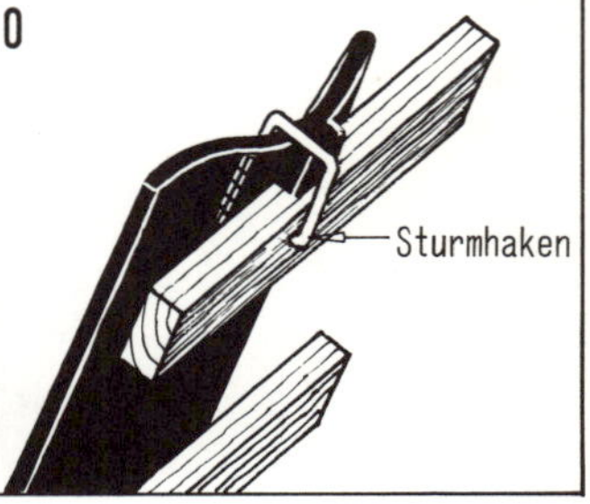
Sturmhaken

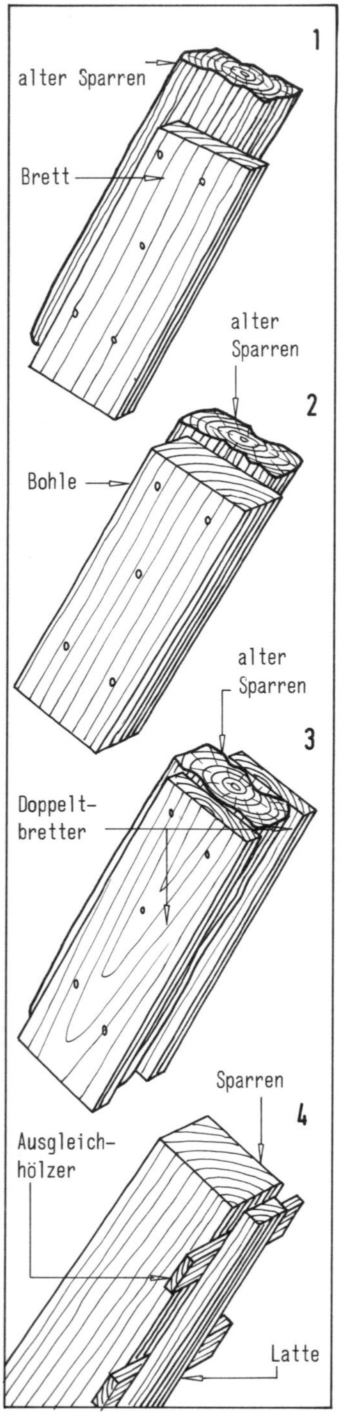

Verstärken und Ausrichten der Sparren

1 Mit dem Heißluftverfahren behandelte Dachsparren bleiben zwar in ihrem Querschnitt erhalten, können aber in ihrer statischen Funktion beeinträchtigt sein. Sie müssen durch Bretter oder Bohlen verstärkt werden. Es wird versetzt genagelt.

2 An stark abgebeilten Sparren kann man keine Verstärkungshölzer annageln. Hier hilft nur das Einziehen neuer Bohlen oder Kanthölzer. Kompliziert wird die Befestigung der Neusparren an den Auflagern oben und unten. Diese Arbeiten überläßt man am besten dem Zimmerer.

3 Zwei an den Sparren befestigte Bretter leiten die auf dem Sparren ruhende Dachlast symmetrisch ab. Durch- und umgeschlagene Nägel bieten eine Kontrolle der Nagelverbindung. Beim Einschlagen in zerfressene Sparren ist das nicht der Fall.

4 Selten wird es möglich sein, die Verkleidung der schrägen Wandflächen unmittelbar auf die Sparren zu nageln. Selbst bei sorgfältigster Zimmererarbeit liegen die Unterkanten der Sparren nicht genau in einer Ebene, was für den Ausbau notwendig ist. Deshalb muß eine solche Ebene mit Futterhölzern hergestellt werden. Unterschiedlich dicke Keile sorgen für den Höhenausgleich.

5 und **6** Bei dem Einbau von Decken und Abseiten entsteht eine Reihe solcher Ebenen, die genau senkrecht, waagerecht oder in bestimmten Neigungen ausgerichtet sein müssen. Ihre Schnittkanten untereinander sind parallel zu führen, weil sonst bei Verbretterung das Fugenbild keilförmig aneinanderläuft, was äußerst häßlich ist. Auch das Anpassen großflächiger Verkleidungsplatten wird durch die schrägen Anschnitte erschwert. Praktisch geht man so vor, daß man zwischen ersten und letzten Sparren eine Schnur spannt. Die Ausgleichbretter werden nun an den übrigen Sparren schnurgleich befestigt. Die Schnurabstände an Decken, Sparrenflächen und Abseiten werden genauestens eingemessen.

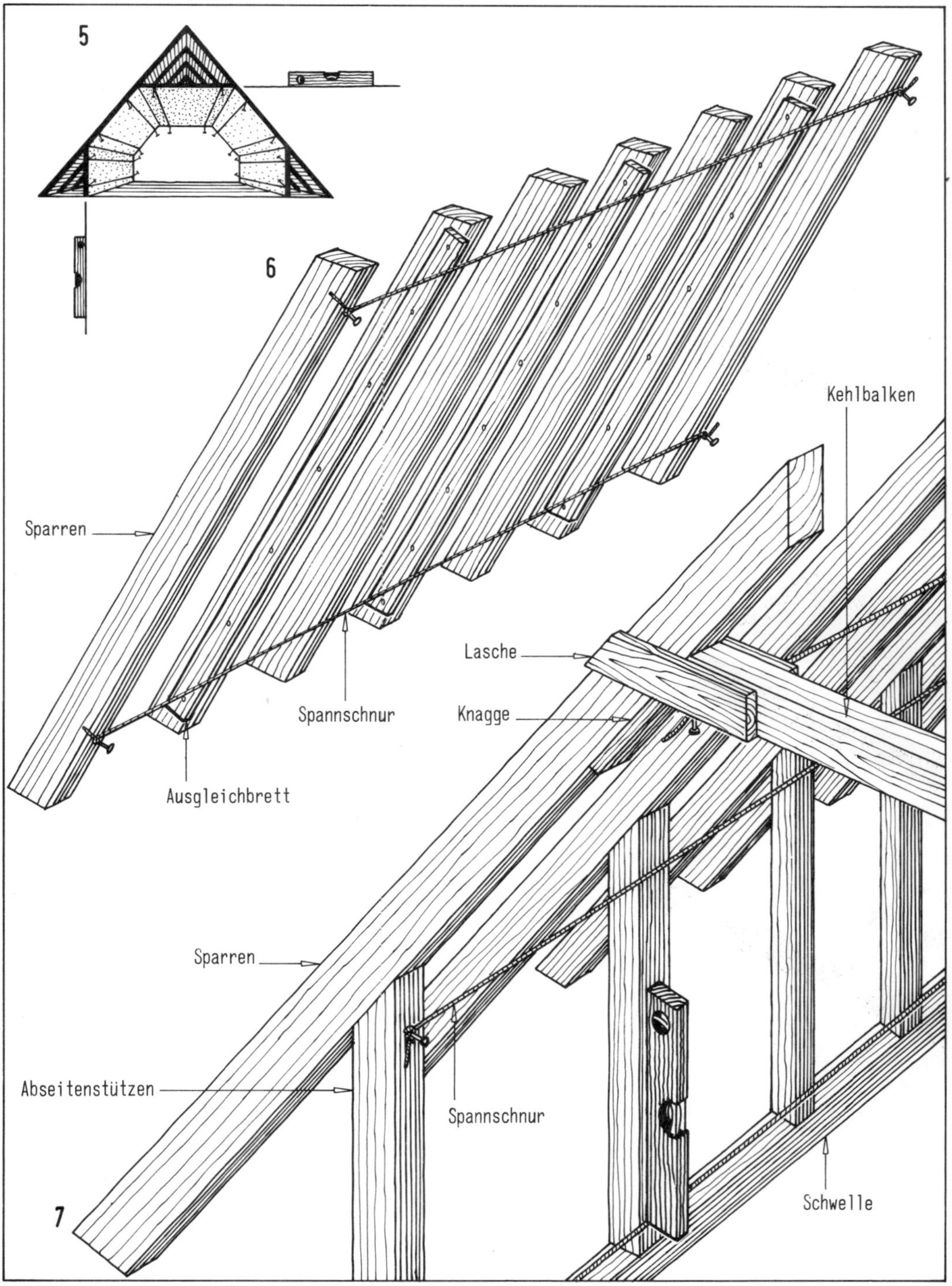
5
6
Sparren
Spannschnur
Ausgleichbrett
Kehlbalken
Lasche
Knagge
Sparren
Abseitenstützen
Spannschnur
Schwelle
7

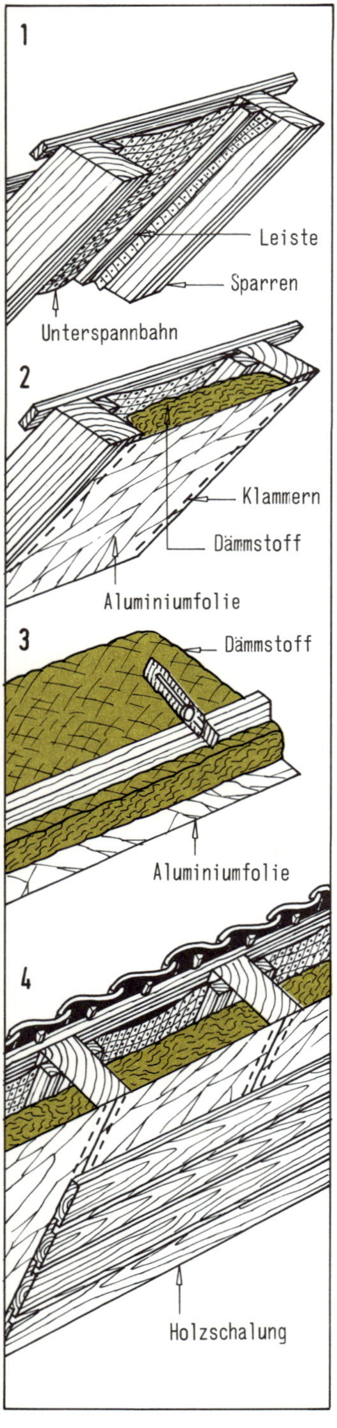

Dachschräge und Holzverkleidung

Wir greifen sieben unterschiedliche Beispiele für den Wandaufbau der Dachschräge heraus, drei mit Holzverschalung, drei mit Gipskartonverkleidung und eins mit Putz. Im Gegensatz zu den teilweise unangenehmen Vorarbeiten, wie zum Beispiel dem Einbringen von hautreizender Glas- und Steinwolle oder des Holzschutzmittels, stellt eine Holzverschalung eine angenehme Arbeit dar. Holzschalungen werden verdeckt genagelt oder mit Blechkrallen (zum Beispiel der Firma Früh) befestigt. Auch Holzpaneel-Systeme stehen für die Verkleidung zur Verfügung.

1 bis **4** Die Unterspannbahn wird den Sparrenfeldern entsprechend breit geschnitten, zunächst von oben nach unten provisorisch angeheftet und dann durchgehend mit Leisten festgemacht. Die aluminiumkaschierten Dämmstoffbahnen tackert man an den Sparren mit dem Heftrand fest. Die Breite des eigentlichen Dämmstoffes muß mindestens der lichten Weite zwischen den Sparren entsprechen. Überbreiten werden beschnitten.
Die Stöße der Profil-Schalbretter sind versetzt anzuordnen.

5 bis **8** Das zweite Beispiel zeigt, daß für die Anbringung der Unterspannbahn auch bei der Verstärkung der Sparren durch Futterbretter kein Problem entsteht. Die Spannfolie darf ja nicht zu eng an die Dachlatten herangeführt werden.
Es empfiehlt sich, bei der Dämmung Matten zu verwenden, die mit Latten an die unregelmäßige Oberfläche der abgebeilten Sparren genagelt, einen dichteren Anschluß bilden.

9 bis **12** Zwei Gründe rechtfertigen eine zurückgesetzte Schalung. Erstens gut erhaltene Sparren und zweitens der Platzgewinn bei hohem Sparrenquerschnitt. Die einzelnen Bretter befestigt man mit seitlichem Schattenfugenabstand an der zurückgesetzten Lattung, mit der man gleichzeitig die Dämmstoffränder hält.

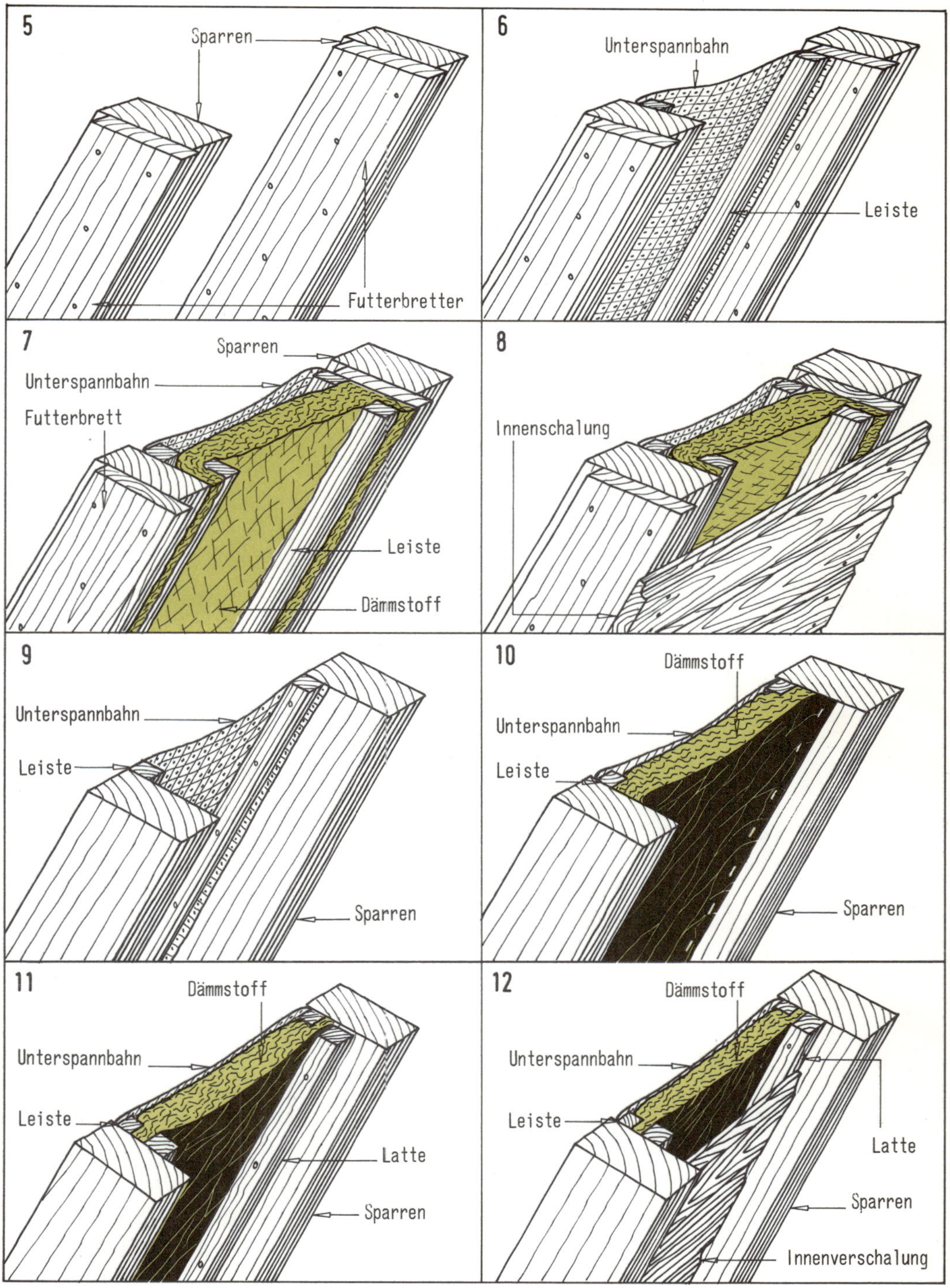
5
Sparren
Futterbretter
6
Unterspannbahn
Leiste
7
Sparren
Unterspannbahn
Futterbrett
Leiste
Dämmstoff
8
Innenschalung
9
Unterspannbahn
Leiste
Sparren
10
Dämmstoff
Unterspannbahn
Leiste
Sparren
11
Dämmstoff
Unterspannbahn
Leiste
Latte
Sparren
12
Dämmstoff
Unterspannbahn
Leiste
Latte
Sparren
Innenverschalung

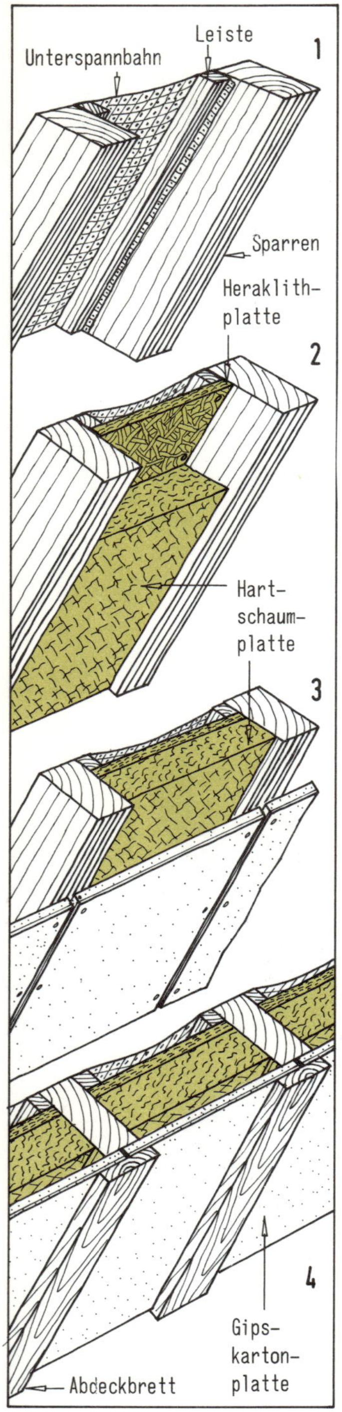

Dachschräge und Gipskartonverkleidung

Die Beispiele vier bis sechs zeigen Konstruktionen mit Gipskartonverkleidungen. Gebräuchlich sind 9 oder 12 mm starke Gipsplatten. Die Platten bestehen aus einem Gipskern, der mit Karton ummantelt ist. Die Längskanten sind meist abgeflacht. Beim Stoß bilden sie eine Vertiefung, die den Bewehrungsstreifen und den Spachtelgips aufnimmt. Eine ausführliche Bearbeitungsanleitung finden Sie Seite 110.

1 bis **4** Die Dämmkonstruktion dieses Beispiels besteht aus zwei Schichten. Eine 2,5 cm dicke Trageschicht von Holzwolleleichtbauplatten (zum Beispiel der Firma Heraklith) wird stramm zwischen die Sparren geschnitten und mit Breitkopfnägeln an den Unterspannbahnlatten befestigt. Sie ist der Klebeuntergrund für die zweite 8 cm dicke Hartschaumplattenschicht. Beim Ankleben mit Baukleber (zum Beispiel Cereflex von Ceresit) preßt man die Platten dicht zwischen die Sparren.

Wer zur Abdeckung der Stöße Bretter wählt, erspart sich die Verspachtelung der Längsfugen. Die Gipsplatten müssen auf Achsbreite der Sparren zugeschnitten werden, hierbei entsteht meist ein hoher Verschnitt. Der Achsabstand bestimmt auch die Plattenstärke. Zu dünne Platten hängen bei großem Abstand durch.

5 bis **8** In Fällen, wo die Befestigung der Unterspannbahn Schwierigkeiten bereitet, bieten sich bitumenpapierüberzogene Matten an. Unter die Dachhaut gelangtes Wasser kann nicht in den Dämmstoff eindringen und dadurch den Dämmwert herabsetzen.

Bei komplizierten Dachstühlen verwendet man zur Befestigung der Gipskartonplatten eine Sparschalung.

9 bis **12** Die Dämmstoffplatten sind hier fugenversetzt eingebaut. Um eine gleichmäßige breite Schattenfuge der eingepaßten Gipsplatten zu erzielen, werden die Platten provisorisch zugeschnitten, eingesetzt, mit einem Streichmaß angezeichnet und dann nachgearbeitet. Vor dem Einbau der Gipsplatten auch die Seitenlatten dunkel beizen.

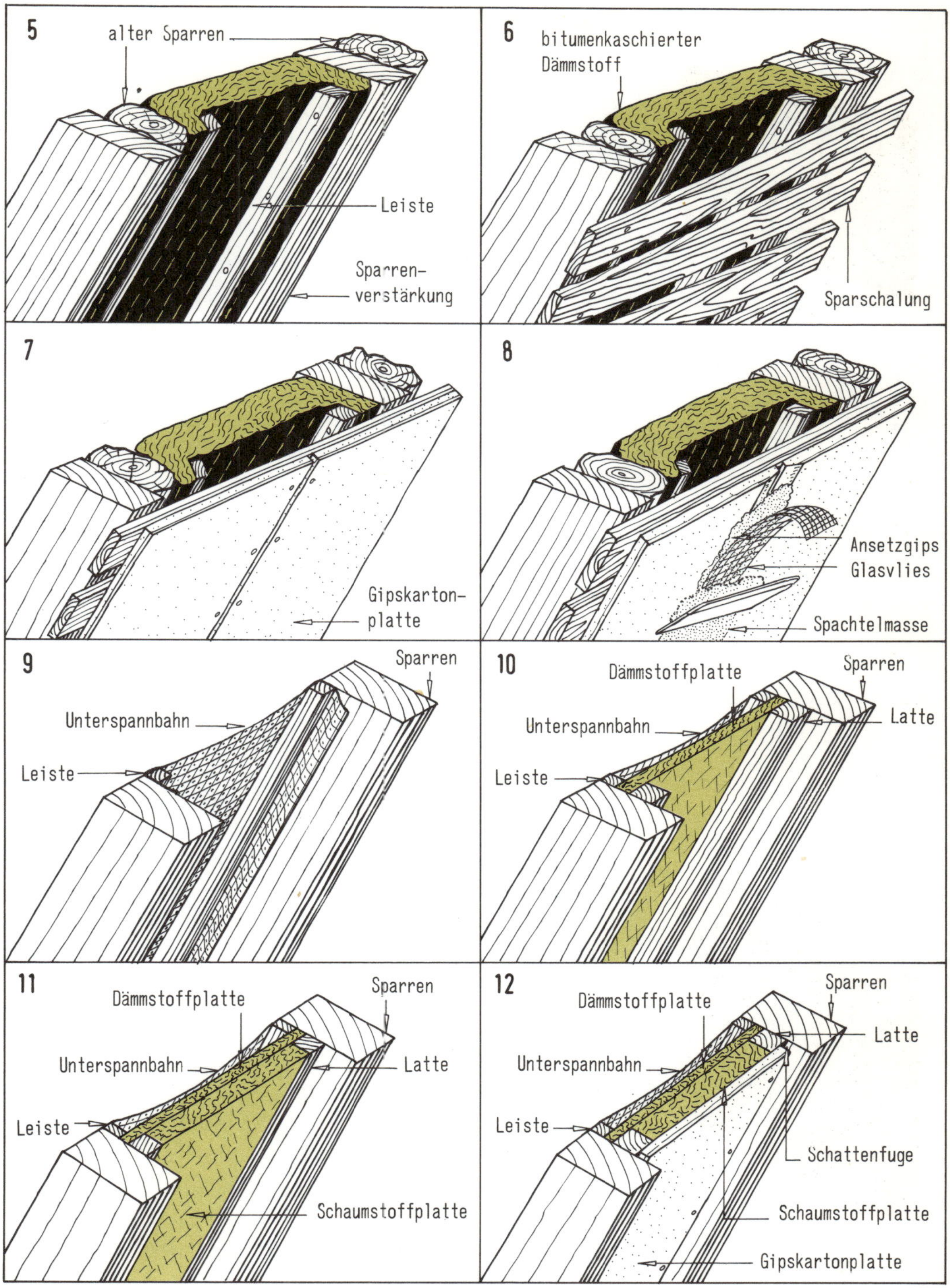
5
alter Sparren
Leiste
Sparren-
verstärkung
6
bitumenkaschierter
Dämmstoff
Sparschalung
7
Gipskarton-
platte
8
Ansetzgips
Glasvlies
Spachtelmasse
9
Sparren
Unterspannbahn
Leiste
10
Dämmstoffplatte
Sparren
Latte
Unterspannbahn
Leiste
11
Dämmstoffplatte
Sparren
Unterspannbahn
Latte
Leiste
Schaumstoffplatte
12
Sparren
Dämmstoffplatte
Latte
Unterspannbahn
Leiste
Schattenfuge
Schaumstoffplatte
Gipskartonplatte

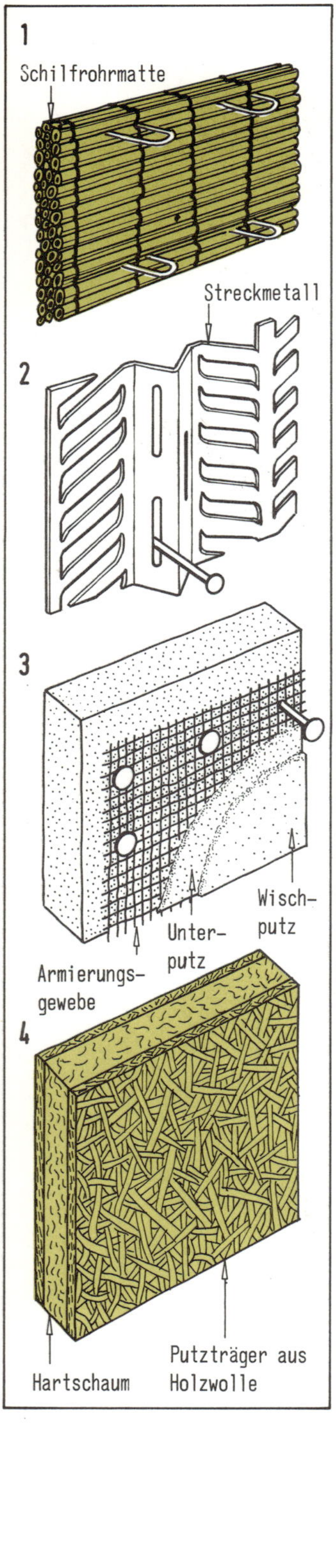

Dachschräge verputzt

Tatsächlich wäre die herkömmliche mit Kalk- oder Gipsmörtel verputzte Wandfläche für das Wohnen im Dachraum günstig. Die im Gegensatz zum Trockenputz doch etwas dickere Materialschicht des Naßmörtels würde die für das Raumklima wichtige Wärmespeicherung übernehmen können. Der hohe handwerkliche Arbeitsaufwand aber – auf eine Sparschalung werden als Putzträger Schilfrohrmatten (Bild **1**) oder Rippenstreckmetall (Bild **2**) angebracht und dann mit einer 1,5 cm dicken Putzschicht überzogen – ist heute kaum noch zeitgemäß. Dünn- und Reibeputze, 3 mm dick, in einfacher Technik aufzutragen, ersetzen die Naßputze. Als Putzträger können sogar Dämmstoffplatten verwendet werden. Hartschäume (Bild **3**) müssen allerdings auch, wenn sie profiliert sind (wie zum Beispiel die Profilplatten von Isopor), mit einem Glasseidengewebe überspannt werden. Holzwolleleichtbauplatten (Bild **4**) erfordern nur an den Stößen ein Armierungsdrahtgewebe.
Man verwendet für die Innendämmung günstigerweise dreischichtige Platten: Die beiden Deckschichten bestehen aus Holzwolle, die Innenschicht aus Polystyrolhartschaum.

5 Das letzte Beispiel für den Wandaufbau der Dachschrägen zeigt zusätzlich den Übergang von der Dachschräge zu einer Abseite. Die Dämmstoffmatten müssen besonders sorgfältig in die Übergänge der Abseiten- zur Sparrenkonstruktion eingearbeitet werden. Nur eine seitliche Befestigung der Matten durch Leisten verhindert ein späteres Zusammenrutschen oder Absacken des Dämmaterials.

6 Eine Sparschalung deckt die Dämmatten ab.

7 Die Mehrschicht-Leichtbauplatten werden mit einem Unterputz zugespachtelt. Die Sichtfläche bildet ein Wischputz. Plattenstöße und Wandecken bewehren!
Die Bretter sollten enge Abstände haben. So erhalten Sie einen sicheren Untergrund für die Verkleidung und außerdem bessere Befestigungsmöglichkeiten für Einbauten und Bilderhaken.

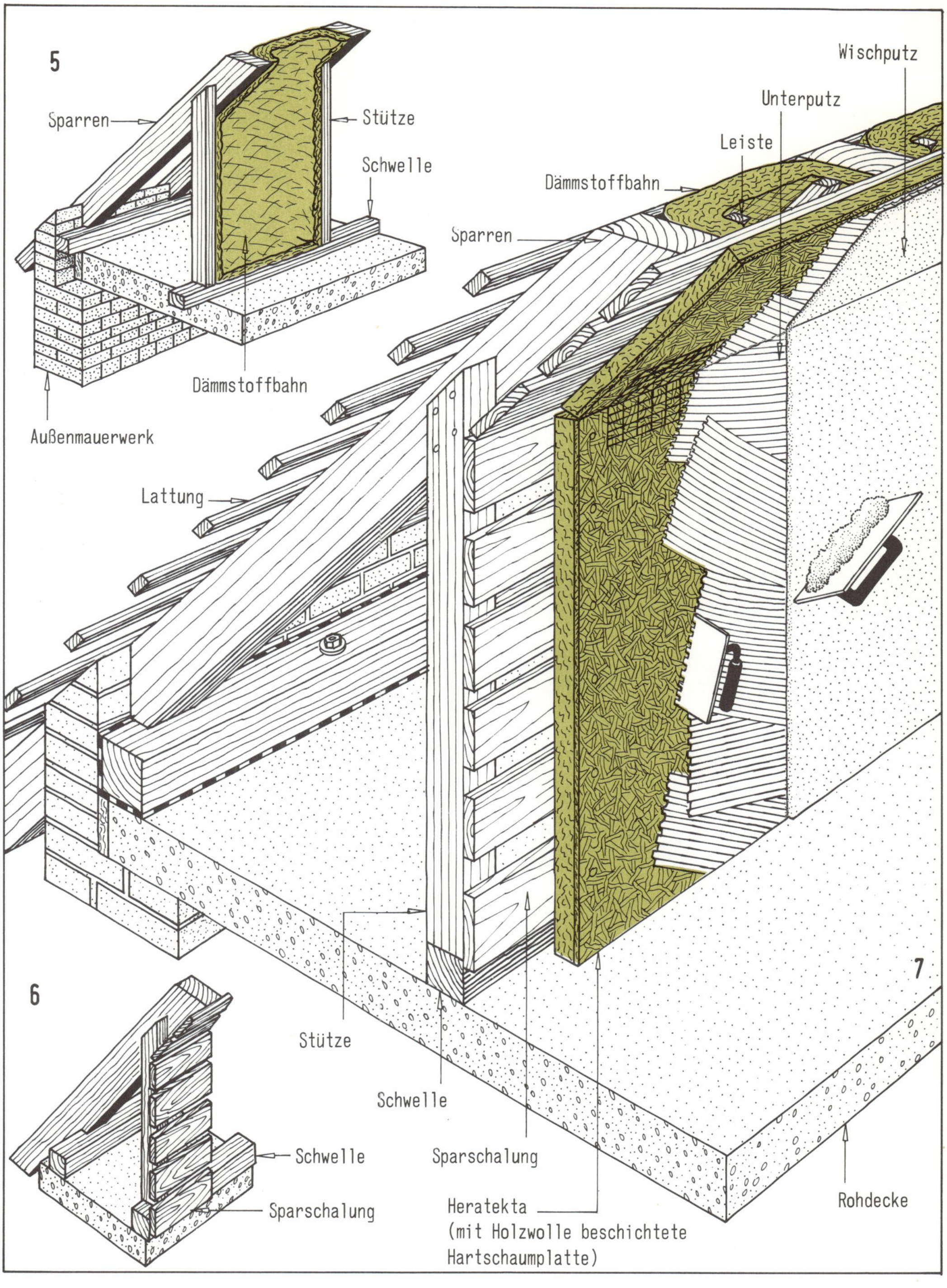
5
Sparren
Stütze
Schwelle
Dämmstoffbahn
Außenmauerwerk
Wischputz
Unterputz
Leiste
Dämmstoffbahn
Sparren
Lattung
Stütze
Schwelle
Sparschalung
Heratekta
(mit Holzwolle beschichtete
Hartschaumplatte)
Rohdecke
7
6
Schwelle
Sparschalung

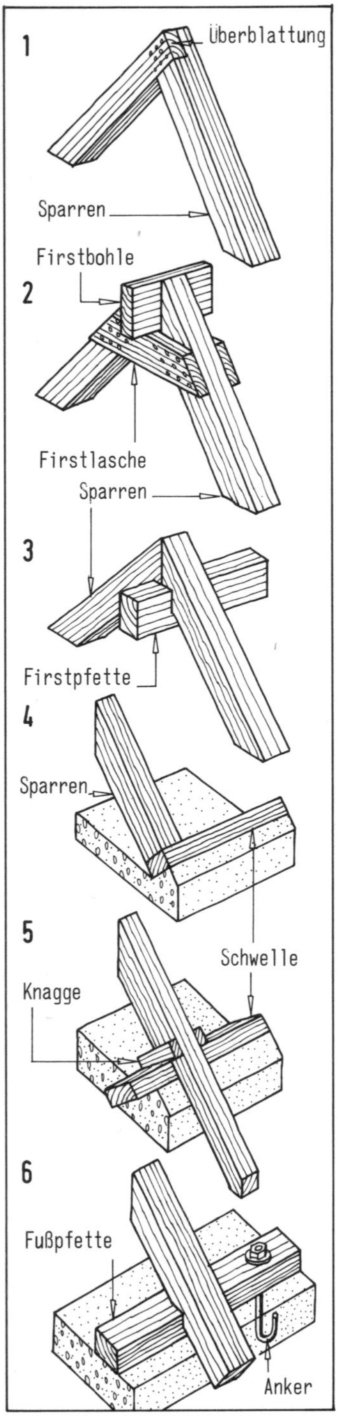

First und Traufe

Beim Einbau der Dämmschichten von innen ergeben sich besondere Schwierigkeiten im Zwickelbereich von First und Traufe. Hier ist der Arbeits- und Bewegungsraum sehr eng. Im Traufzwickel kann man nur im Sitzen oder Knien arbeiten. Trotzdem darf man gerade an diesen Stellen nicht pfuschen. Oft wird der Dämmwert eines Dachausbaus stark herabgesetzt, wenn dämmstofffreie Stellen an First und Traufe entstehen. Die Wärmebrücken können so gravierend sein, daß eine Luftbewegung in Gang gesetzt wird, die man als Zug empfindet.

1 bis **3** Die Zwickeldämmung und –verkleidung des Firstes ist abhängig von seiner Konstruktion. Für die Verkleidung sind drei Arten zu unterscheiden. Erstens die spitz aneinander laufende Sparrenüberblattung. Die Verkleidung und ihre Haltekonstruktion wird bis in die Spitze geführt. Zweitens: Eine trapezförmige Firstlasche bedingt eine stumpfe Verkleidungsecke. Drittens: Finden Sie eine Firstpfette vor, erleichtern Sie sich die Arbeit, wenn Sie eine Brettlasche einsetzen und nicht die Verkleidung gegen die Pfette laufen lassen.

4 bis **6** Ähnlich auszuführen sind die Verkleidungen am Sparrenfuß. Entweder man schiebt sie bis in den Zwickel oder behilft sich mit Laschen, die mit einem Bodenbrett verbunden werden.

7 Wir zeigen hier den spitzzulaufenden Zwickel. Die Dämmstoffmatten sind mindestens 30 cm über den First geschlagen.
Der Achsabstand der Schalungsbretter braucht oberhalb einer Höhe von 2 m nur noch 25 cm zu betragen. In diesem Bereich kommt es kaum vor, daß Einbauten oder Bilder zu befestigen sind. Nochmals der Hinweis: Die Unterspannbahn 5 cm vor dem First enden lassen!

8 Wandecken müssen mit Schalbrettern hinterlegt sein, damit die Gipskartonplatten beim Eckenverspachteln nicht weggedrückt werden können. Vor Einbau der Schalung die Bretter mit Holzschutzmittel behandeln.

7

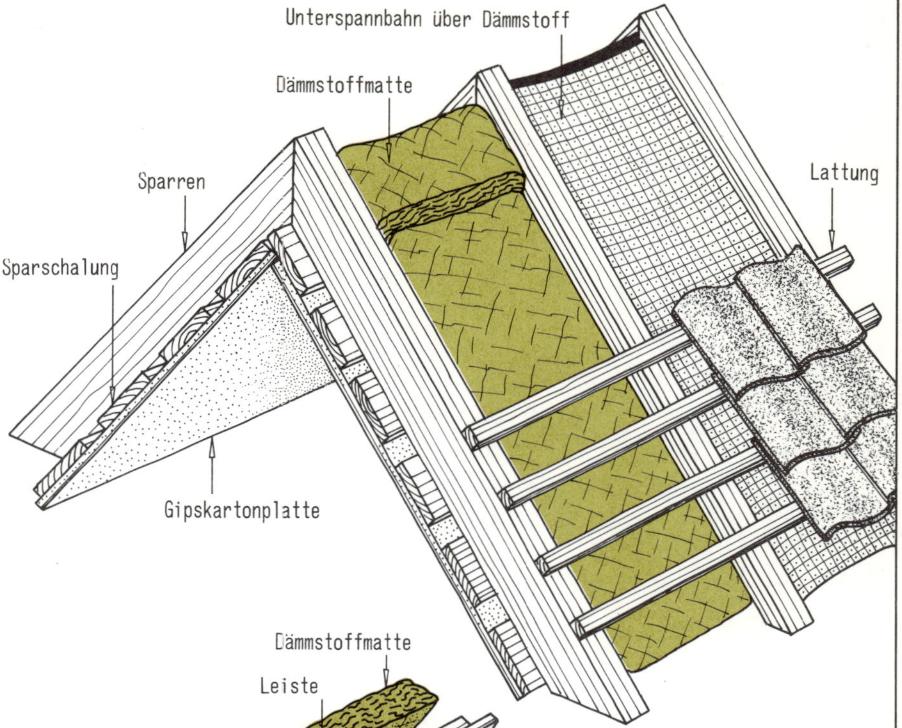
Unterspannbahn über Dämmstoff
Dämmstoffmatte
Sparren
Lattung
Sparschalung
Gipskartonplatte

8

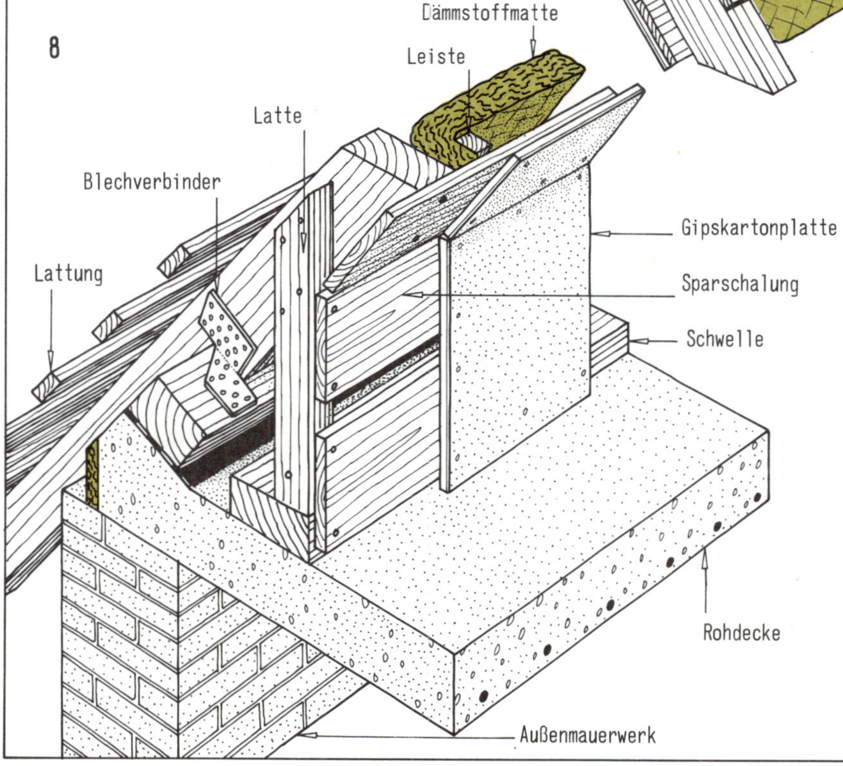
Dämmstoffmatte
Leiste
Latte
Blechverbinder
Gipskartonplatte
Lattung
Sparschalung
Schwelle
Rohdecke
Außenmauerwerk

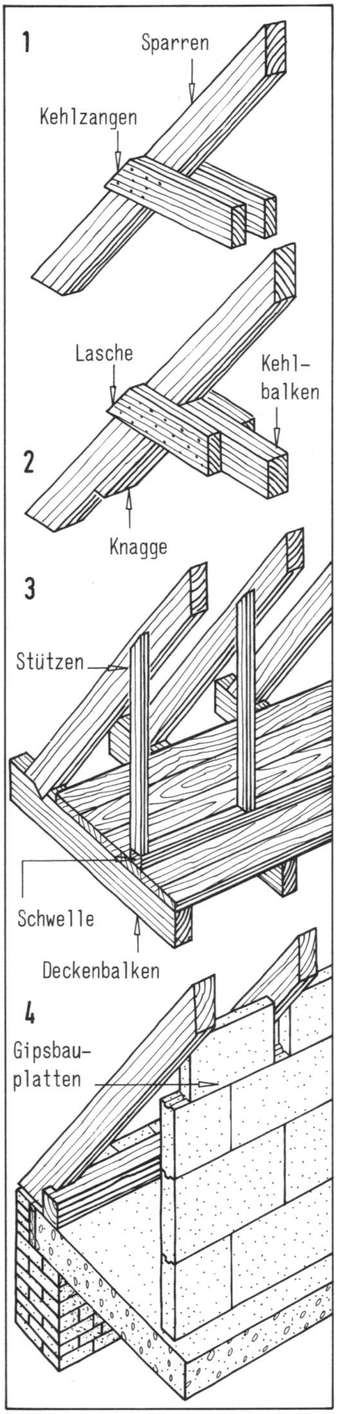

Kehlbalken und Abseite

1 und **2** Der Einbau einer Decke bietet sich an, wenn der lichte Abstand zwischen der Kehlbalkenlage und dem Fußboden den Bestimmungen entsprechend ausreichend ist. Von Unterkante Deckenverkleidung bis zur Oberkante des fertigen Fußbodens muß eine Raumhöhe von mindestens 2,30 m gemessen werden. Vor dem Ausbau sind die Konstruktionshöhen für Decke und Fußboden zu berücksichtigen. Ein Statiker ist hinzuzuziehen, wenn die Kehlbalkenlage zu versetzen ist. In der Regel ist das nur um Balkenhöhe möglich.
Eventuell vorhandene Knaggen dürfen nicht entfernt werden. Die Sparren werden um die Knaggenstärke aufgefüttert. Nach unten zu kann die Auffütterung auslaufen.

3 und **4** Zwei Möglichkeiten einer Abseitenkonstruktion sind gezeigt. Einmal mit Holz und zum andern mit 6 oder 8 cm dicken Gipsbauplatten. Zwar sind Gipsbauplatten relativ leicht, dennoch ist es besser, auf einer Holzbalkendecke eine leichte Holzwandkonstruktion zu errichten. Dadurch verliert man allerdings die für das Raumklima wichtige Wärmespeicherfunktion einer massiven Wand.

5 Während in der Dachschräge der Dämmstoff von unten eingeheftet wird, ist es an der Decke bequemer, das von oben zu tun. Dazu muß man vorher die Deckenschalung anbringen. Es entsteht im Eckenknick ein Wechsel der Befestigungsseite der Dämmbahn. Beim Verdrehen der Bahn muß sie an den Rändern trotzdem eng anliegen.
Um Knaggen oder Zangenhölzer herum und in die Zwischenräume der Doppelzangen ist loses Material zu stopfen.

6 Eine Gipsbauplattenwand reicht für den Wärmeschutz allein nicht aus. Sie muß zusätzlich gedämmt werden. Der Abseitenfußboden muß ebenfalls dämmend ausgelegt werden.
Vor dem Verspachteln mit Gips werden die Bauplatten mit einem Tiefgrund gestrichen, damit der Spachtelgips nicht zu schnell austrocknet.

5

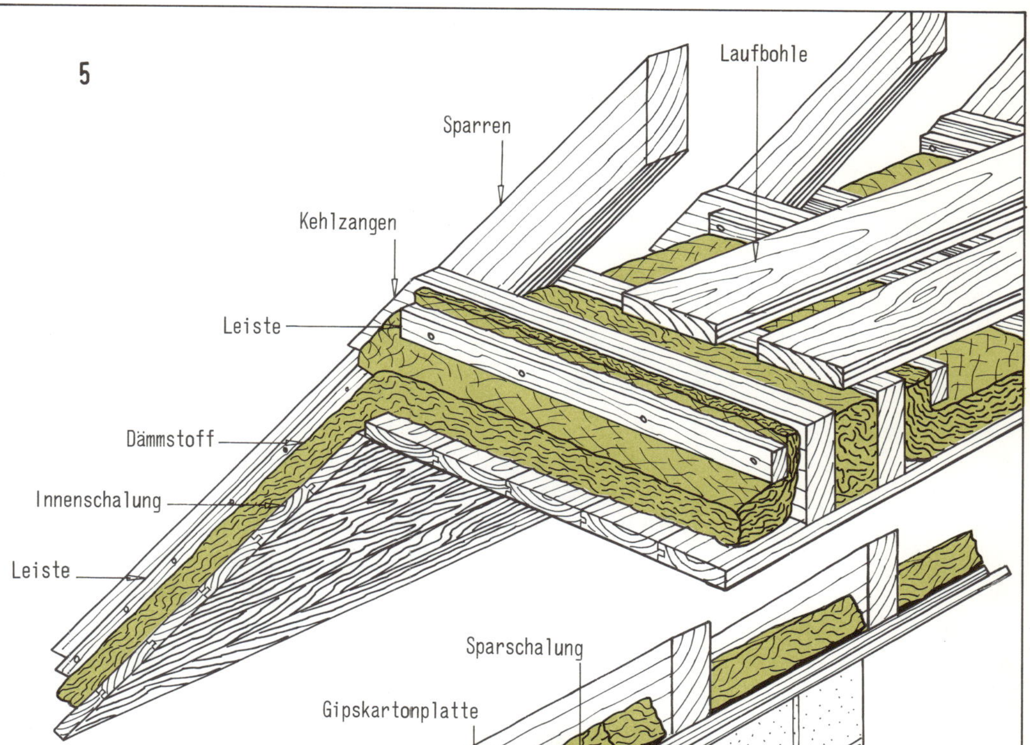

Laufbohle
Sparren
Kehlzangen
Leiste
Dämmstoff
Innenschalung
Leiste

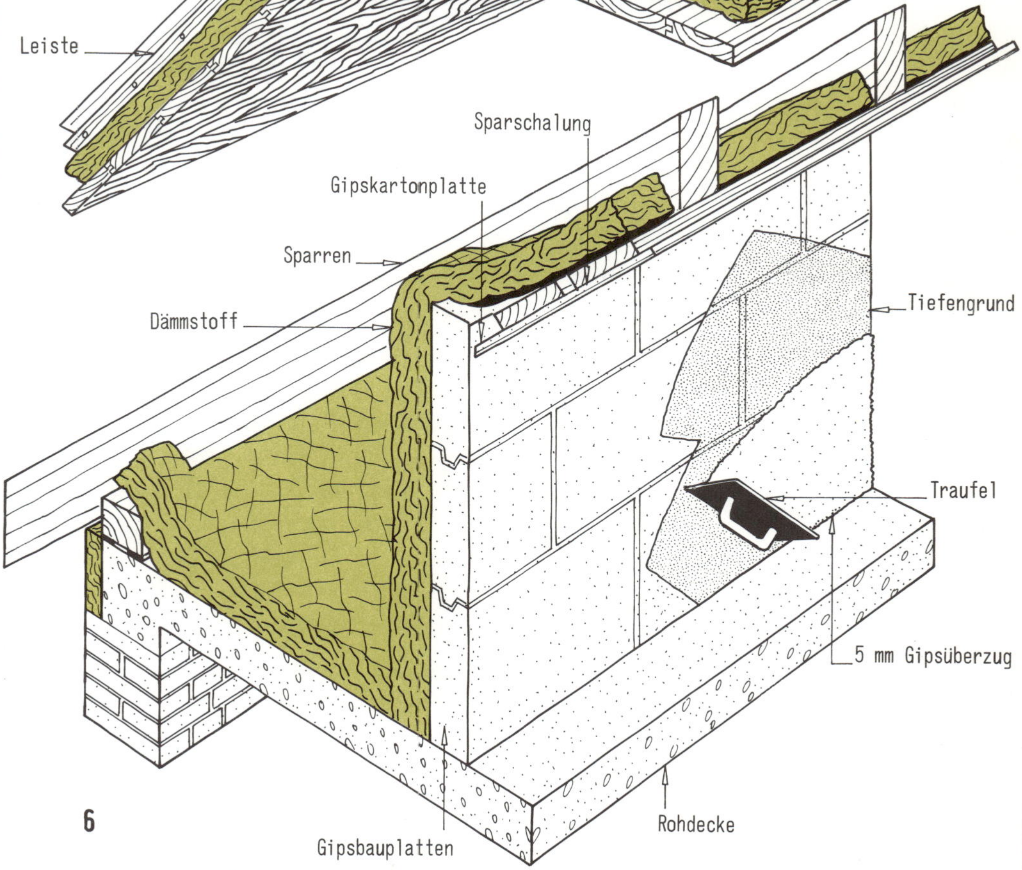

Sparschalung
Gipskartonplatte
Sparren
Dämmstoff
Tiefengrund
Traufel
5 mm Gipsüberzug
Rohdecke
Gipsbauplatten

6

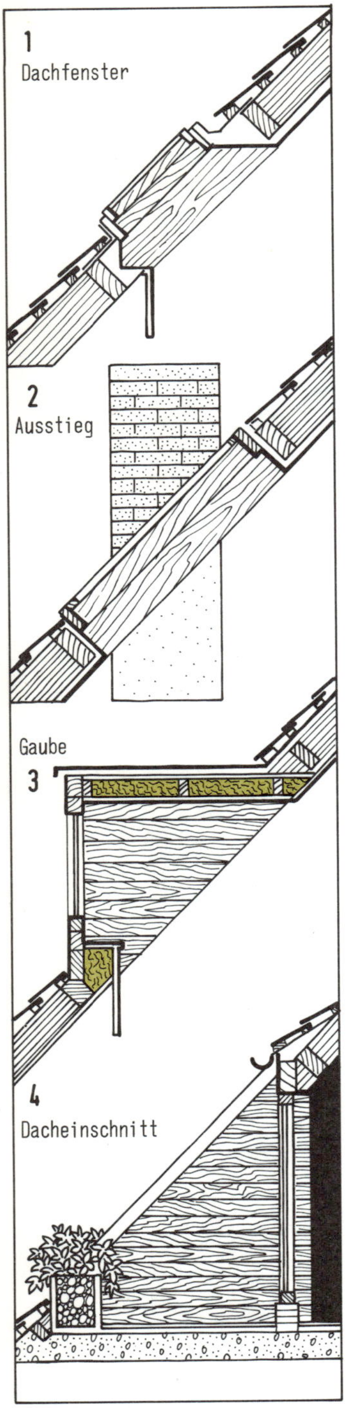

Dachflächenfenster und Dachgaube

Nicht nur, weil jeder Eingriff in die Dachhaut Schwachstellen erzeugt, sondern auch, weil alle Dachaufbauten in der Gesamtdachfläche grundhäßlich sind, muß man Dächer möglichst frei von baulichen Eingriffen halten. Die unumgängliche Belichtung könnte oft statt über große Dachflächenfenster von den Giebelseiten her geführt werden.
Muß in Dachflächen eingegriffen werden, sind die Auf- oder Einbauten möglichst klein zu halten.

1 bis **4** Drei Möglichkeiten, Licht vom Dach her in den Bodenraum zu holen, gibt es: Das Dachflächenfenster, die Gaube und den Dacheinschnitt. Was zumeist aus diesen Möglichkeiten praktisch wird, zeigen die Ungetüme auf den Dächern unserer Einfamilienhausgebiete. Um *einen* Eingriff in die Dachflächen kommt man nicht herum, nämlich um den des Ausstieges für den Schornsteinfeger. Diese Dachfächenfenstertüren werden genauso eingebaut wie Dachflächenfenster (siehe Seite 82). Die Einbausysteme sind für Selbstbauer geeignet. Mit einer Gaube können Sie den Dachraum vergrößern. Die Terrassendichtung für einen Dacheinschnitt ist auf einer Betondecke am günstigsten.

5 Der Anschluß des Dachflächenfensters an die Dachwand verdient besondere Aufmerksamkeit. Hier müssen alle sich bildenden Hohlräume zwischen dem Sparrenwechsel und dem Fensterfutter oder zwischen den Deckblechen und der Innenverkleidung dicht mit loser Mineralwolle ausgestopft werden. Da teilweise nur wenig Hohlraum zur Verfügung steht, ist im Fensterbereich der Wärmeschutz erheblich eingeschränkt. Gaubenseiten und -dach erhalten wie die Dachschrägen dicke Dämmstoffschichten (mindestens 10 cm).

6 Für größere Gauben und Dacheinschnitte dagegen braucht man den Zimmerer und Dachdecker, da im Einzelfall eine Reihe von Konstruktionsproblemen auftreten, die nur eine Fachfirma lösen wird. Kleine Gauben (zum Beispiel der Firma H. Essmann) können als Bauelement bezogen werden. Einbauanleitungen liefern die Firmen.

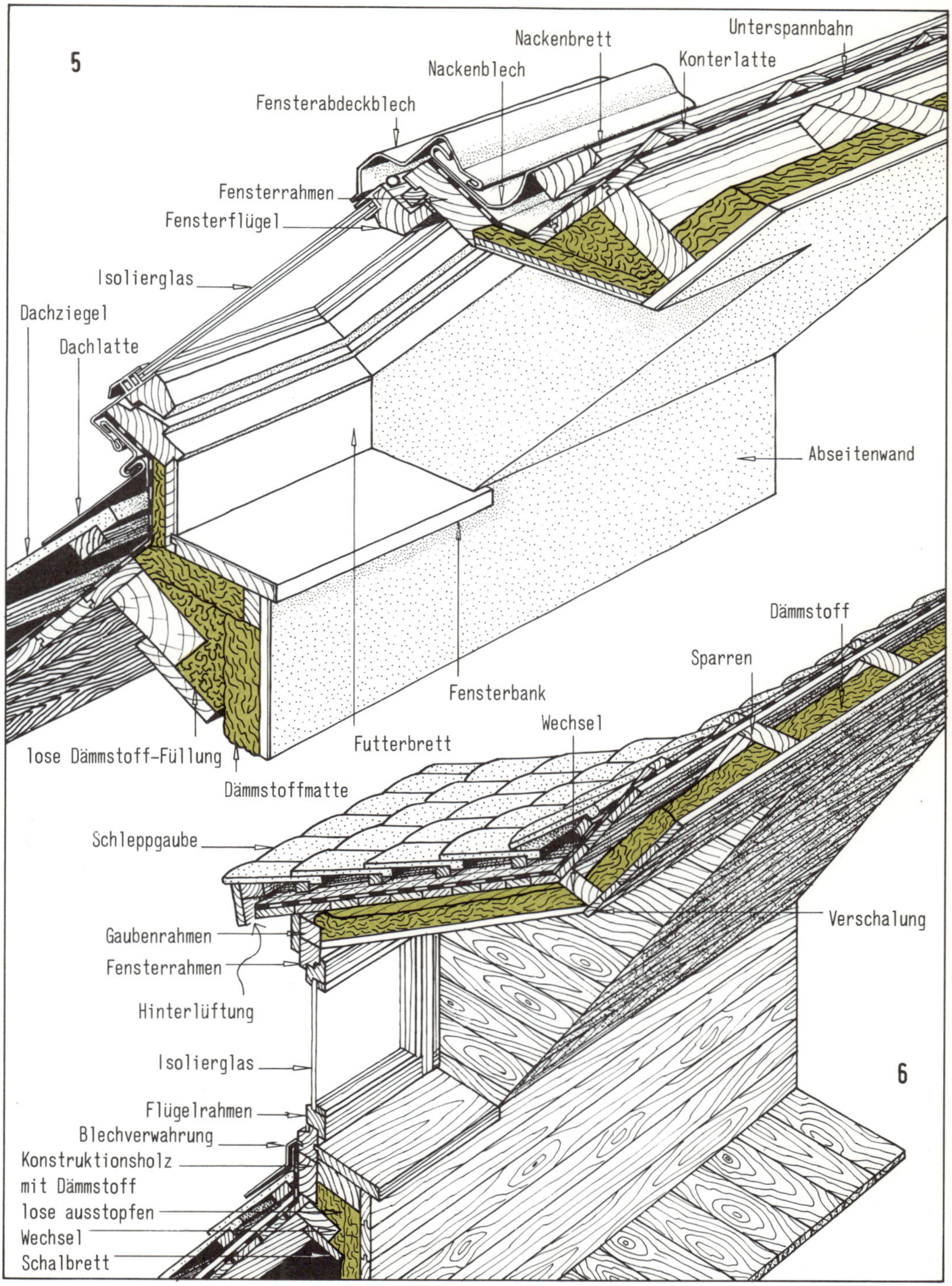
5
Fensterabdeckblech
Nackenblech
Nackenbrett
Konterlatte
Unterspannbahn
Fensterrahmen
Fensterflügel
Isolierglas
Dachziegel
Dachlatte
Abseitenwand
Fensterbank
Futterbrett
lose Dämmstoff-Füllung
Dämmstoffmatte
Dämmstoff
Sparren
Wechsel
Schleppgaube
Verschalung
Gaubenrahmen
Fensterrahmen
Hinterlüftung
Isolierglas
Flügelrahmen
Blechverwahrung
Konstruktionsholz
mit Dämmstoff
lose ausstopfen
Wechsel
Schalbrett
6

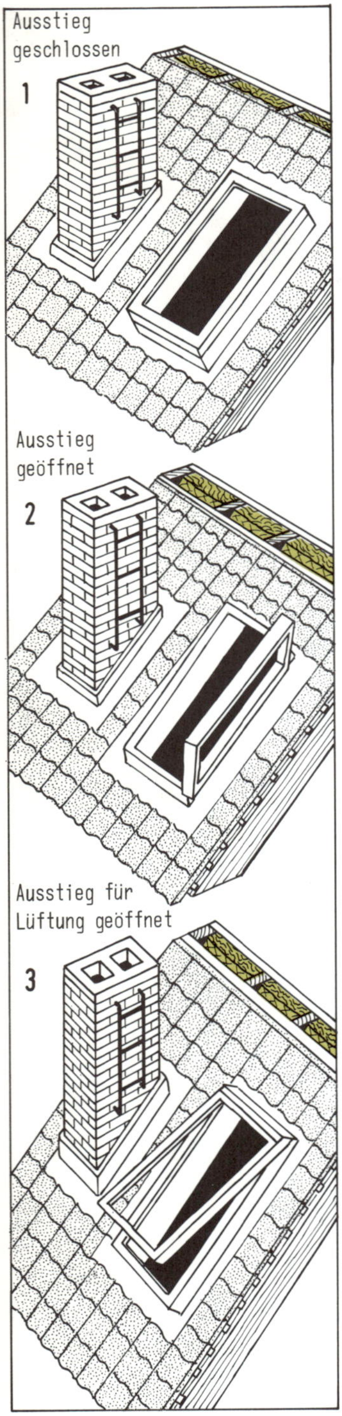

Dachausstieg und Dacheinschnitt

Bedenken Sie, daß der Schornsteinfeger durch den Bodenraum auf das Dach zum Schornstein gelangen muß. Normalerweise steigt er aus einer Dachluke, die vier Pfannen groß ist. Beim ausgebauten Dach muß man diese Luken durch Ausstiege ersetzen, da es keine isolierverglasten Luken gibt. Die Funktionen der Ausstiege sind in den Bildern **1** bis **3** dargestellt. Luken, die im Spitzboden oberhalb des ausgebauten Dachraumes neben dem Schornstein liegen, müssen durch Einschubtreppen oder Leitern erreichbar sein.

4 An der Darstellung der Konstruktion eines Dacheinschnittes erkennen Sie, wie schwierig sein Bau ist. Alle Sparren, die herausgeschnitten werden, müssen mit ihrem verbleibenden Teil auf einen Sturzbalken aufgelegt und abgestützt werden. Über der Fenstertür entsteht eine neue Traufe, deren Dachrinne das anfallende Wasser auf das seitlich angrenzende Dach leitet.

5 Die untere Traufe sichert man mit einem Konstruktionsbalken. Auf ihn werden die Sparrenstummel genagelt. Der Balken selbst liegt auf einer Untermauerung auf, an der auch die bituminösen Dichtungsbahnen hochgeführt und befestigt sind. Der kleine verbleibende Zwickelhohlraum ist ganz mit Dämmstoff zu füllen. Die Brüstungsoberkante, wo Verkleidung und Dachhaut zusammenstoßen, wird mit Zinkblech abgedeckt. Ein Geländer stellt die vorgeschriebene Brüstungshöhe von 90 cm her.
Der Fußbodenaufbau der Loggia entspricht dem einer begehbaren Flachdachdichtung. Zwischen den bituminösen Dichtungsschichten liegt die Wärmedämmung, die den darunterliegenden Raum schützt. Terrassenplatten werden lose oder im Mörtelbett verlegt. Die seitlichen Anschlüsse sind dauerelastisch zu dichten. Ein besonderes Problem dürfte im Einzelfall die Terrassenentwässerung sein.
Um Durchfeuchtungsschäden zu vermeiden, ist der Fenstertürsockel 15 cm über den Plattenbelag hochzuziehen.

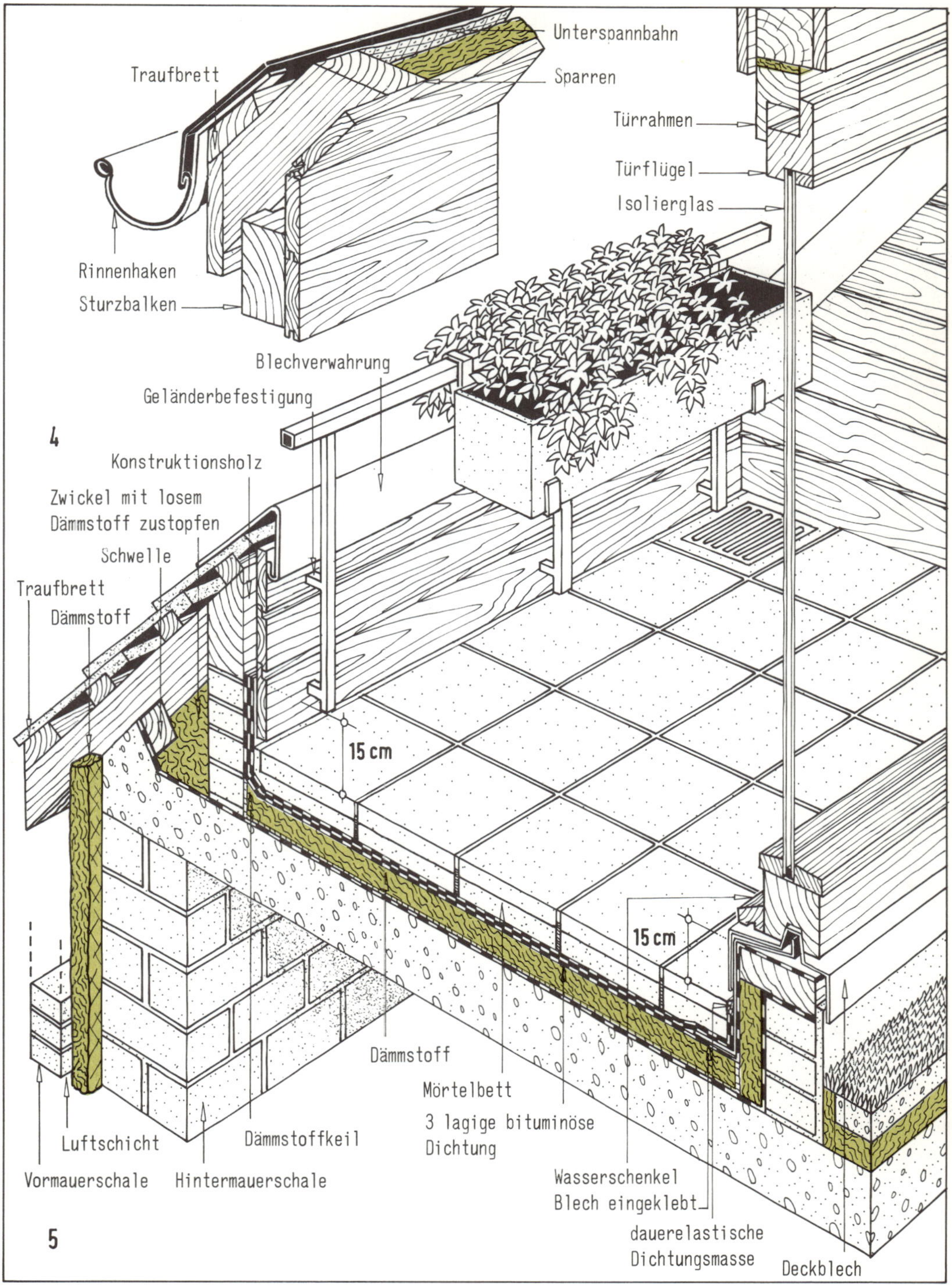

Traufbrett
Unterspannbahn
Sparren
Türrahmen
Türflügel
Isolierglas
Rinnenhaken
Sturzbalken
Blechverwahrung
Geländerbefestigung
4
Konstruktionsholz
Zwickel mit losem
Dämmstoff zustopfen
Schwelle
Traufbrett
Dämmstoff
15 cm
15 cm
Dämmstoff
Mörtelbett
3 lagige bituminöse
Dichtung
Luftschicht
Dämmstoffkeil
Vormauerschale
Hintermauerschale
Wasserschenkel
Blech eingeklebt
dauerelastische
Dichtungsmasse
Deckblech
5

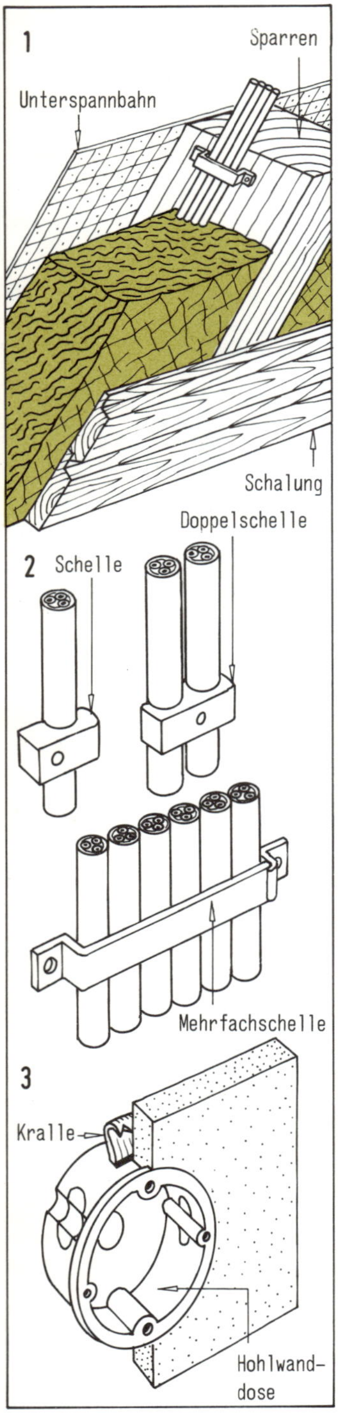

Elektroinstallation, Luke, Heizung und Zwickelausbau

Eine Reihe von haustechnischen Anlagen sind bei einem Dachausbau zu berücksichtigen: Erweiterung der Heizungsanlage, Anschluß an die Be- und Entwässerung, Schwach- und Starkstromanlagen. Nur einige Hinweise seien hier gegeben:

1 bis **3** Die Elektroinstallation ist zwar von einer Fachfirma auszuführen, eine Reihe von Arbeiten kann man aber selber machen. Krallen-Leerdosen und Kabel sind im Zuge der Vorarbeiten einzubauen. Bevor Sie die Verkleidungsarbeiten beginnen, müssen Sie einen lizenzierten Fachmann beauftragen, die Kabel zu verklemmen. Solange die Kabelführungen zugänglich sind, lassen sich Fehler korrigieren.
Für die anderen Installationen gilt Entsprechendes. Alle Rohrführungen und deren Wand- und Deckendurchbrüche müssen eigens gedämmt werden, damit nirgends Wärmebrücken entstehen (siehe Seiten 89 und 135).

4 und **5** zeigt den Einbau einer Fertigteil-Einschubtreppe. Diese Treppen gibt es mit Futterkasten, ein- und mehrteilig. Mehrteilige Treppen nehmen in geschlossenem Zustand nur den Raum des Futterkastens ein. Quer zur Richtung der Kehlbalken eingebaut, erfordern sie eine Auswechslung.

6 Dachzwickel, wenn sie ausgebaut sind, eignen sich für viele Nutzungen. Deshalb sollte man die Mühe der Zwickeldämmung nicht scheuen. Zum Beispiel kann man die gesamte Heizung des Dachgeschosses in ihnen elegant unterbringen. Die Rohrführungen bleiben durch hochklappbare Lochblenden zugänglich. Parallel verlegte Wasserrohre können nicht einfrieren.

7 Wenn durch den Ausbau der Bodenraum als Abstellfläche verlorengeht, kann der Mangel durch festeingebaute Schränke in den Zwickeln teilweise ausgeglichen werden. Der Platz in nichtausgebauten Zwickeln ist nur kriechend erreichbar. Die Abseiten-Kriechtüren sind noch dazu oft nicht genügend gedämmt.

4

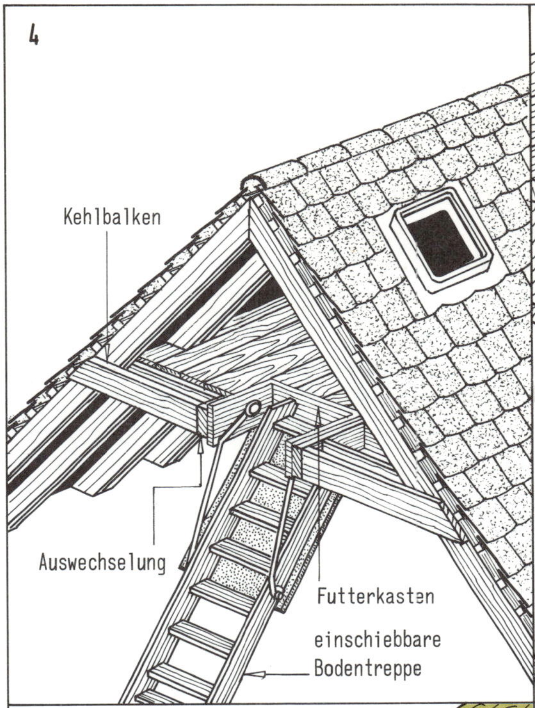
Kehlbalken
Auswechselung
Futterkasten
einschiebbare
Bodentreppe

5

Aufzugsapparat
Führungsbügel
Deckel von unten
wärmegedämmt

6

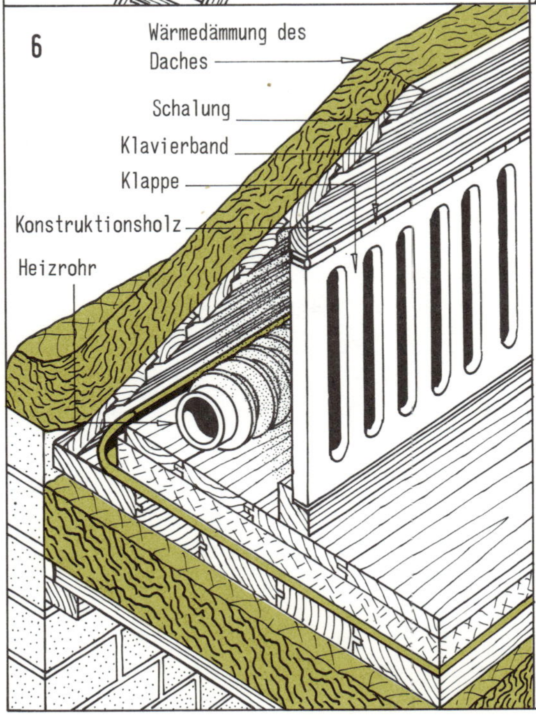
Wärmedämmung des
Daches
Schalung
Klavierband
Klappe
Konstruktionsholz
Heizrohr

7

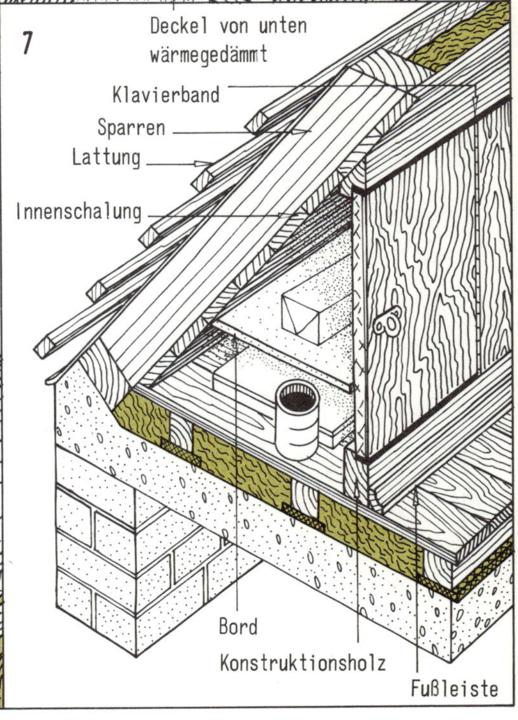
Klavierband
Sparren
Lattung
Innenschalung
Bord
Konstruktionsholz
Fußleiste

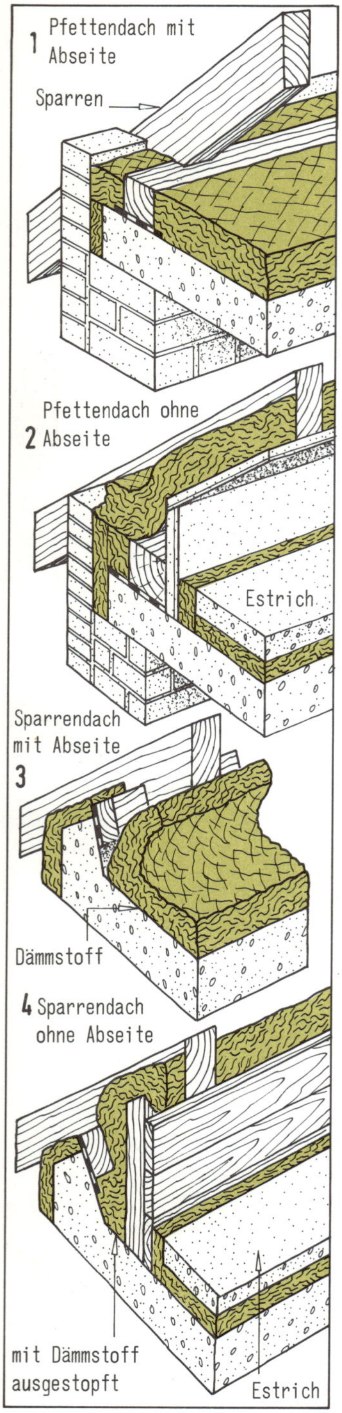

Dachdecke aus Beton

Häuser mit einer Stahlbetondachdecke sind zwar teurer als solche mit Holzbalkendecken, aber für einen später beabsichtigten Dachausbau geeigneter. In der Statik der Decke sollte auch gleich ein Lastzuschlag für leichte Trennwände eingerechnet sein. Als Käufer eines Fertighauses müssen Sie hierauf besonders achten.
Stahlbetondecken haben kein ausreichendes Wärmedämmvermögen. Zum nicht ausgebauten Dach hin müssen sie von oben gedämmt werden. Die Dämmung liegt günstigerweise immer auf der kalten Seite. Es gibt begehbare Dämmplatten mit Stufenfalz, die, lose aufgelegt, den Wärmeschutz übernehmen.

1 Die Platten stoßen dicht gegen die Fußpfette. Ein eventuell vorhandener Zwischenraum zwischen Pfette und Vormauerschale ist ebenfalls zu dämmen.

2 Auch beim Ausbau des Zwickels sind die Traufhohlräume auszufüllen. Die Enden der Dachbahnen liegen auf den Außenwänden auf.

3 Wenn Sie an der Traufe arbeiten, können Sie gleich kontrollieren, ob die Deckenauflager ausreichend mit Dämmaterial ummantelt sind.

4 Die Dämmstoffe von Dachschräge, Zwickel und Auflager sind zusammenzuführen.

5 Wenn man die Decke im Außenmauerbereich abklopft, stellt man schnell fest, ob die erforderliche Dämmplatte in diesem Bereich einbetoniert ist. Fehlt diese Platte, bilden sich als Folge der Wärmebrücke in der Ecke Schimmelpilze. Der Plattenstreifen ist mindestens 50 cm breit.
Der Dämmstoff unter dem Teppichfußboden dient nicht dem Wärmeschutz, sondern der Trittschalldämmung. Im Schallschutzteil erfahren Sie, warum diese Schicht unbedingt erforderlich ist.

6 Handwerklich einfacher ist die »schwimmende« Fußbodenholzkonstruktion. Die Rahmenhölzer liegen lose auf den Filzstreifen.

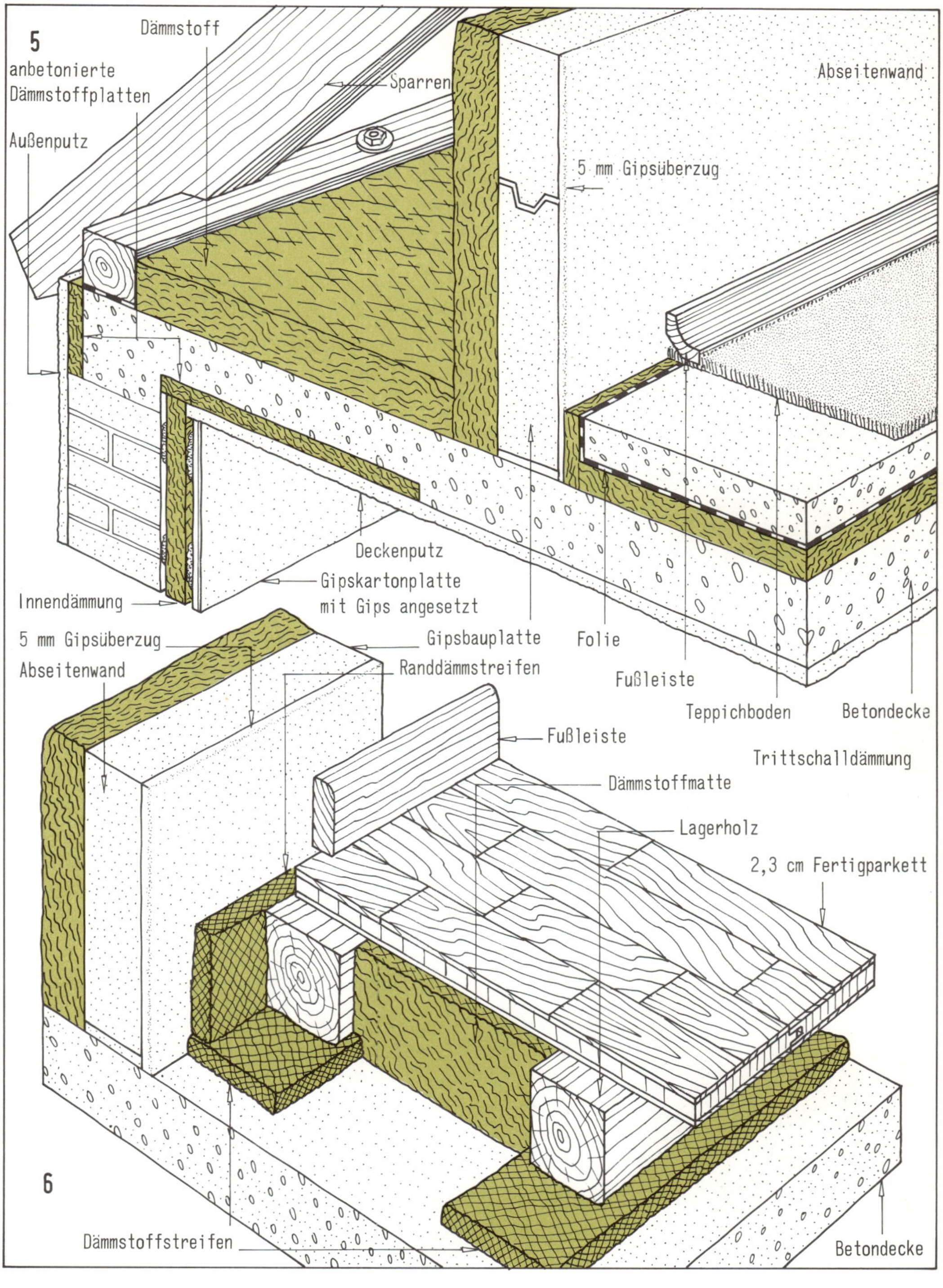
5
Dämmstoff
anbetonierte
Dämmstoffplatten
Außenputz
Sparren
Abseitenwand
5 mm Gipsüberzug
Deckenputz
Gipskartonplatte
mit Gips angesetzt
Innendämmung
Gipsbauplatte
Folie
Fußleiste
Teppichboden
Betondecke
Trittschalldämmung
5 mm Gipsüberzug
Abseitenwand
Randdämmstreifen
Fußleiste
Dämmstoffmatte
Lagerholz
2,3 cm Fertigparkett
6
Dämmstoffstreifen
Betondecke

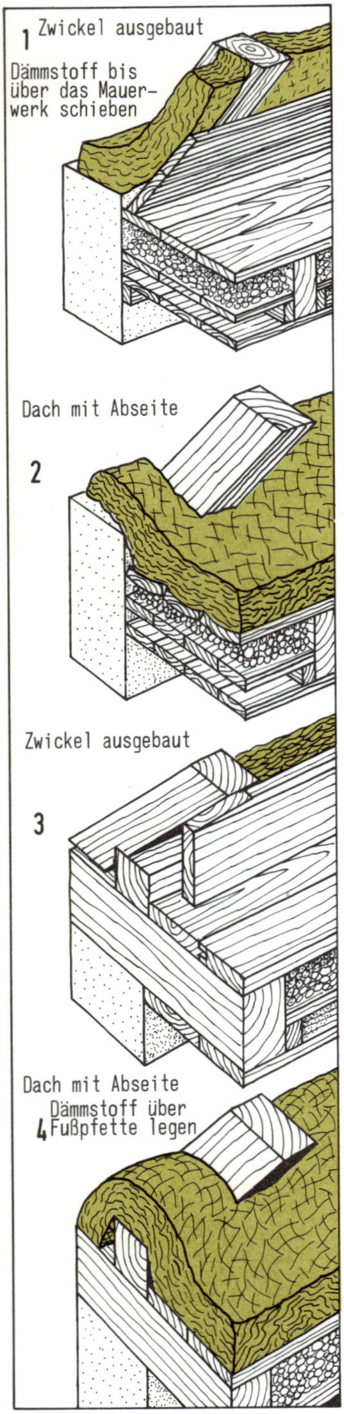

Dachdecke aus Holz

Bei nicht ausgebautem Dach bilden Außenwände und Dachdecke einen geschlossenen Wärmeschutzmantel. Baut man das Dach aus, zieht man den Dämmantel bis über den First. Die Anschlüsse, wie der Übergang vom Mauerwerk zur Dachschräge, also die Traufe und der Ortgang, sind kritisch.

Bild **1** zeigt die problematische Fuge beim Sparrendach, Bild **3** beim Pfettendach, Bild **2** und **4** den Anschluß an das Mauerwerk, wenn die Dämmbahnen horizontal herangeführt werden.

5 Meist liegt auf der Dachbalkenlage nur der Steg für den Schornsteinfeger. Für den Dachausbau muß dann zunächst überhaupt erst ein Fußboden eingebracht werden. Er besteht aus dem Einschub, der die Sand- oder Leichtbetonfüllung trägt. Als Rieselschutz wird eine Folie übergelegt. Die Oberkanten der Dachbalken erhalten eine Auffütterung mit Filzstreifen. Die Dielen werden nicht direkt auf die Balken genagelt, sondern auf daneben hohlliegende Nagellatten. Diese reichen bis zum Traufbrett, damit auch in die Sparrenfelder bei zurückgesetzter Dachflächenverkleidung Fußbodendielen befestigt werden können.

6 Alte Dielenfußböden brauchen nicht herausgenommen zu werden. Eine einfache Art, auch größere Unebenheiten auszugleichen, zeigt der dargestellte Fußbodenaufbau. Nach Imprägnierung mit einem Holzschutzmittel werden die Trittschalldämmplatten ausgelegt. An allen Berührungsrändern wie zu den Wänden, Sparren, Stützen und der Dachschräge sind Randdämmstreifen hochzuziehen. 2,5 cm starke Spanplatten decken die Platten lose ab. Kleine Spanplattenformate müssen Nut und Feder aufweisen. Aufgeleimte und aufgenagelte Hirnholzparkettplatten oder Fertigparkettbretter übernehmen den Verbund der Stöße zwischen den Spanplatten. Eine Erklärung dieser Konstruktion haben wir im Schallschutzteil gegeben, da der Fußbodenaufbau kein Wärmedämmproblem ist.

5

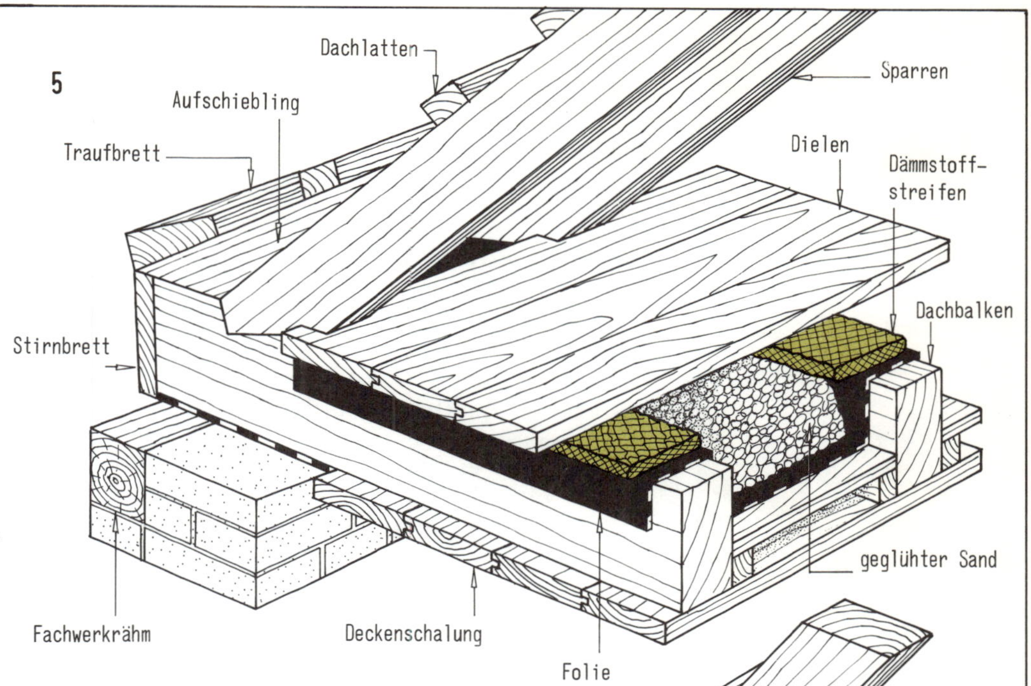

Dachlatten
Sparren
Aufschiebling
Traufbrett
Dielen
Dämmstoff-
streifen
Dachbalken
Stirnbrett
geglühter Sand
Fachwerkrähm
Deckenschalung
Folie

6

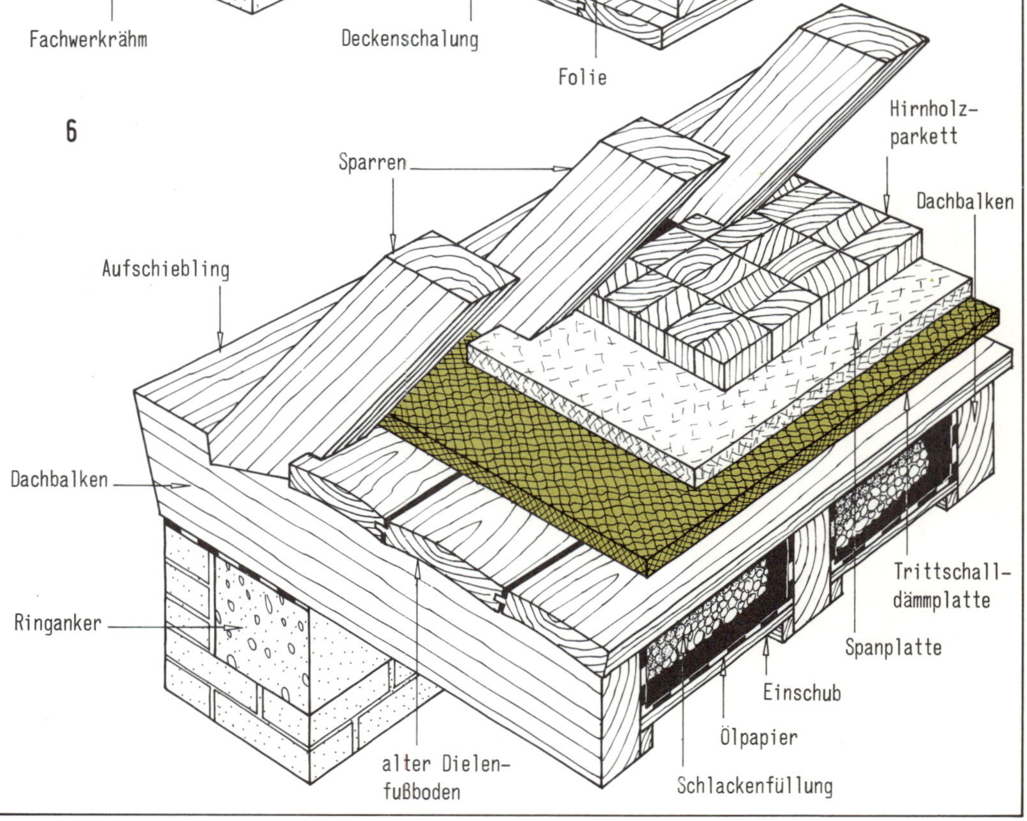

Hirnholz-
parkett
Sparren
Dachbalken
Aufschiebling
Dachbalken
Trittschall-
dämmplatte
Ringanker
Spanplatte
Einschub
Ölpapier
alter Dielen-
fußboden
Schlackenfüllung

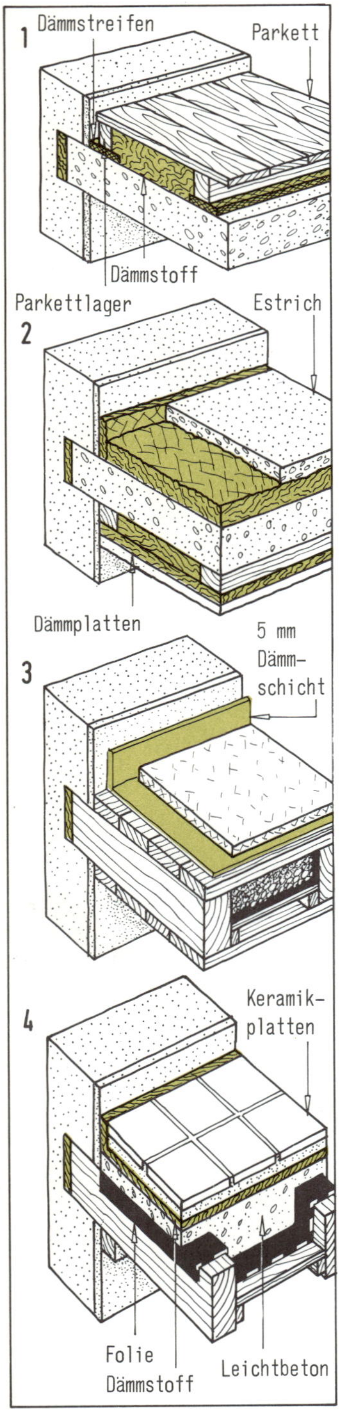

Geschoßdecke

Eigentlich stellen die Geschoßdecken keine wärmetechnischen Probleme. Wenn oben und unten gleich geheizt wird, kann Wärme nicht hin- und herwandern. Praktisch ist aber in den meisten Fällen eine unterschiedliche Temperatur in den übereinanderliegenden Räumen zu erwarten.

Die im Grunde nur für die Trittschalldämmung eingebaute Dämmschicht in den Decken verhindert, daß Wärme vom warmen zum kalten Hausteil fließt. Schalltechnische Erklärungen finden Sie auf Seite 119.

1 Auf einer Stahlbetondecke ist ein Holzfußboden trocken verlegt. Die Fußbodenhölzer liegen auf Filzstreifen. Unebenheiten kann man ausgleichen, indem man Holzkeile zwischen Lagerholz und Filzstreifen einschiebt.

2 Im Normalfall wird ein Betonestrich »schwimmend« in eine Dämmstoffwanne geschüttet. Die in diesem Teil eingetragenen Dämmplatten auf der Unterseite der Decke sind nötig, wenn der darunterliegende Raum im Freien liegt, etwa bei einer Durchfahrt.

3 Extrudierte Polyäthylenschaumfolien (zum Beispiel der Firma Universal-Bauprodukte Korff) gewähren bereits bei einer Stärke von 5 mm die notwendige Schalldämmung. Die Flexibilität der Folie erübrigt den Einbau von Randstreifen.

4 Das herkömmliche System, Plattenfußböden auf Holzbalkendecken aufzubringen (wie im Bild dargestellt), wird durch einen neuartigen Mörtel vereinfacht: Die Holzdielen erhalten eine Abdeckung mit einer 4 mm dicken Kunststoffschaumfolie. Mögliche Bewegungen der Decke übernimmt der Verlegemörtel aus Zement, Sand und Kautschukteilen. Die Platten werden einfach in den Mörtel gedrückt und verfugt.

5 Das ist der normale Aufbau eines Fußbodens.

6 Schallempfindlichen Balkendecken rückt man oben und unten mit Dämmstoffen zu Leibe. Die Unterdecke darf keine Kontaktstellen zur Hauptdecke aufweisen.

5

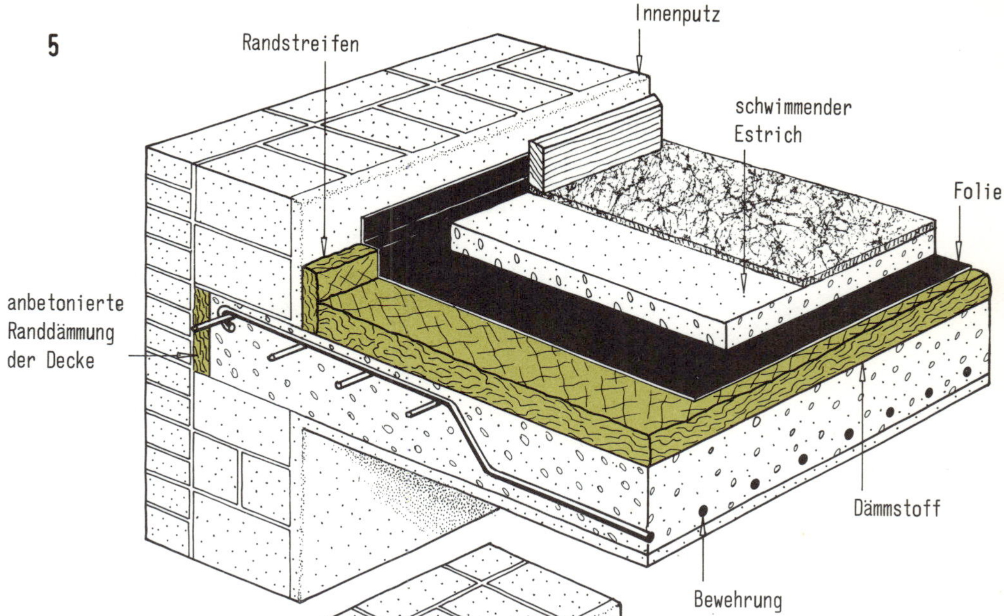
Randstreifen
Innenputz
schwimmender
Estrich
Folie
anbetonierte
Randdämmung
der Decke
Dämmstoff
Bewehrung

6

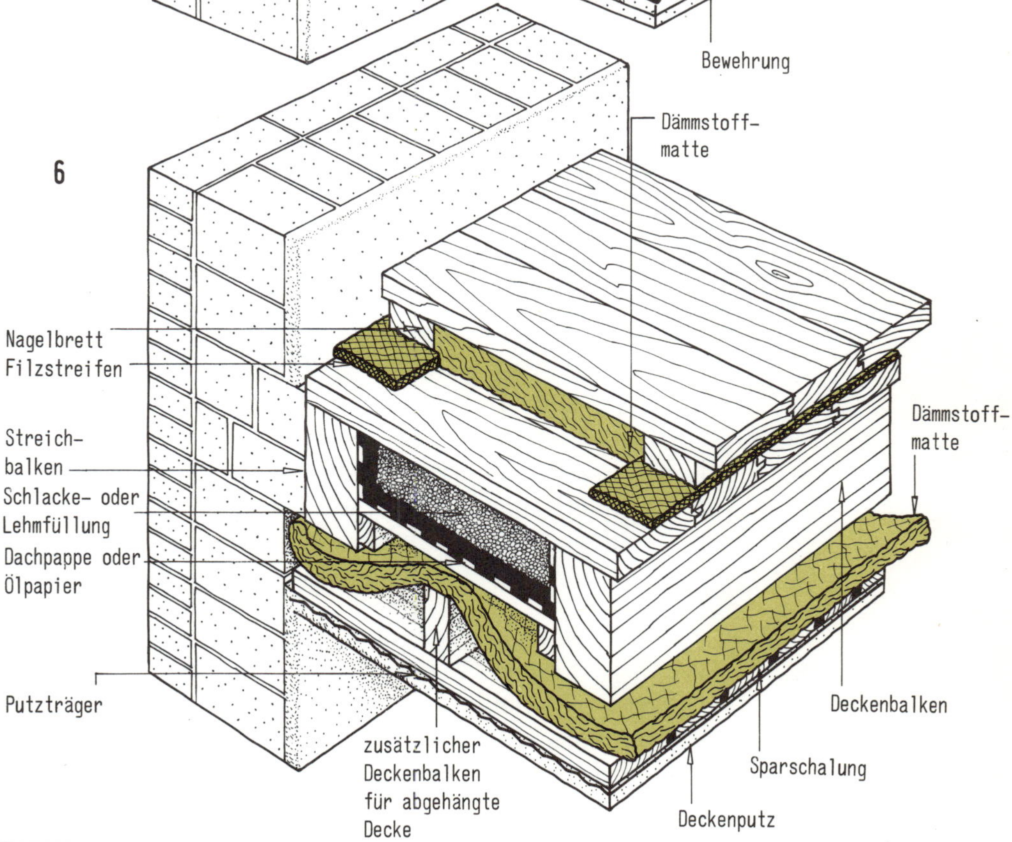
Dämmstoff-
matte
Nagelbrett
Filzstreifen
Streich-
balken
Schlacke- oder
Lehmfüllung
Dachpappe oder
Ölpapier
Dämmstoff-
matte
Putzträger
Deckenbalken
zusätzlicher
Deckenbalken
für abgehängte
Decke
Sparschalung
Deckenputz

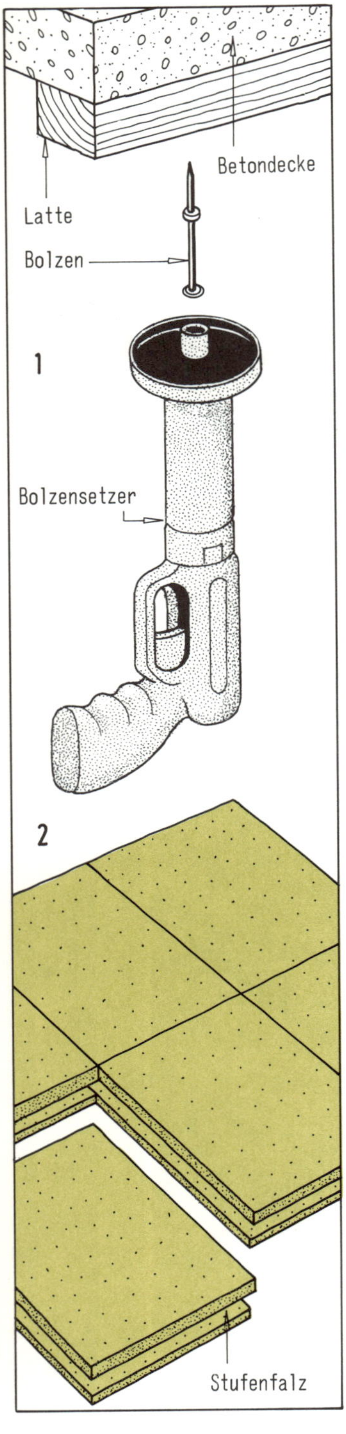

Kellerdecke

Im Gegensatz zu den Geschoßdecken trennt die Kellerdecke zwei Raumzonen unterschiedlicher Temperatur. Die Materialstärke der Trittschalldämmung reicht nicht aus, die Wärmewanderung von oben nach unten ausreichend aufzuhalten.

Es fällt nicht schwer, die allgemeine Regel einzuhalten, Wärmedämmstoff an der kalten Seite zu montieren: Die Kellerdecke erhält auf der Unterseite die Dämmschale. Es stehen zwei Konstruktionsprinzipien zur Auswahl. Einmal die Montage mit Lattung, zum andern die Klebetechnik. Ein Lattenrost anzudübeln ist dann sinnvoll, wenn man genügend Kopfhöhe hat, Rohre an der Decke verlegt sind und wenn man eine besonders dicke Dämmstoffschicht wünscht. Das einfache Klebeverfahren wendet man an, wenn die Deckenfläche eben und die Raumhöhe gering ist.

3 Das Lattengerüst wird angedübelt. Bei großen zu dämmenden Flächen kann man sich einen Bolzensetzer (Bild **1**) beschaffen, mit dessen Hilfe die Hölzer angeschossen werden. Die Ladungsstärke der Kartusche ist je nach Härte des Deckenbetons wählbar.

Der Lattenabstand richtet sich nach den Maßen der Dämmplatten. Wer keine besonderen Ansprüche an das Aussehen der Kellerräume stellt, braucht die Sichtseite der Platten nur zu streichen. Die Deckenfläche läßt sich aber auch verputzen. Hierzu werden die Stöße armiert. Das nasse Verputzen über Kopf überläßt man einem Maurer. Kunstharzlatexgebundene Dünnputze sind bequemer zu handhaben. Eine besonders gute Dämmwirkung erzielt diese Unterdecke, wenn die Lattenzwischenräume mit Hartschaum ausgeklebt werden.

4 Für die Klebemontage stehen Platten mit Stufenfalz zur Verfügung. Der Vorteil des Stufenfalzes (Bild **2**) ist, daß die Plattenfugen die Wärme nicht ungedämmt hindurchlassen. Als Baukleber eignet sich zum Beispiel Polycret der Firma Polychemie. Auf halbsteifen Platten trägt man den Kleber punktförmig auf. Steife Platten erhalten einen Kleberauftrag mit dem Zahnspachtel.

3

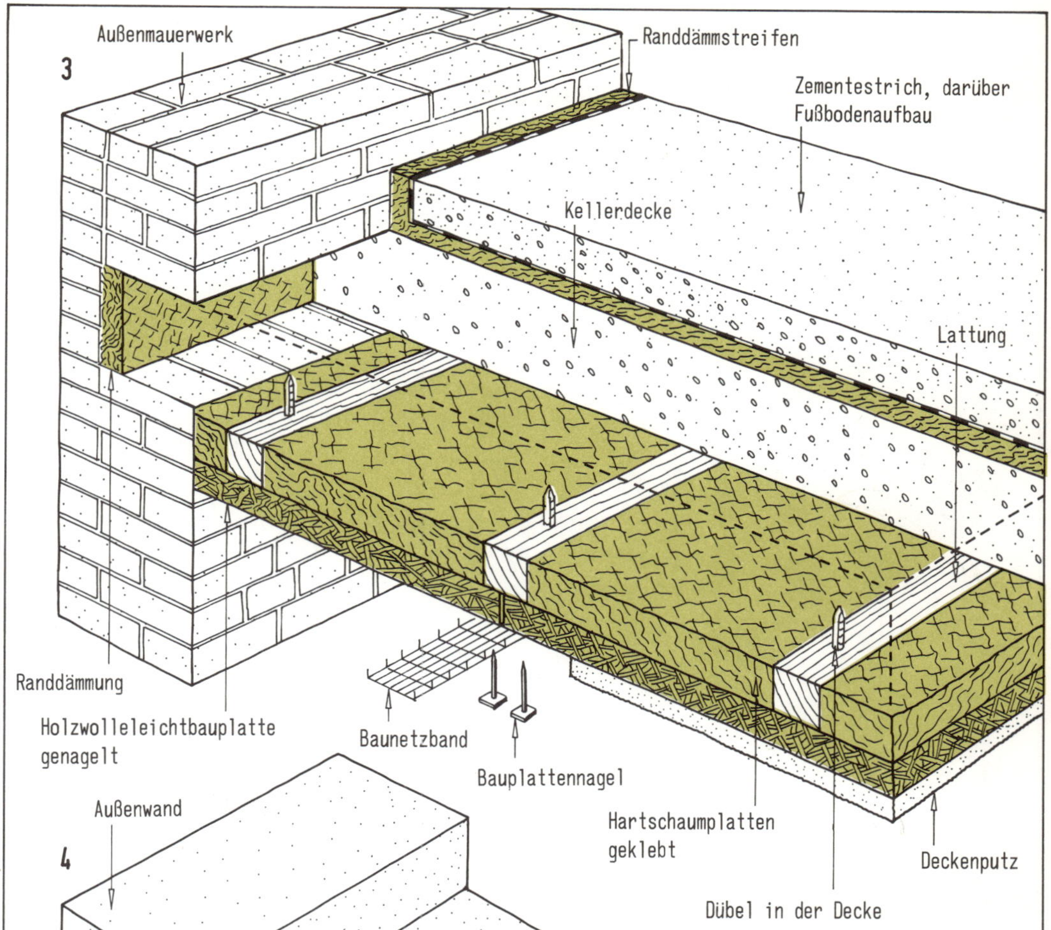
Außenmauerwerk
Randdämmstreifen
Zementestrich, darüber Fußbodenaufbau
Kellerdecke
Lattung
Randdämmung
Holzwolleleichtbauplatte genagelt
Baunetzband
Bauplattennagel
Hartschaumplatten geklebt
Deckenputz
Dübel in der Decke

4

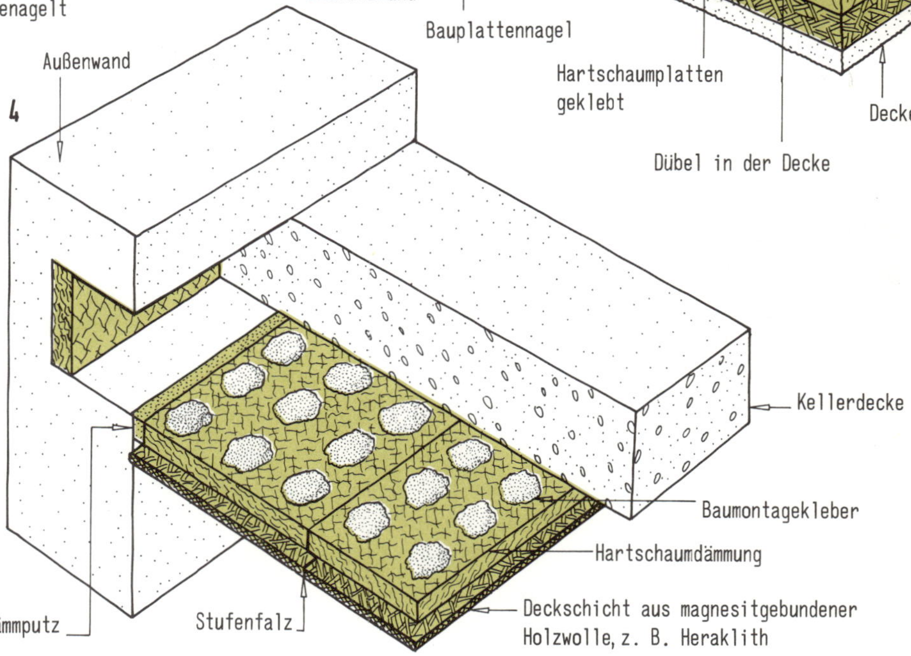
Außenwand
Kellerdecke
Baumontagekleber
Hartschaumdämmung
Dämmputz
Stufenfalz
Deckschicht aus magnesitgebundener Holzwolle, z. B. Heraklith

Kellersohle

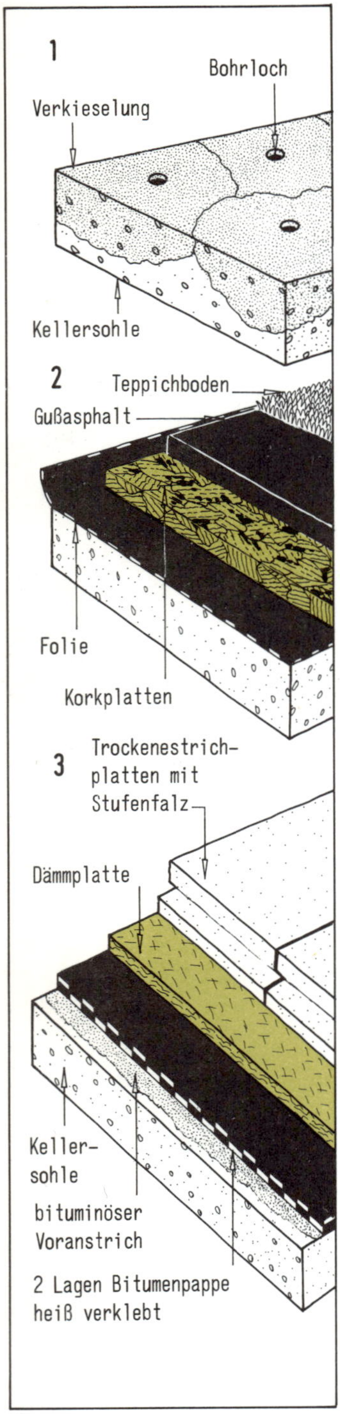

Jede Planung des Ausbaues von Kellerräumen muß von der Untersuchung ausgehen, ob Sohle und Wände naß sind. Das Trockenlegen dieser Bauteile verteuert den Ausbau erheblich. Die Feuchtigkeit in der Sohle ist ein weniger gravierendes Problem als das, sie von den Wänden fernzuhalten.

1 Bis vor kurzem noch hat man die Verkieselung als wirksames Mittel gegen aufsteigende Feuchtigkeit betrachtet. Man ging davon aus, daß sich das Verkieselungsmittel gleichmäßig von den gesetzten Rohrlöchern aus im Baustoff verteilt und einen Dichtungsprozeß auslöst.
Es ist unerheblich, wo die Dichtungsebene in der Sohle liegt. Wichtig ist es aber, den Fußbodenaufbau vor Feuchtigkeit zu schützen. Die Tragfähigkeit der darunterliegenden Betonsohle wird durch dauernde Nässe nicht beeinträchtigt.

2 Gußasphalt über Korkplatten ergibt einen fußwarmen Kellerboden. Eine vollflächig verlegte oder bahnenverschweißte Kunststoffolie verhindert das Eindringen des Wassers in die Korkplatten.

3 Üblicherweise wird die Dämmschicht durch zwei Lagen heißverklebter Bitumenpappe geschützt. Trokkenestrichplatten mit und ohne Dämmschicht oder dicke Spanplatten ersparen die Austrocknungszeit, die beim Naßestrich einzuhalten ist.
Sie lassen sich auch auf einer Trockendämmschüttung verlegen, die sich bei stark unebenen Kellersohlen empfiehlt.

4 Auch Steinplattenfußböden im Keller brauchen nicht fußkalt zu sein. Um eine bessere Kontrolle darüber zu bekommen, daß nach dem Schütten des Estrichs tatsächlich eine durchgehende Dämmschicht vorhanden ist, sollten Sie anstelle einer 4 cm dicken, zwei Lagen Dämmstoff à 2 cm fugenversetzt hinlegen. Die Folie unter dem Naßestrich verhindert, daß das Anmachwasser des Betons wegläuft.

4

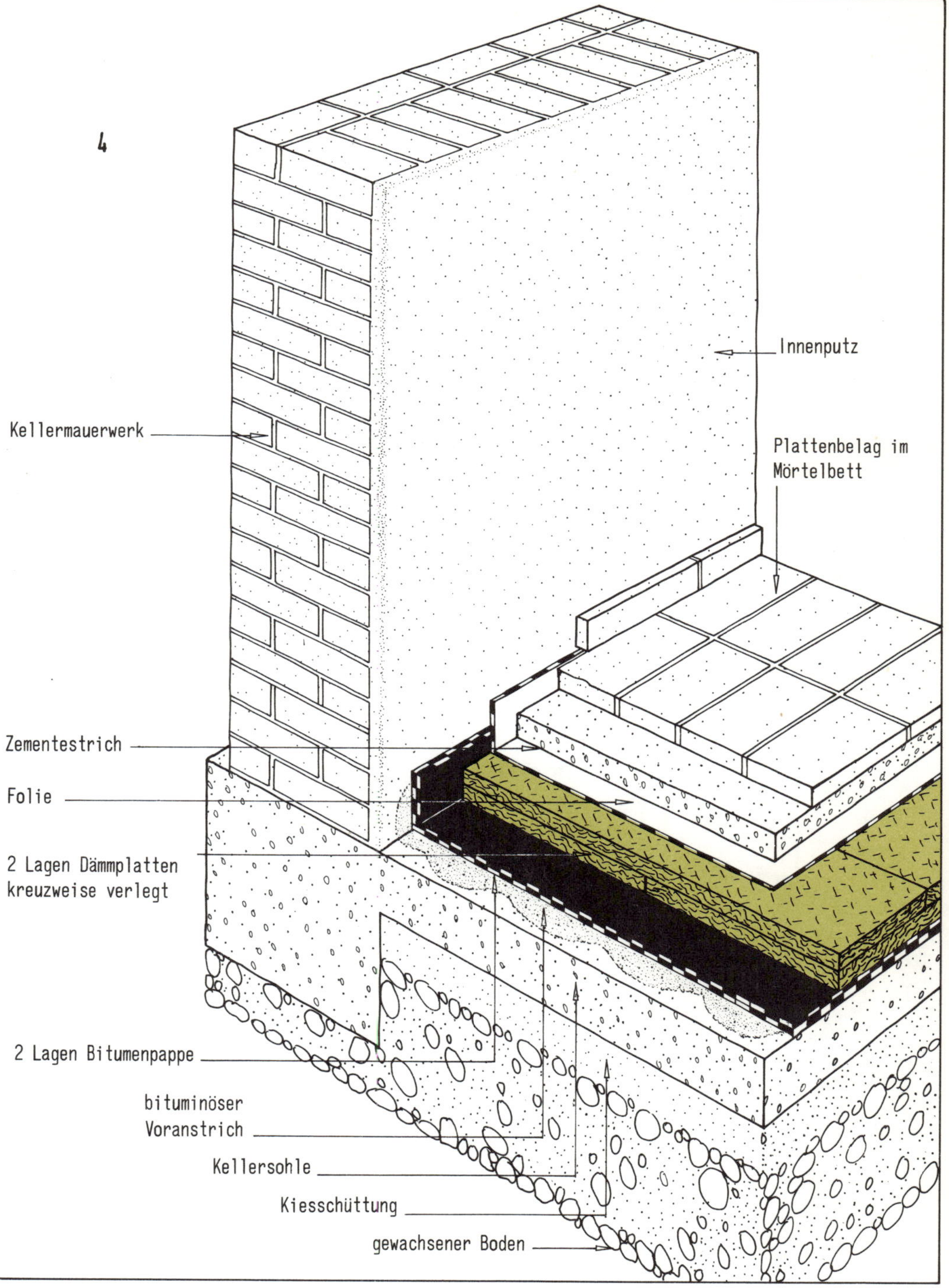

Innenputz
Kellermauerwerk
Plattenbelag im Mörtelbett
Zementestrich
Folie
2 Lagen Dämmplatten kreuzweise verlegt
2 Lagen Bitumenpappe
bituminöser Voranstrich
Kellersohle
Kiesschüttung
gewachsener Boden

Grundwasserdichtung und tiefer gelegte Kellersohle

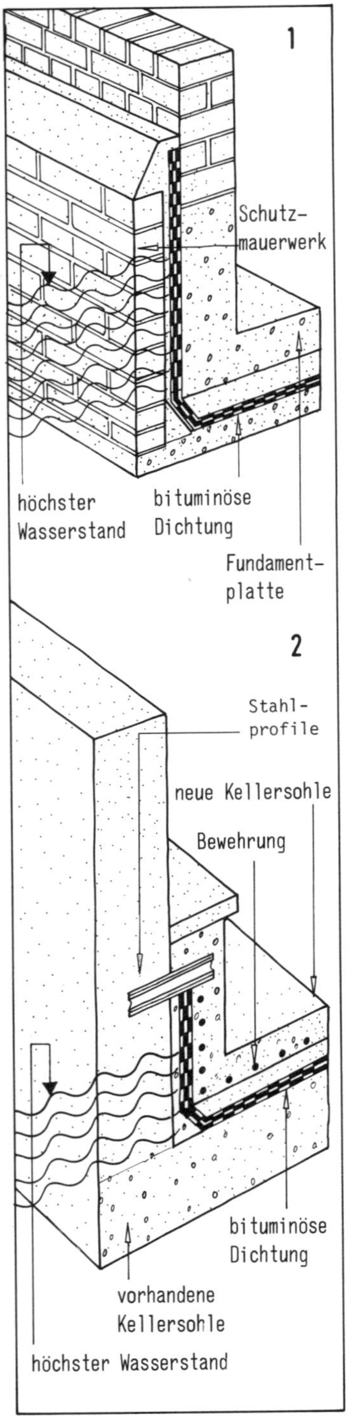

Erschrecken Sie nicht, wenn Sie in Ihrem Keller feuchte Wände vorfinden. Es ist sehr selten, daß Einfamilienhauskeller in den Grundwasserbereich hineinragen.

1 Sohle und Mauerwerk im Grundwasser werden als »Wanne« ausgebildet. Solche Konstruktionen kosten so viel wie ein ganzes Wohnhaus. In Gebieten mit hohem Grundwasserstand werden Einfamilienhäuser meist nicht unterkellert. Wenn Ihr Keller dennoch von Zeit zu Zeit voll Wasser läuft, liegt das am Schichtenwasser, das sich durch Regenfälle auf wasserundurchlässigen Böden sammelt und gegen die Kellerwände drückt.

Ein normaler Wandschutz, wie er bei den Wänden auf Seite 64 bis 67 dargestellt ist, reicht allerdings in solchen Fällen nicht aus, da das Wasser auch von unten durch die Sohle dringt.

2 In einem solchen Fall ist nachträglich eine Wanne von innen einzukleben. Mindestens drei bituminöse Dichtungsschichten sind nötig, die zwischen den Pappen im Gieß- und Einwalzverfahren eingebaut werden. Die Pappen müssen in den Ecken ausgerundet und mit Kupferfolie verstärkt sein. Sie enden 30 cm über dem höchsten Wasserstand. Die Stahlbetonwanne schützt die Dichtung vor dem Ablösen und bildet die neue Kellersohle. Damit das Dichtungspaket samt Wanne nicht vom Wasser hochgedrückt wird, sind Doppel-T-Stahlprofile in das seitliche Mauerwerk eingelassen. Erst über einer solchen Sohlenkonstruktion lohnt es sich, einen wärmegedämmten Fußboden einzusetzen.

3 Neben dem Problem, das Wasser wegzubekommen, ist für den Ausbau ein häufiger Hinderungsgrund die zu niedrige Raumhöhe. Ein gedämmter Fußboden hat immerhin mindestens eine Stärke von 10 cm, die später bei der Kopfhöhe fehlen. Der alte Fußboden kann herausgestemmt und um Fundamenthöhe abgesenkt werden. Eine weitere Tieferlegung würde bedeuten: Fundamentunterfangung, eine nicht zu empfehlende Maßnahme.

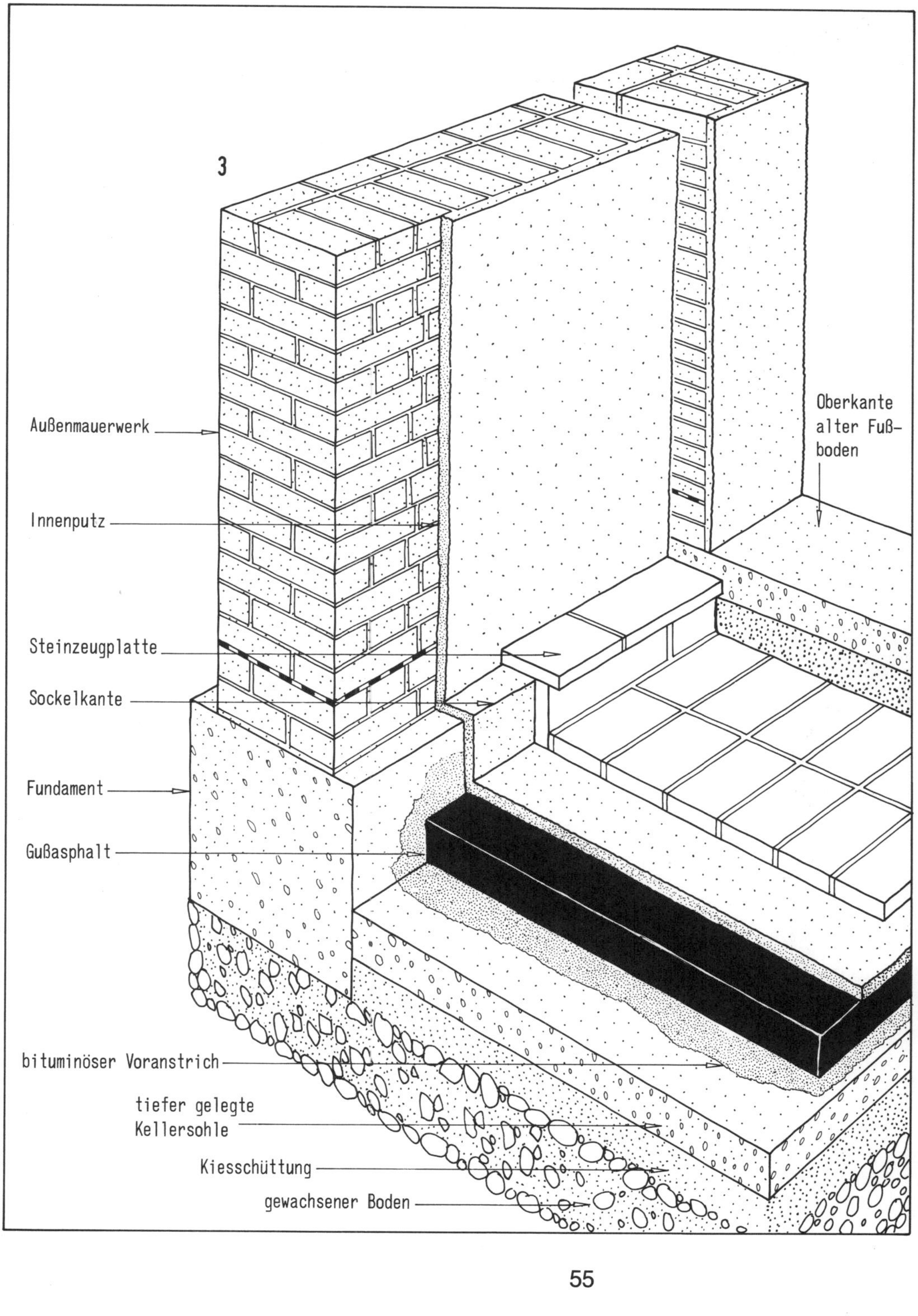
3
Außenmauerwerk
Innenputz
Steinzeugplatte
Sockelkante
Fundament
Gußasphalt
bituminöser Voranstrich
tiefer gelegte
Kellersohle
Kiesschüttung
gewachsener Boden
Oberkante
alter Fuß-
boden

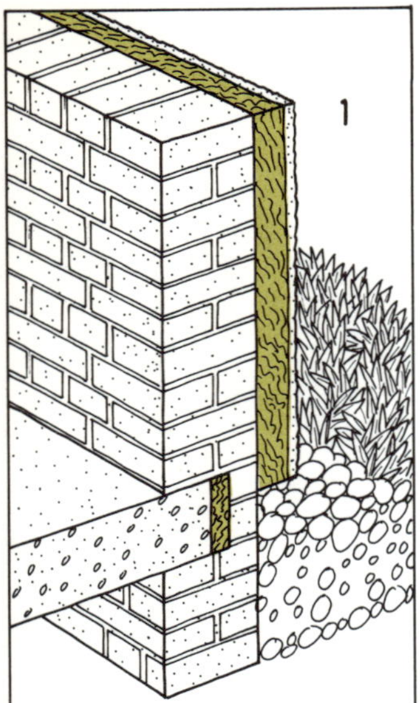

1

Außenwand – Außendämmung

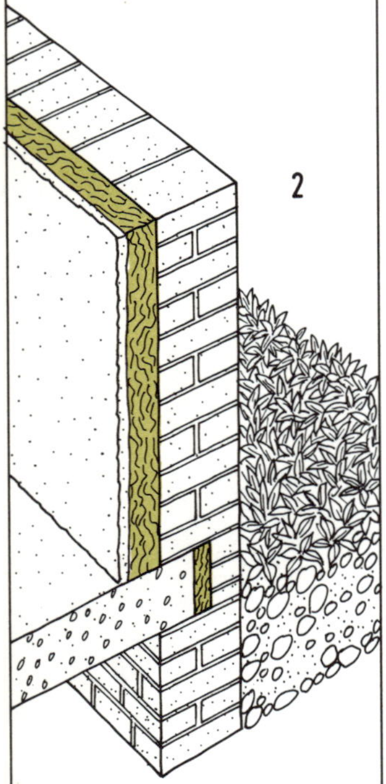

2

Außenwand – Innendämmung

Außenwand

1 und **2** Gegenüber der außen angesetzten Dämmung ist eine Innendämmung um das Vier- bis Siebenfache billiger. Die Wand kann witterungsunabhängig und ohne zusätzliche Konstruktion einer Wetterschutzschicht gedämmt werden. Technisch besser ist aber eine Außendämmung. Das für ein gutes Innenklima wichtige Wärmespeichervermögen der Wand bleibt erhalten, Zwischenwände und Decken unterbrechen nicht den Dämmantel, alle Bauteile bleiben gleichmäßig durchwärmt, Be- und Entwässerungsrohre in Außenwänden frieren nicht ein, Spannungen zwischen den Bauteilen, die zu Rissen führen, sind ausgeschlossen, und außerdem ist eine Durchfeuchtung der Wand durch Kondenswasser nicht zu befürchten. Die bauphysikalischen Gründe, die für die Außendämmung sprechen, sind so gravierend, daß wir es für notwendig halten, entgegen dem gestellten Thema auch noch einige Vorschläge zur Außendämmung zu bringen (Seiten 64 bis 67).

Folgende Beispiele für Wandinnendämmungen sind praktikabel:

3 Die speziell entwickelten geschoßhohen Verbundplatten, bestehend aus einer Gipskartonplatte und einer Dämmschicht aus Polystyrol oder Mineralfaser, lassen sich bequem an der Wand anmörteln oder ankleben. Die Stöße werden zugespachtelt, dann kann sofort übertapeziert oder gestrichen werden. Forderungen des vorbeugenden Brandschutzes lassen sich durch die Verwendung von nichtbrennbaren Mineralwoll-Gipskarton-Verbundelementen erfüllen.

4 Flexibler in der Anwendung ist das Verfahren, bei dem Dämmschicht und Deckschicht in zwei Arbeitsgängen aufzubringen sind. Die Dicke und Art des Dämmaterials kann man sich aussuchen. Die Plattenhersteller liefern Ansetzgips oder -mörtel fertiggemischt. Eine genaue Montageanleitung finden Sie im Schallschutzteil Seite 108. Eine solche Vorsatzschale bringt auch eine Schallschutzverbesserung.

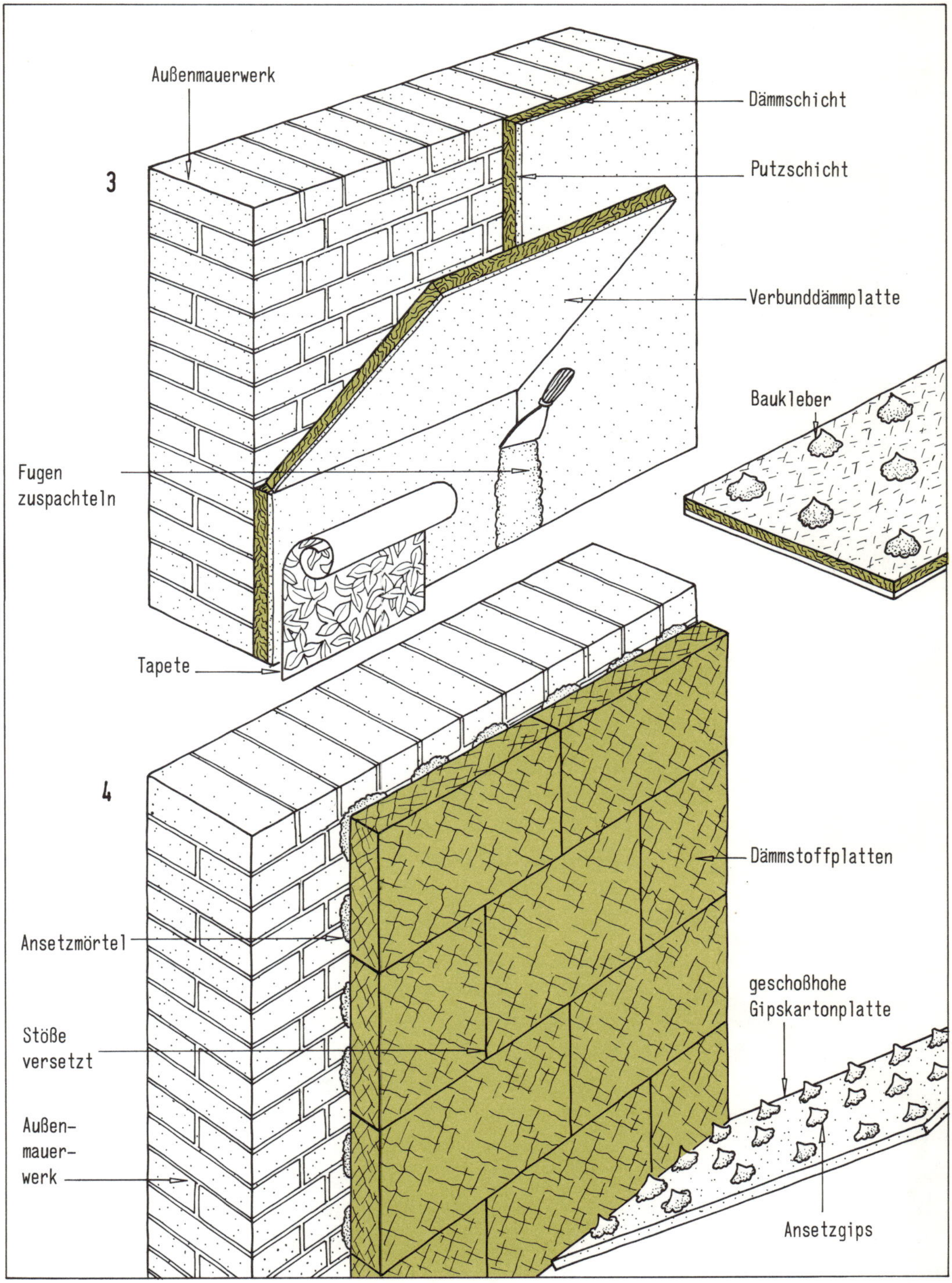
Außenmauerwerk
3
Dämmschicht
Putzschicht
Verbunddämmplatte
Baukleber
Fugen zuspachteln
Tapete
4
Dämmstoffplatten
Ansetzmörtel
geschoßhohe Gipskartonplatte
Stöße versetzt
Außenmauerwerk
Ansetzgips

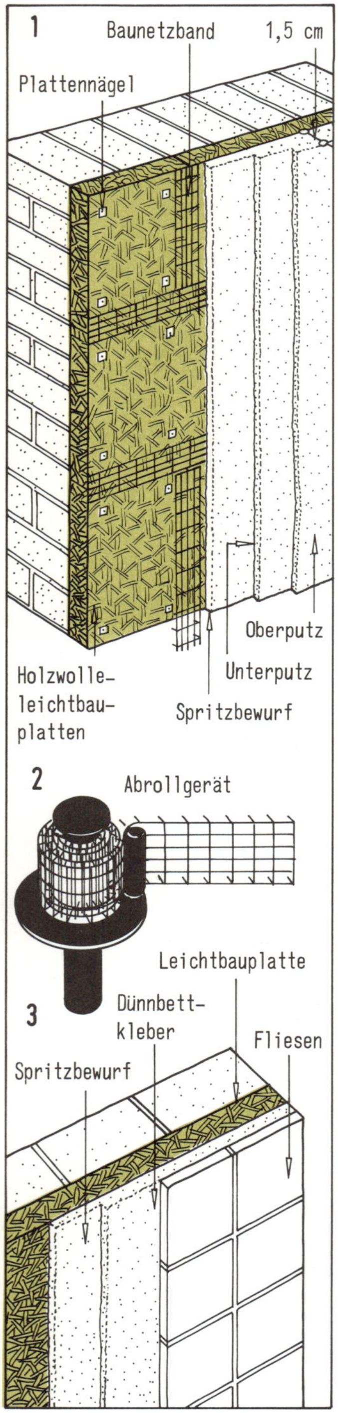

1 Eine solide Innendämmung ist das System mit Holzwolleleichtbauplatten und Naßputz. Im Unterschied zu den obengenannten Vorsatzschalen lassen sich Bilder und Regale an dieser Wand gut befestigen. Auf Ziegel- und Bimsmauerwerk oder sonst geeignetem Untergrund nagelt man die Holzwolleleichtbauplatten auf. Bei Altbauten wird loser Putz abgeschlagen und die Fläche mit Mörtel ausgeglichen. Die Platten im waagerechten Verband mit dicht schließenden Fugen an die Wand setzen. Mindestens zehn Hartstahlnägel pro Quadratmeter halten die Platten an der Wand fest. Die Augen werden beim Annageln vor abspringenden Mauer- oder Nagelstücken geschützt. Weniger gefährlich ist das Ankleben. Jede 50/200 cm große Platte erhält 15 Klebepunkte oder Klebestreifen aus Baukleber (zum Beispiel von Ceresit). Putzbewehrungsstreifen überspannen die Fugen. Die Streifen sollen nicht eng anliegen, damit der Unterputz das verzinkte Drahtnetz einbettet. Abrollgeräte (Bild **2**) erleichtern die Arbeit. Bis zu diesem Stadium kann der Selbstbauer den Ausbau übersehen. Die Putzarbeiten wird eine Maurerfirma schneller ausführen.

3 Der Spritzbewurf, der Unterputz und der Oberputz ergeben eine 1,5 cm dicke Putzschicht. Wer verfliesen möchte, braucht nur über dem Zement-Spritzbewurf im Dünnbettverfahren die Fliesen zu kleben. Dazu glättet man zunächst mit Fliesenkleber die Fläche, und erst dann wird mit dem Zahnspachtel der eigentliche Kleber aufgetragen.

4 bis **7** Sind große Unebenheiten auszugleichen oder Rohre zu verstecken, kann man sich mit einem Lattenrost behelfen. Es wird senkrecht vor der Wand ausgerichtet, indem man Spannschnüre an den Außenlatten befestigt. Der Filzstreifen unter den Latten erhöht den Dämmwert im Holzbereich. Die Flächendämmung übernehmen aluminiumkaschierte Heftrandbahnen. Schon bei kleineren Flächen lohnt sich der Kauf eines Tackers. Den Oberflächenabschluß können Gipskartonplatten oder Profilholzschalungen bilden. Für jede Schalung gibt es auch unterschiedlich geformte Blechkrallen.

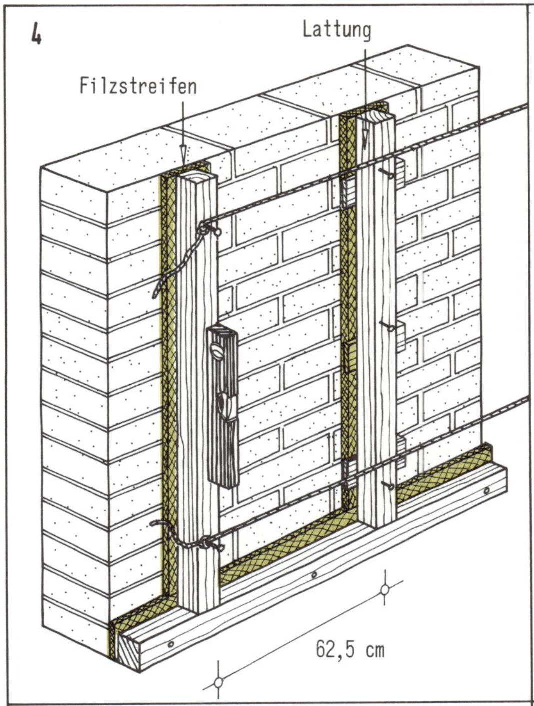
4
Lattung
Filzstreifen
62,5 cm

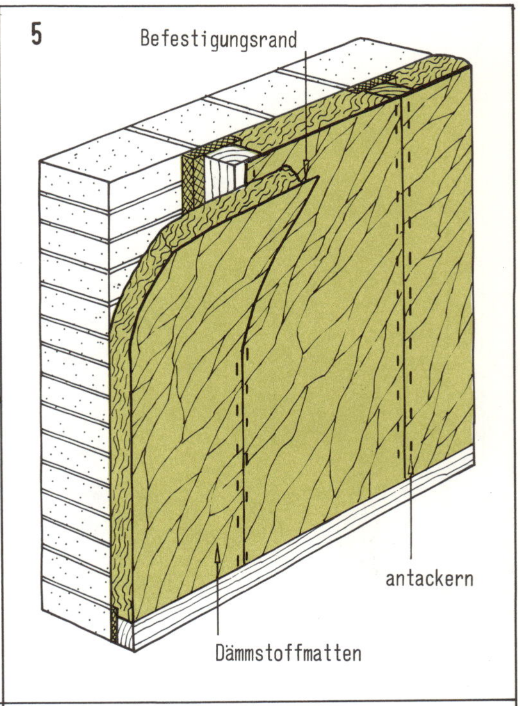
5
Befestigungsrand
antackern
Dämmstoffmatten

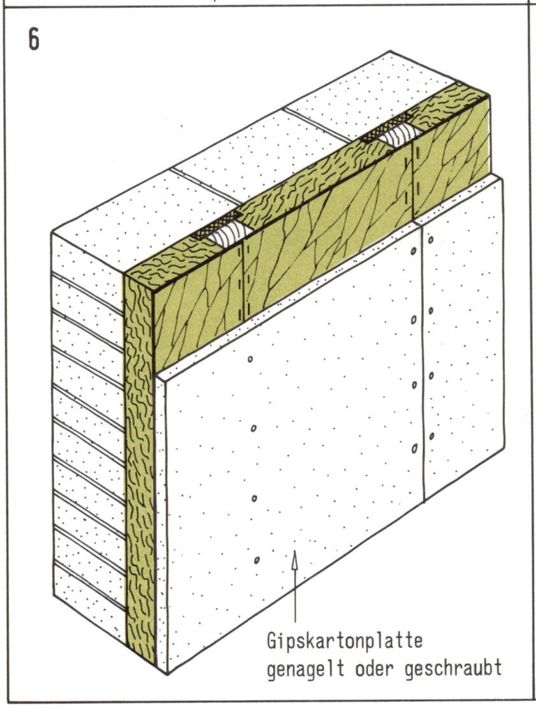
6
Gipskartonplatte
genagelt oder geschraubt

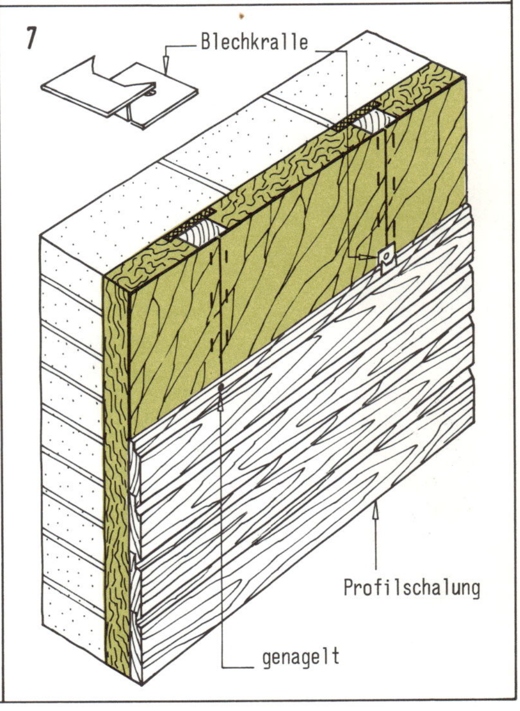
7
Blechkralle
Profilschalung
genagelt

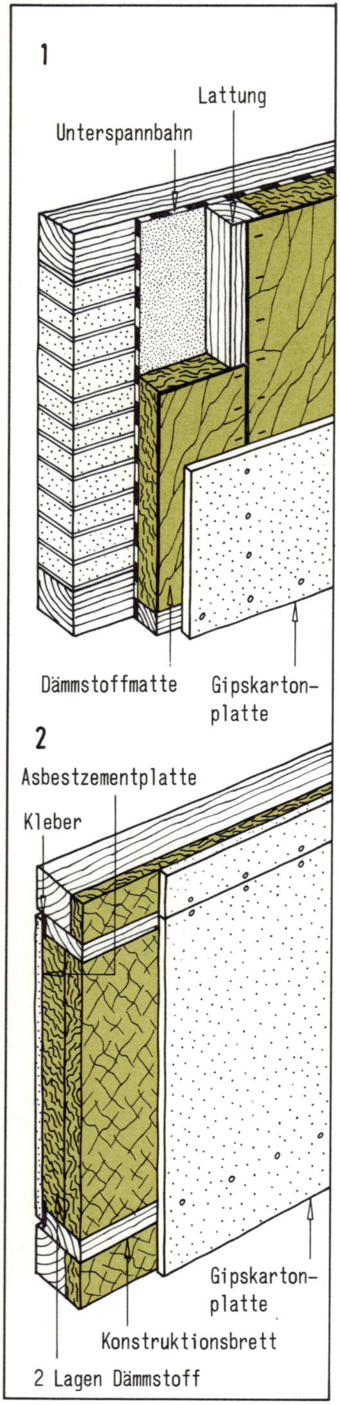

Alte Fachwerkwände entsprechen fast nie den heutigen wärmetechnischen Anforderungen. Sie bestehen aus einem Holzskelett, dessen Felder mit einer halbstein'schen Mauerschale ausgefacht sind. Es ist klar, daß diese dünne Außenhaut verstärkt werden muß, wenn die Wärme nicht ungehindert abfließen soll. Bevor man aber an den Innenausbau herangehen kann, sind die Hölzer und das Mauerwerk auf Schäden zu untersuchen. Das Holzwerk wird man unter allen Umständen zu erhalten suchen; es kann sein, daß einzelne Hölzer ausgewechselt werden müssen. Die Ausmauerungen sind häufig total zu erneuern. Die traditionelle Ausfachung mit Mauersteinen wird man dem Maurer überlassen, da handwerkliche Regeln zu beachten sind, auf die wir hier nicht eingehen können. Mit vorgefertigten Ziegelmontageelementen (zum Beispiel der Firma Röben) umgeht man diese Schwierigkeiten.

1 Durch eine halbstein'sche Wand schlägt immer Wasser durch, so daß ohne eine wasserundurchlässige Bahn jede Innenschale auch naß würde. Davor kann die Tragekonstruktion für die Dämm- und Deckschicht errichtet werden. Es genügen hier nicht die Holzquerschnitte der handelsüblichen Dachlatten, besser sind Kanthölzer zum Beispiel 4/8 cm.

2 Von außen verputzte Ausfachungen lassen sich durch weiße Asbestzementplatten ersetzen. Sie werden mit Baumontagekleber an die Konstruktionsbretter geklebt. Diese Bretter, die über die Fachwerkinnenseite hinausragen, ermöglichen außerdem eine breite durchgehende Dämmschichtdicke. Durch den Überstand kann der Holzquerschnitt der Stützen und Riegel zusätzlich gedämmt werden. Die Innenverkleidung sitzt auf den gleichen Konstruktionshölzern. Bei unebener Fläche ist eine Konterlattung nötig.

3 Eine feste mechanisch beanspruchbare Innenschale bilden Gipsbauplatten. Die Bauanleitung für die mit dem irreführenden Namen der »Platte« versehenen Gipsbausteine haben wir auf Seite 112 zusammengestellt. Übrigens genügte eine dicke Kunststoffolie als Abdichtung gegen das Erdreich.

3

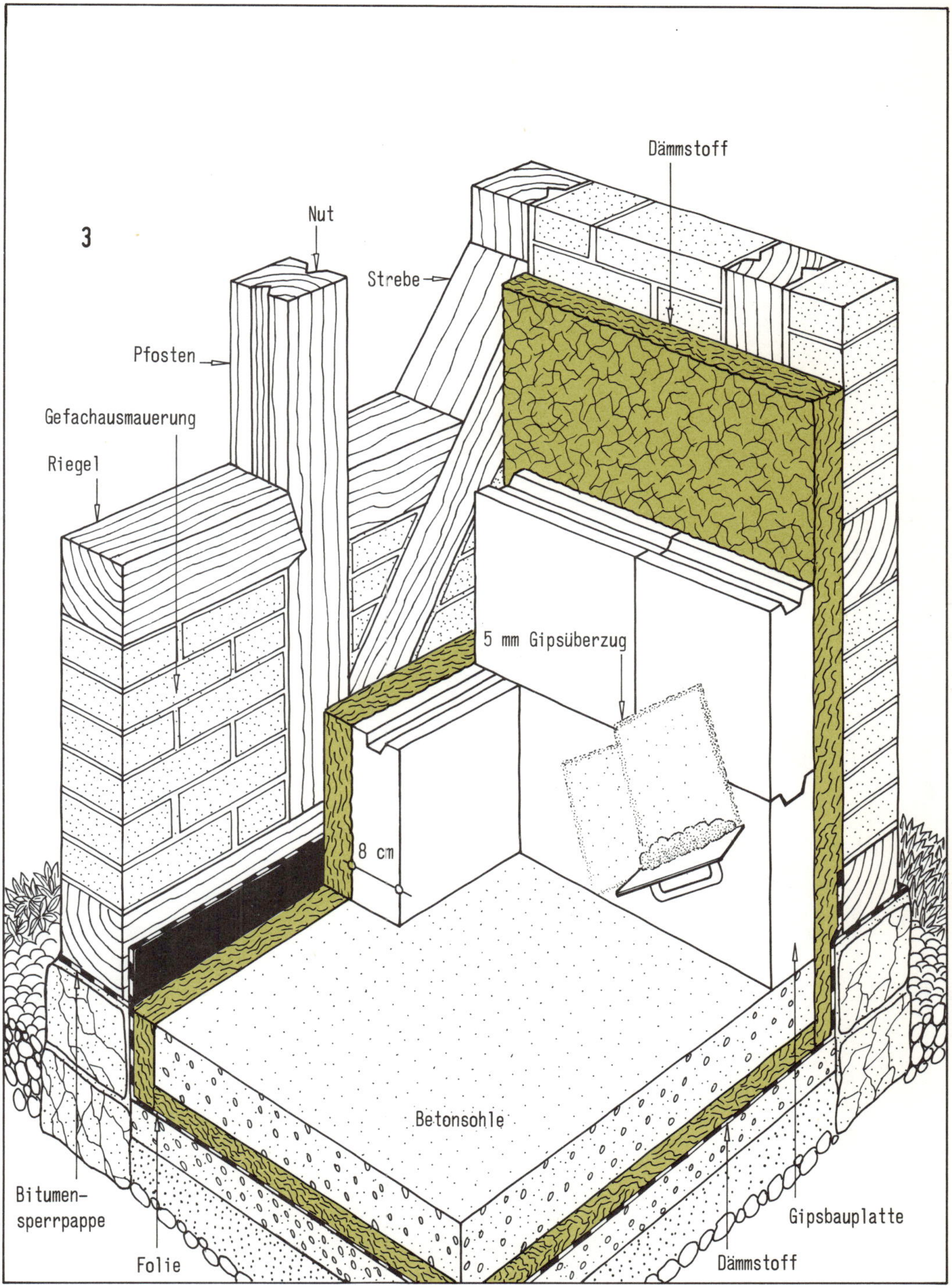
Dämmstoff
Nut
Strebe
Pfosten
Gefachausmauerung
Riegel
5 mm Gipsüberzug
8 cm
Betonsohle
Bitumen-
sperrpappe
Folie
Gipsbauplatte
Dämmstoff

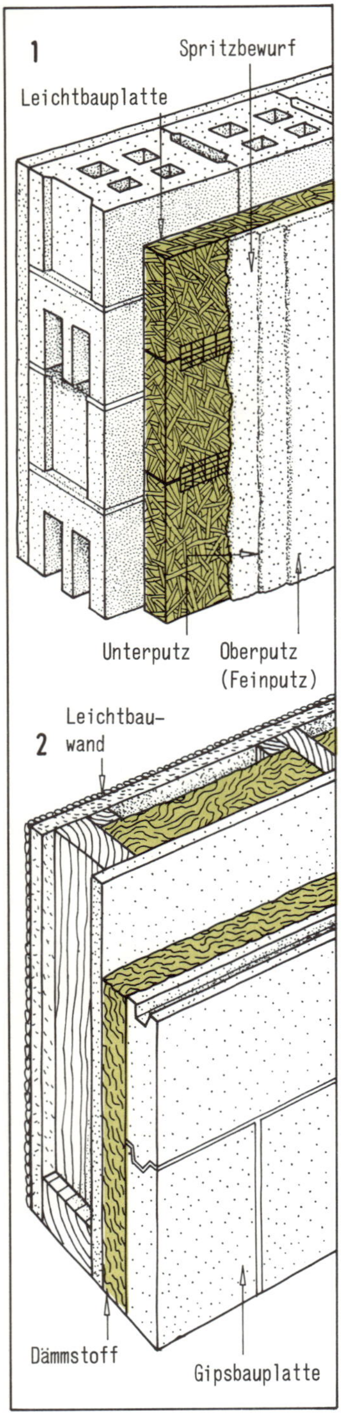

Leichtbauwände haben ein Wandgewicht von weniger als 300 kg pro Quadratmeter. Es gelten höhere Dämmwerte, weil das geringere Wärmespeichervermögen durch eine dickere Wärmedämmung ausgeglichen werden muß. Ein gutes Speichervermögen wird nur durch eine schwere Wand erreicht.

1 Auch einige Arten von Mehrkammerhohlblocksteinen fallen unter diese Bestimmung. In irgendeiner Weise wird von vornherein eine Wärmedämmung gegeben sein. Wer von innen zusätzlich dämmen will, hat es leicht, weil sich die zementgebundenen Bimssteine gut nageln lassen. In solchem Falle sollte man als Dämmaterial Holzwolleleichtbauplatten nehmen. Verputzt erhält man nämlich bei dieser Bauart eine genauso stabile Wandoberfläche wie beim nur verputzten Mauerwerk.

2 Bei massivem Mauerwerk spielt der Verlust der Wärmespeicherfähigkeit der Außenwände keine wesentliche Rolle, weil der Anteil an der Gesamtspeicherkapazität eines Raumes nur gering ist. Besteht die Gesamtkonstruktion, wie bei einigen Fertighäusern, nur aus Leichtbauwänden, so verbessert man das Raumklima, wenn man Baustoffe einsetzt, die die genannte Fähigkeit besitzen (wie zum Beispiel Gipsbauplatten). Wärme- und Schallschutz erhöhen sich gleichermaßen.

3 Während Ihnen vom Raum bei dem vorhergehenden Beispiel mindestens 12 cm verlorengehen, erfordert diese Bauweise eine Konstruktionsstärke von nur 5 cm. Für die neue Innenschale aus Holzwolleleichtbauplatten mit Putz gilt das oben Gesagte.

4 Dünne Gipskartonplatten bilden nur dann eine nicht federnde und nicht eindrückbare Oberfläche, wenn die darunterliegende Sparschalung mit dichtem Abstand eingebaut ist. Der Dämmstoff rückt zwischen Lattenfelder. Ein Ausrichten der Latten erübrigt sich, da die Leichtbauwände sehr eben sind und sich auch im Laufe der Jahre nicht verziehen.

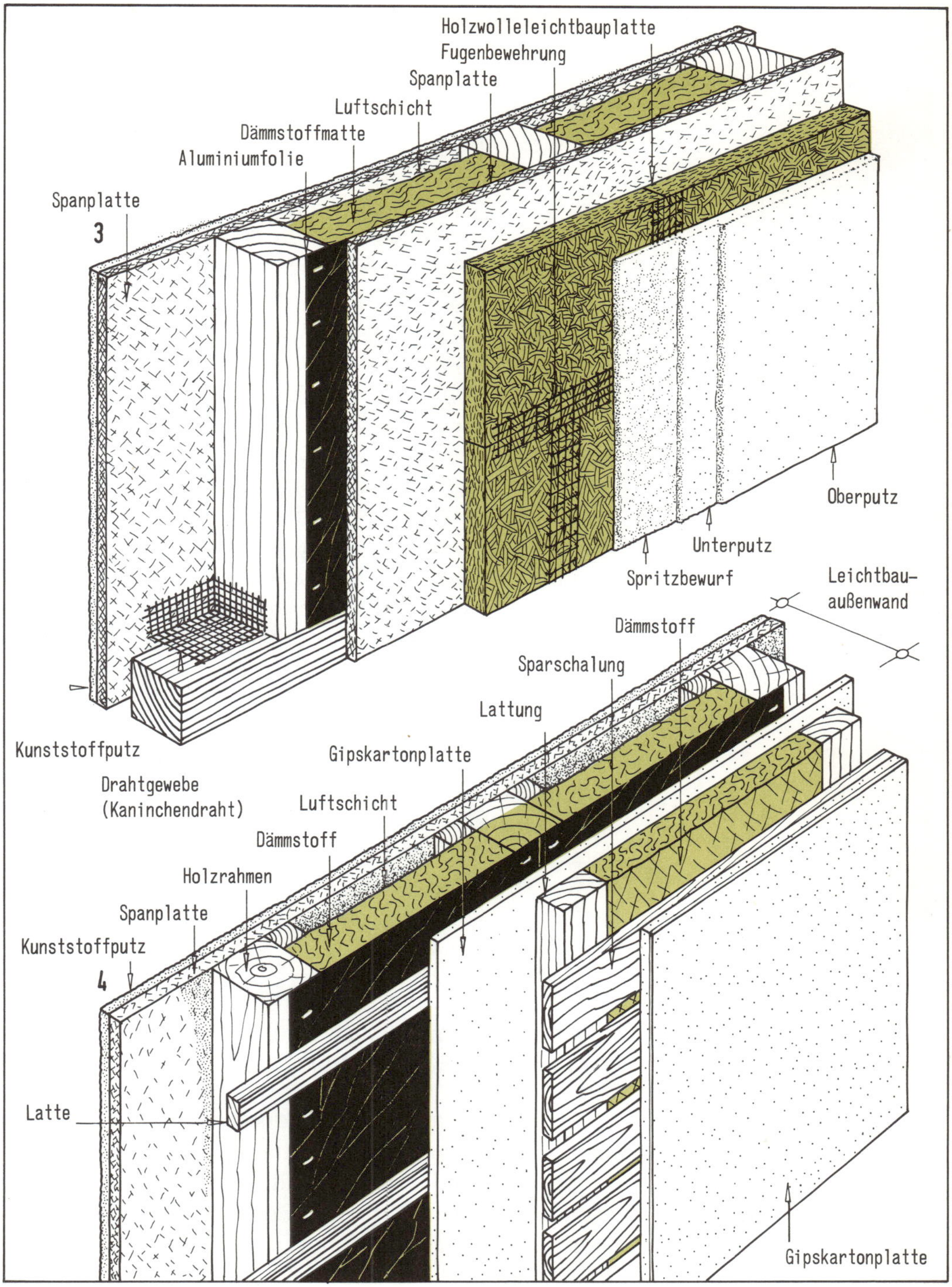

Holzwolleleichtbauplatte
Fugenbewehrung
Spanplatte
Luftschicht
Dämmstoffmatte
Aluminiumfolie
Spanplatte
3
Oberputz
Unterputz
Spritzbewurf
Leichtbau-
außenwand
Dämmstoff
Sparschalung
Lattung
Kunststoffputz
Gipskartonplatte
Drahtgewebe
(Kaninchendraht)
Luftschicht
Dämmstoff
Holzrahmen
Spanplatte
Kunststoffputz
4
Latte
Gipskartonplatte

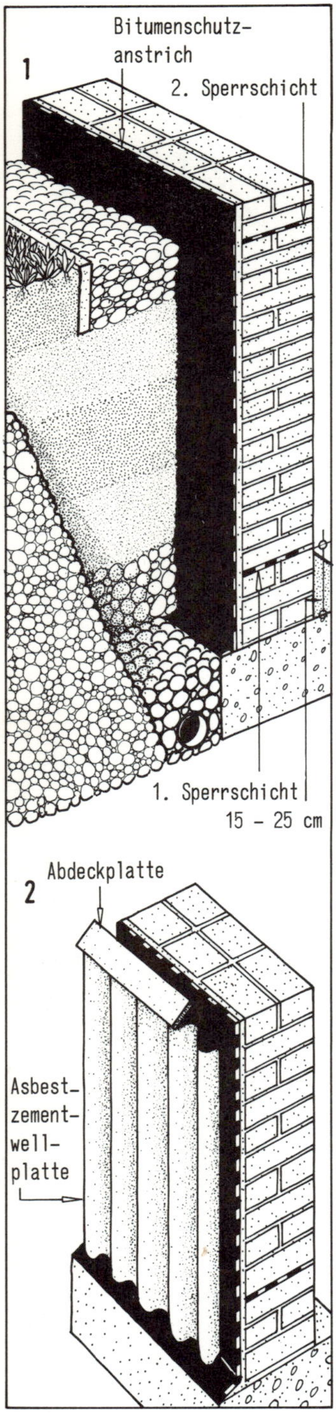

Kelleraußenwand

1 So sieht eine regelrecht ausgeführte Kellerwanddichtung aus. Auf Fundamenthöhe läuft um das Gebäude eine Ringdränageleitung. Bei größeren Grundrißflächen werden Stichleitungen unter dem Gebäude durchgeführt. Das in den perforierten flexiblen Rohren aus PVC hart sich sammelnde Wasser fließt in Sickerschächte, Vorfluter (Gewässer) oder ausnahmsweise über Sandfänge in das Regensiel. Die Dränage erhält allseitig eine Packung aus Grobkies. Lagenweise verdichtet wird Sand oder Kies im konischen Sickerraum eingebracht. Mit dem bindigen Bodenaushub darf man nicht verfüllen, da die Feinstanteile im Boden die Dränageschlitze zusetzen. Ein Grobkieskranz um das Haus verhindert, daß der Mutterboden bis an das Gebäude heranreicht. Hierdurch wird der bituminöse Anstrich vor den Pflanzenwurzeln geschützt. Den eigentlichen Feuchtigkeitsschutz des Mauerwerks übernimmt der mehrlagige Kalt- oder Heißbitumenanstrich. Vom Fundament bis zum Mauerwerk aufsteigendes Kapillarwasser wird durch zwei Sperrschichten aufgehalten.
Bei feuchtem Mauerwerk hilft leider nichts anderes, als das Kellermauerwerk abzugraben und, so wie oben beschrieben, das Mauerwerk trockenzulegen. Die waagerechten Sperren kann man nicht erneuern. Mit der äußeren Trockenlegung hält man aber den Hauptteil des anfallenden Wassers fern. Feuchtes Mauerwerk ist in seiner Tragfähigkeit nicht beeinträchtigt. Mit Dichtschlämmen kann man das Kapillarwasser innen von der Dämmung trennen.

2 Als mechanischer Schutz beim Einfüllen der Kiesschichten dienen Asbestzementwellplatten (zum Beispiel die Grundmauerschutzplatten der Firma Eternit).

3 Die Dämmung und Verkleidung wird ausgeführt wie bei den Außenwänden. Wir haben hier zwei Verkleidungssysteme dargestellt: Mit Gipskartonplatten und mit Holzschalung. Übrigens: Gußasphalt nur auf Trennlage schütten, da ein Verkleben mit der Unterlage zu Spannungsrissen führt.

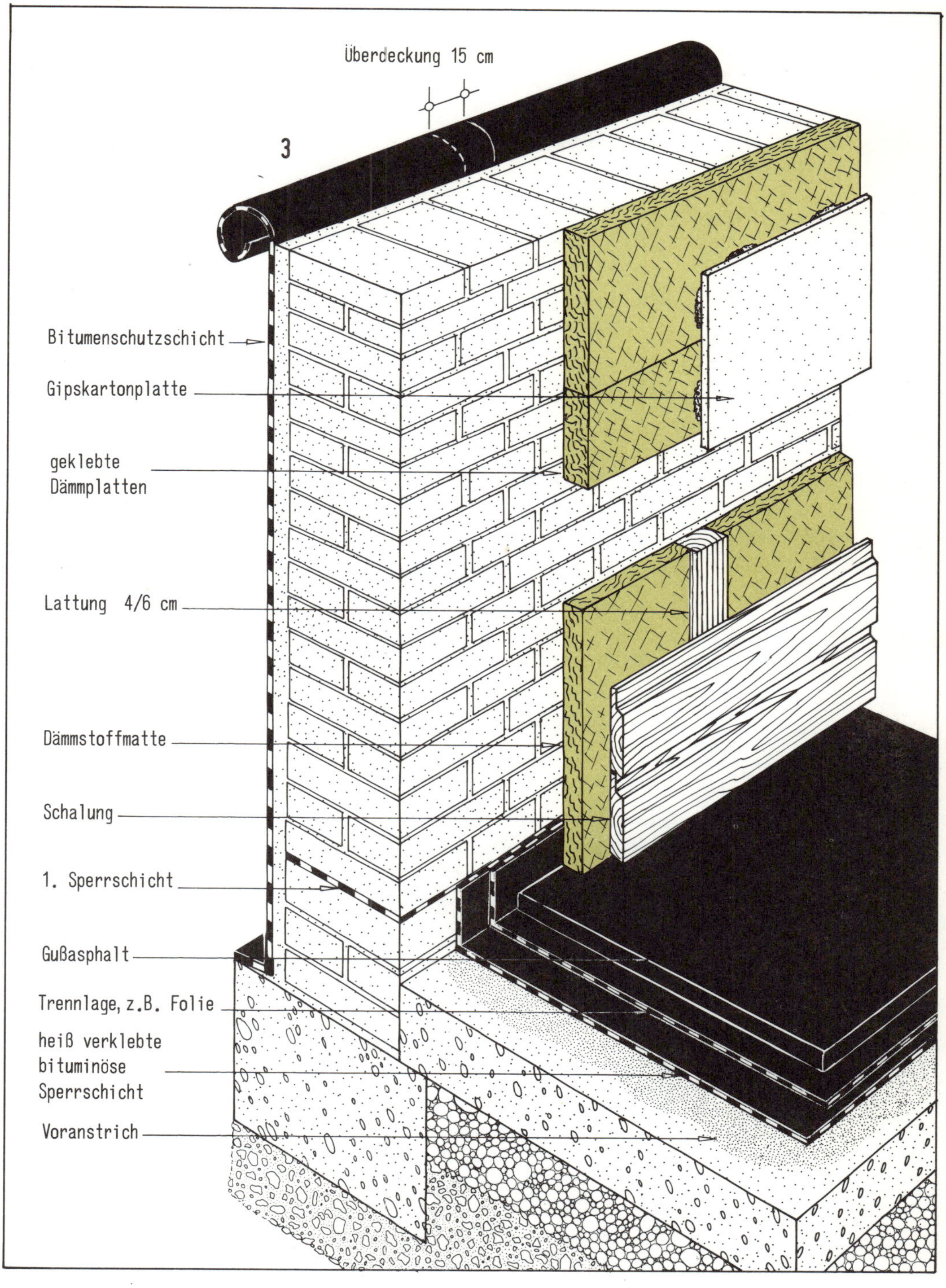
Überdeckung 15 cm
3
Bitumenschutzschicht
Gipskartonplatte
geklebte
Dämmplatten
Lattung 4/6 cm
Dämmstoffmatte
Schalung
1. Sperrschicht
Gußasphalt
Trennlage, z.B. Folie
heiß verklebte
bituminöse
Sperrschicht
Voranstrich

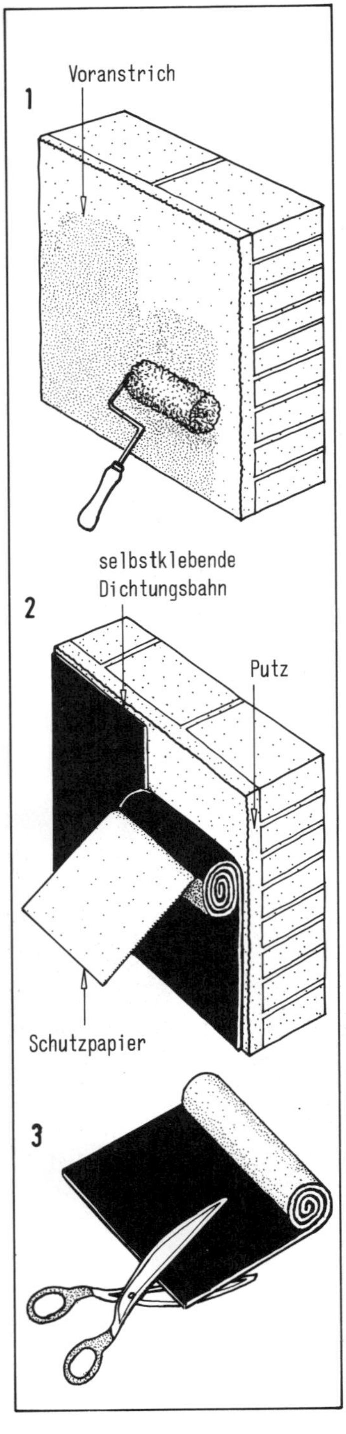

Mit dem Kellerausbau ist der Wunsch verbunden, ein trockenes Wohnklima in den Räumen zu schaffen. Die einzige Methode, einen dauerhaften Feuchtigkeitsschutz zu erhalten, ist aber, das Mauerwerk von außen mit einwandfreien Dichtungsschichten zu versehen. Hierzu muß das Gebäude bis zu den Fundamenten freigelegt werden. Nach den auf Seite 56 ausgeführten Gründen wäre es aber bautechnisch ein Fehler, die Wärmedämmung nicht gleichzeitig mit dem Feuchtigkeitsschutz einzubauen. Einmal sprechen die genannten bauphysikalischen Gründe dafür, zum anderen lassen sich die geschoßhohen Wärmedämmelemente weniger aufwendig außen montieren.

Eine besondere Schwierigkeit bedeuten die Bitumenschichten am Mauerwerk. Grundlage für deren Aufbringung ist ein zumindest mit Putzmörtel abgestrichenes Mauerwerk. Neben den zwei üblichen Anstrichverfahren ist eine Technik mit selbstklebenden Dichtungsbahnen entwickelt worden. Bei dem Heißbitumenanstrichverfahren dichten mindestens zwei dicke, vollflächig aufgetragene Anstriche. Der Selbstbauer müßte sich die erforderlichen Bitumenkocher ausleihen. Die Temperatur der Bitumenmasse von 180° Celsius ist genau einzuhalten.

Auch der Kaltbitumenanstrich stößt auf Schwierigkeiten, denn beim Auftragen müssen die Atemwege gegen giftige Dämpfe geschützt werden. Außerdem ist der Anstrich mehrmals zu wiederholen.

1 bis **3** Wer einen einigermaßen glatten Untergrund vorfindet, klebt einfach Spezialdichtungsbahnen gegen das getrocknete und mit Voranstrich versehene Mauerwerk. Die an den Stößen übereinander verbundenen Bahnen lassen sich nicht mehr voneinander lösen und bilden eine durchgehende Haut.

4 Liegen die Dämmstoffplatten im Feuchten, wird geschlossenporiges Material gewählt (zum Beispiel Polyurethan von Grünzweig und Hartmann). Die lose davor aufgestapelten Halbblocksteine wirken als Sickerschicht und lassen das an der Fassade herunterlaufende Regenwasser schnell zur Dränage gelangen.

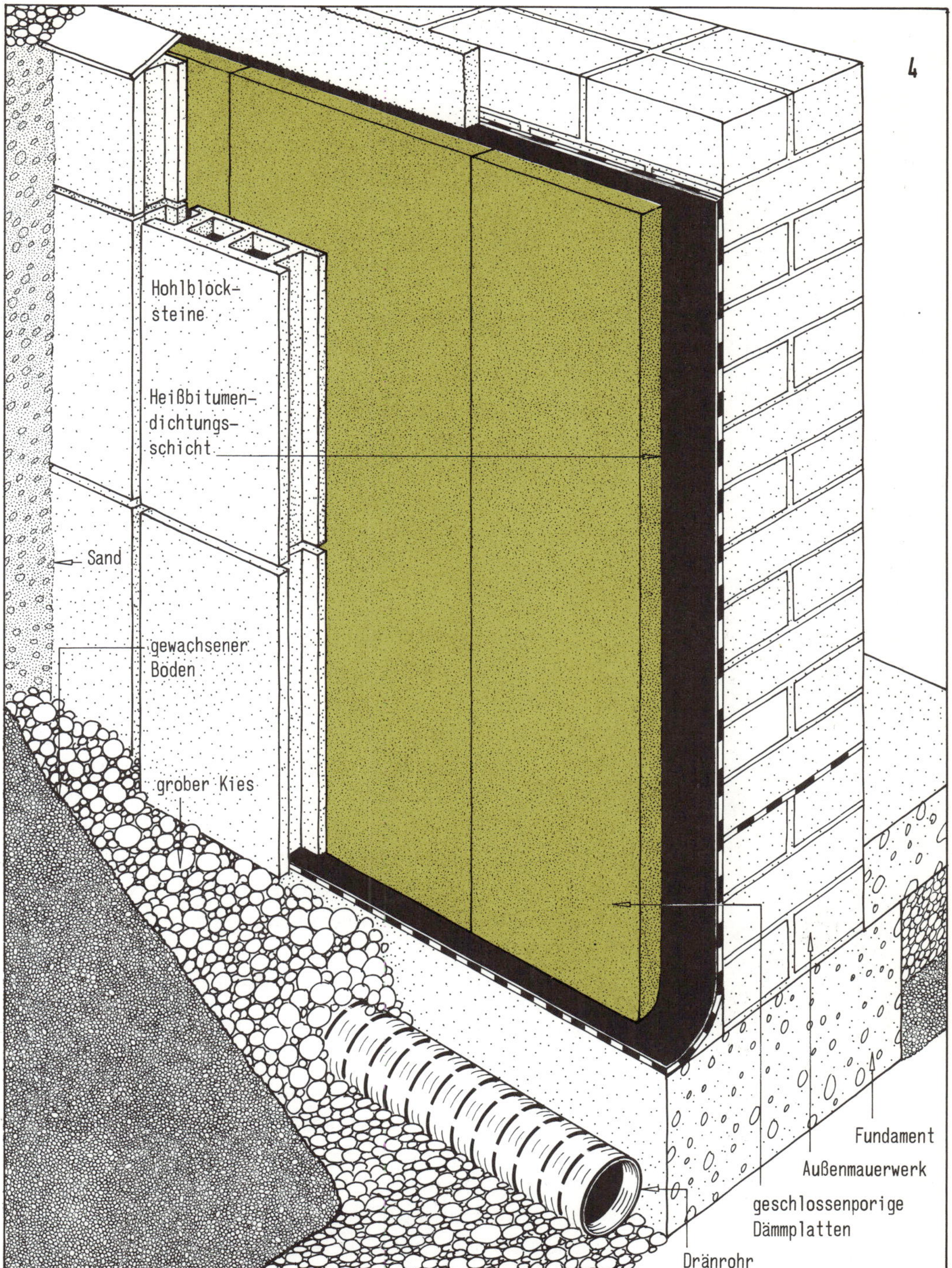
4
Hohlblocksteine
Heißbitumendichtungsschicht
Sand
gewachsener Boden
grober Kies
Fundament
Außenmauerwerk
geschlossenporige Dämmplatten
Dränrohr

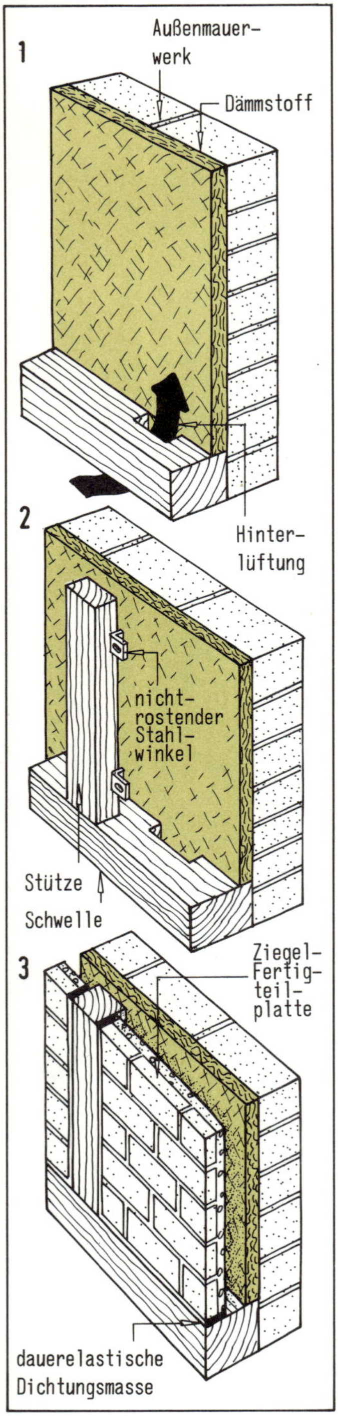

Wandaußendämmung

Den Wärmeschutz an der Fassade anzubringen, ist teuer, aber technisch besser. Die Verteuerung kommt hauptsächlich dadurch zustande, daß die Dämmschicht vor der Witterung geschützt werden muß. Hat man sich zur Erneuerung der Fassade entschlossen, wird man auch alle Maueröffnungen renovieren, denn über diese Öffnungen geht ein großer Teil der Wärme verloren.

1 bis **3** Fachwerk als Verblendung. Wer seinem Haus den Fachwerkcharakter verleihen möchte, dem steht das Fassadensystem der Firma Röben zur Verfügung. Hinter einem Holzgerüst, dessen Felder mit Ziegelfertigteilen ausgefacht sind, liegt die Wärmedämmung durchgehend mit einem Luftraum davor an dem Mauerwerk. Von vorn unsichtbare Lüftungsschlitze oben und unten in den Skeletthölzern sorgen für die Hinterlüftung des Fachwerks.

4 Vormauerung mit Luftschichtplatte. Eine Vormauerung erfordert einen Sockel. Lüftungssteine am Sockel und an der Traufe führen diffundierenden Wasserdampf über den Hohlraum der Luftschichtplatte ab. Die Dämmschicht ist mit der Luftschichtplatte verbunden. Beim Hochziehen des Verblendmauerwerks kann kein Mörtel in die Luftschicht fallen und damit die Lüftungswirkung zunichte machen. Die Luftschichtplatten kann man nageln oder kleben, schwieriger dürfte es sein, das Verblendmauerwerk mit der Hintermauerung zu verbinden. Pro Quadratmeter Mauerwerk müssen nämlich fünf Drahtanker die Befestigung zwischen den Mauerschalen herstellen. (Hersteller der Platte DWA.)

5 Einschalige Außendämmung mit Klemmfalzdämmplatten. Für dieses System gelten alle Vorteile von außengedämmten Außenwänden. Das tragende Mauerwerk wirkt als Wärmespeicher, was sich besonders im Sommer ausgleichend bemerkbar macht. Die Klemmfalzdämmplatten ab 5 cm Dicke bestehen aus Hartschaum und sind beiderseits gerillt. Ein Bewehrungsgewebe im vier bis fünf Millimeter dicken Grundputz eingebettet, verhindert das Reißen des Putzes. Der Putz

4

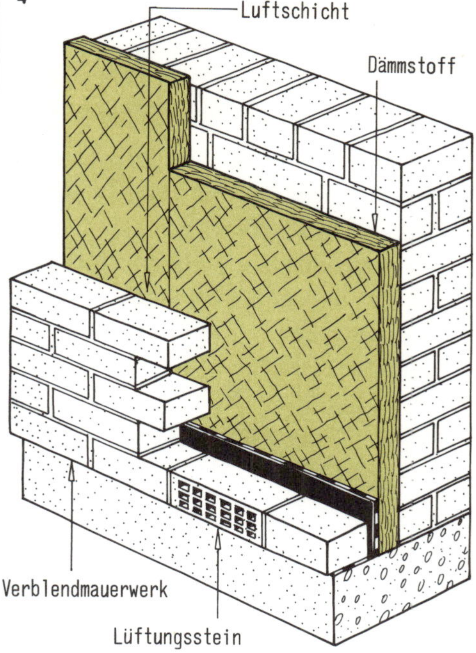

Luftschicht
Dämmstoff
Verblendmauerwerk
Lüftungsstein

5

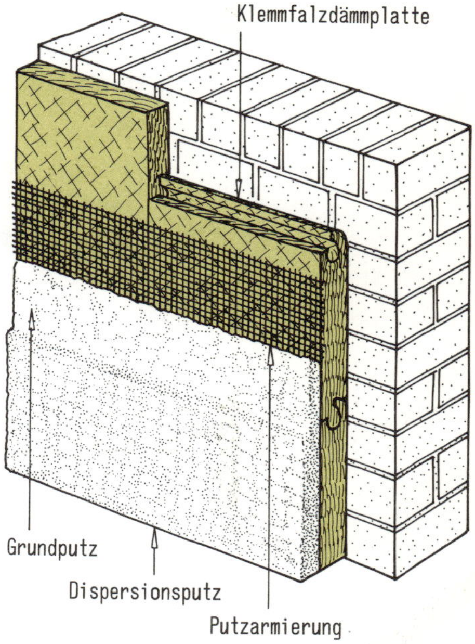

Klemmfalzdämmplatte
Grundputz
Dispersionsputz
Putzarmierung

6

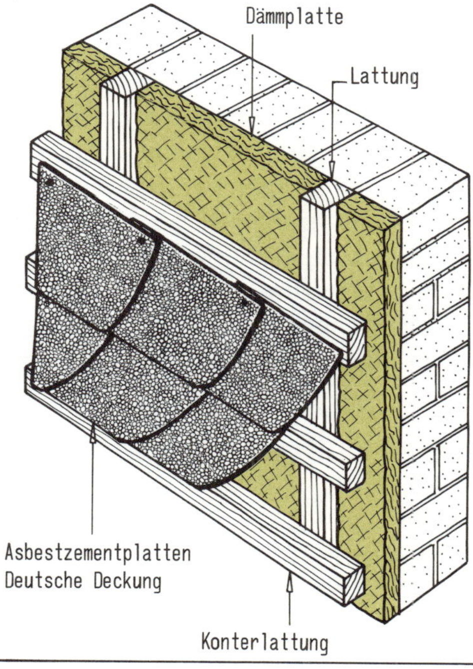

Dämmplatte
Lattung
Asbestzementplatten
Deutsche Deckung
Konterlattung

7

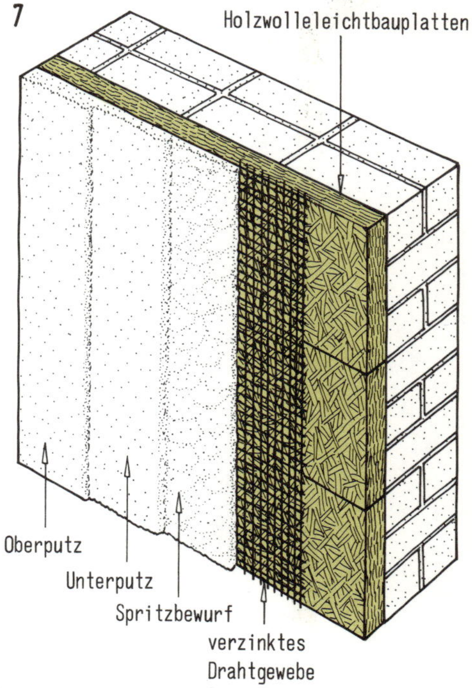

Holzwolleleichtbauplatten
Oberputz
Unterputz
Spritzbewurf
verzinktes
Drahtgewebe

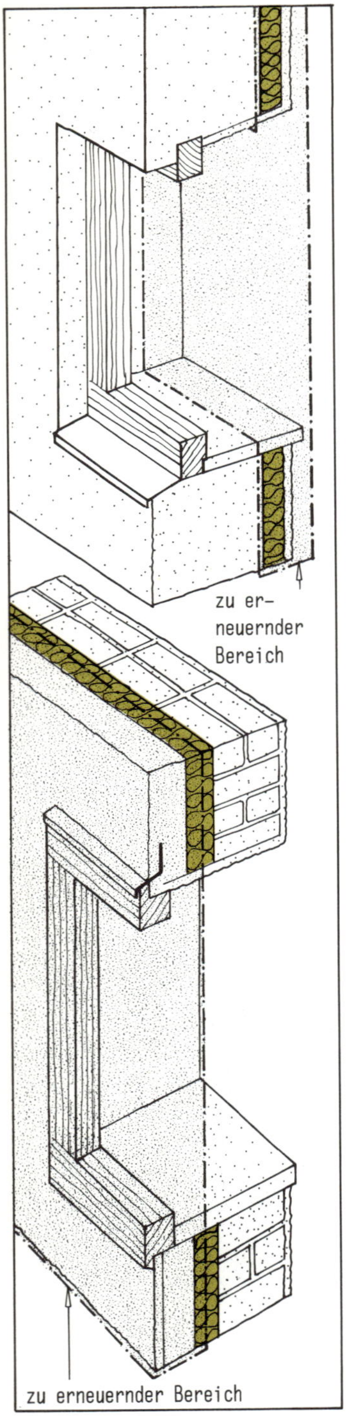

verkrallt sich in schwalbenschwanzförmigen, nach hinten breiter werdenden Rillen. Über dem Grundputz kann entweder ein zwei bis drei Millimeter dicker Kunststoff-Dispersionsputz oder ein zehn bis zwölf Millimeter dicker mineralischer Putz aufgerieben werden.

6 (Seite 69) Asbestzementfassade. Am weitesten verbreitet ist der Fassadenschutz mit Asbestzementplatten. Erst in letzter Zeit wurden farbige, an alte Vorbilder angelehnte, schiefer- und biberschwanzähnliche Platten entwickelt, die auch ästhetischen Anforderungen genügen. Die Ausführung der Verkleidung mit oder ohne Dämmschicht gestaltet sich einfach. Lattung und Konterlattung wird mit ölhaltigem Holzschutzmittel imprägniert. Rostfreie Stahlnägel und Schrauben halten das Holzgerüst am Mauerwerk.

7 (Seite 69) Einschalige Außendämmung mit Holzwolleleichtbauplatten. Während die Fassade im vorherigen Beispiel, zumindest in Bodennähe, gegen mechanische Beanspruchung nicht geschützt ist, bildet der seit 50 Jahren bewährte Verbund zwischen Holzwolleleichtbauplatten und mineralischem Putz einen dauerhaften äußerst festen Fassadenschutz. Der mineralische Putz besteht aus drei Schichten: Dem Spritzbewurf aus Zementmörtel, dem Unterputz aus Kalkzementmörtel und dem Oberputz aus Kalkmörtel. Der Spritzbewurf muß mehrere Wochen durchhärten, bevor die anderen Putzlagen aufgebracht werden. Der Putzaufbau wird zusätzlich mit geschweißtem und verzinktem Drahtnetz armiert. Zwar wird man den Einbau der Leichtplatten und die Bewehrung selbst vornehmen können, das Verputzen aber einer Fachfirma überlassen, die auch das Arbeitsgerüst stellt.

Maueröffnungsanschlüsse

Fenster- und Türanschüsse (siehe Randbilder), die im folgenden beschrieben werden, müssen von vornherein bei den Wärmeschutzmaßnahmen der Außenwände berücksichtigt werden. Die Anschlußkonstruktionen sind abhängig von der Lage des Dämmstoffes.

Fenster

Bis zur Ölkrise sah es so aus, als könnten wir Energien in unbeschränktem Maße verbrauchen. Es war finanziell möglich, ein Wohnhaus mit geringer Wärmedämmung und Einfachverglasung ausreichend zu beheizen. Auch jetzt noch erscheint vielen der Energiepreis so niedrig, daß sie von einer Renovierung der Fenster absehen.

1 Untersuchungen an Häusern haben ergeben, daß der Wärmeverlust über die Fensterflächen besonders hoch ist. Es würde also entscheidend Energie gespart, wenn die Fenster an einem Haus den neuesten Anforderungen entsprächen. Bei älteren Häusern heißt das meist, die alten Fenster herauszunehmen und durch neue zu ersetzen.
Es sei hier gleich eine Warnung ausgesprochen, die nicht unerwähnt bleiben darf. Die Verfasser sehen es als falsch an, die an alten Häusern vorhandenen Sprossenfenster durch großflächige »moderne« Fenster zu ersetzen. Dies gilt auch für Häuser, bei denen keine besonderen Auflagen des Denkmal- oder Milieuschutzes bestehen. Die nachstehend dargestellten Fensterkonstruktionen lassen sich auch mit Sprossen ausführen. Leider sind Sprossenfenster teurer.
Die neue Fenstertechnik ist der alten Bauweise überlegen. Das Institut für Fenstertechnik in Rosenheim hat wesentlich dazu beigetragen, die Fenster besser zu machen. In wärmetechnischer Hinsicht sind fünf problematische Stellen am Fenster hervorzuheben:
Erstens: der Wärmedurchgang durch die Scheiben, zweitens: der Wärmedurchgang durch Rahmen und Flügel, drittens: der Lüftungswärmeverlust über die Falze, viertens: der Wärmeverlust durch die Glasfalze und fünftens: der Wärmeverlust über die Laibungen.

2 und **3** Von den fünf Problempunkten ist der Wärmeverlust über Scheiben und Öffnungsfalze am größten.

4 Oft wird übersehen, daß im Erdgeschoß ohne weiteres feste Verglasungen eingesetzt werden können, die kostengünstiger und wärmetechnisch einfacher sind.

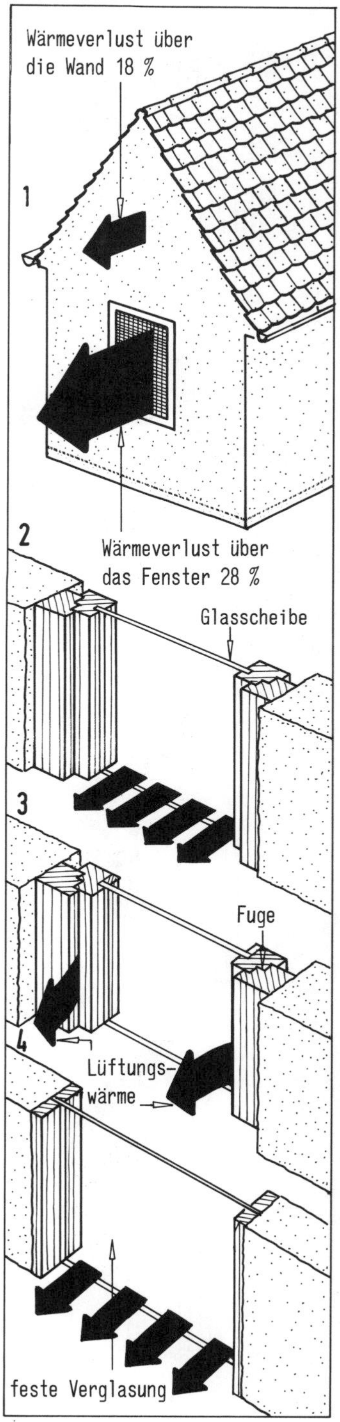

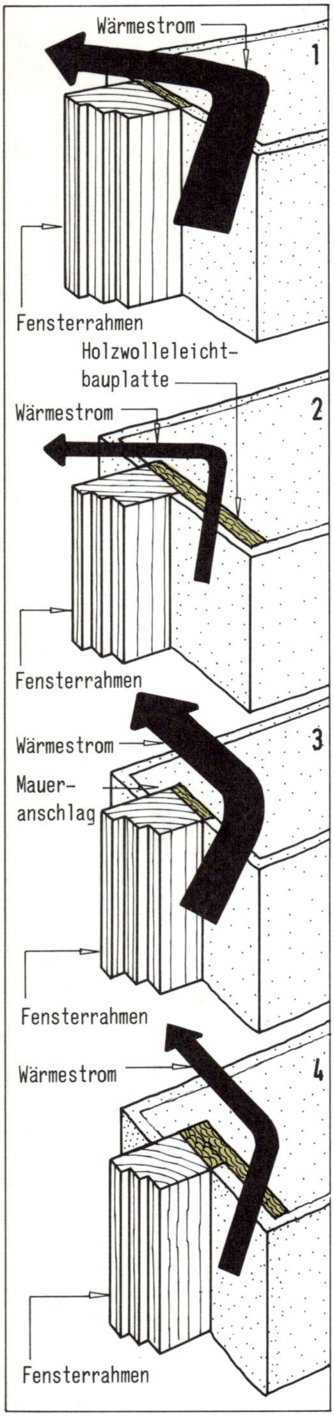

1 und **2** Die beiden Fensteranschläge für anschlagslosen Einbau zeigen Ihnen, daß der Wärmestrom bei nichtgedämmter Laibung sehr groß ist. Die Oberflächentemperatur der inneren Laibung liegt bei niedriger Außentemperatur häufig unter dem Taupunkt der Raumluft, so daß Putzdurchfeuchtung und Schimmelpilzbefall zu befürchten sind. Die mindestens 3,5 cm dicke Holzwolleleichtbauplatte setzt dem Wärmestrom einen großen Durchlaßwiderstand entgegen.

3 und **4** Auch beim Mauerwerkanschlag müssen die Laibungen wärmegedämmt werden. Zu beachten ist, daß das lichte Fensteröffnungsmaß um die Stärke der Dämmung größer zu wählen ist.

5 Eine Heizkörpernische bedeutet immer eine Schwächung des Außenmauerwerks. Deshalb ist es hier besonders wichtig, die Brüstung und die Laibungen mit Dämmstoff einzupacken. 3,5 cm dicke Heraklith-Platten sind geeignet, weil man sie leicht verputzen kann. Zum Einbau des Fensters benötigen Sie je Seite drei Maueranker aus verzinktem Stahlblech. Wenn die Stahlblechanker am Mauerwerk angenagelt sind, können die Dämmplatten für die Fensterlaibung eingepaßt werden. Im Bereich der Anker und der Klotzkeile sind die Platten auszuschneiden. Befestigt werden die Platten mit Mörtel oder Breitkopfnägeln. Zum Nageln sind in der Laibung Dübelsteine erforderlich.

6 und **7** Beim Mauerwerk mit Anschlag muß man zwischen Vormauerschale und Fenster eine umlaufende 500er Bitumenpappe einlegen, um das Fensterholz vor Durchfeuchtung zu schützen. Eine aus einem halben Stein bestehende Ziegelwand läßt nämlich Feuchtigkeit durch. Die etwa 1 cm breite Fuge zwischen Maueranschlag und Blendrahmen wird mit elastischer Fugenmasse gedichtet. Aluschienen in U-Form eignen sich für einen sauberen Putzanschluß.

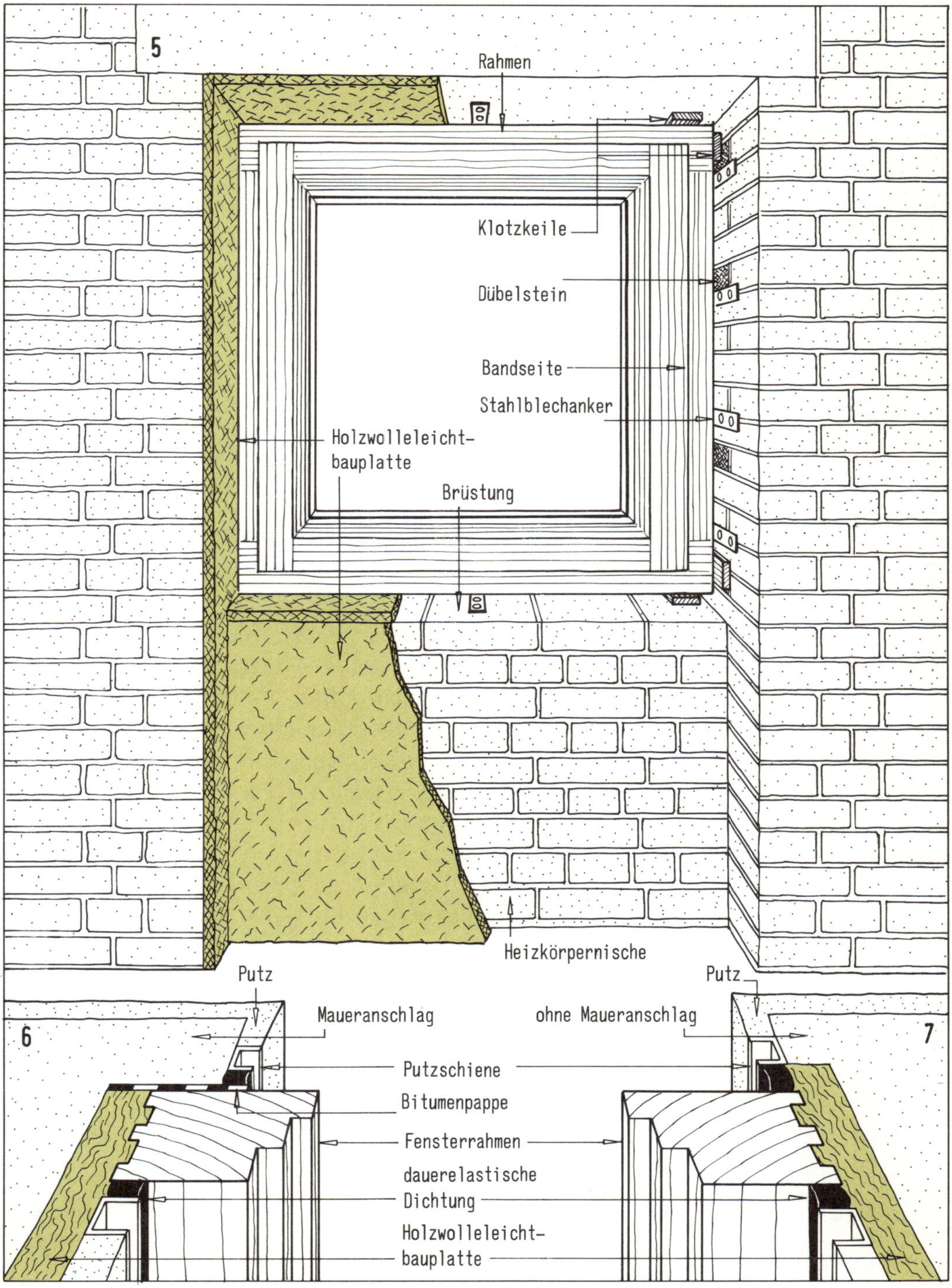
5
Rahmen
Klotzkeile
Dübelstein
Bandseite
Stahlblechanker
Holzwolleleicht-
bauplatte
Brüstung
Heizkörpernische
Putz
Putz
6
Maueranschlag
ohne Maueranschlag
7
Putzschiene
Bitumenpappe
Fensterrahmen
dauerelastische
Dichtung
Holzwolleleicht-
bauplatte

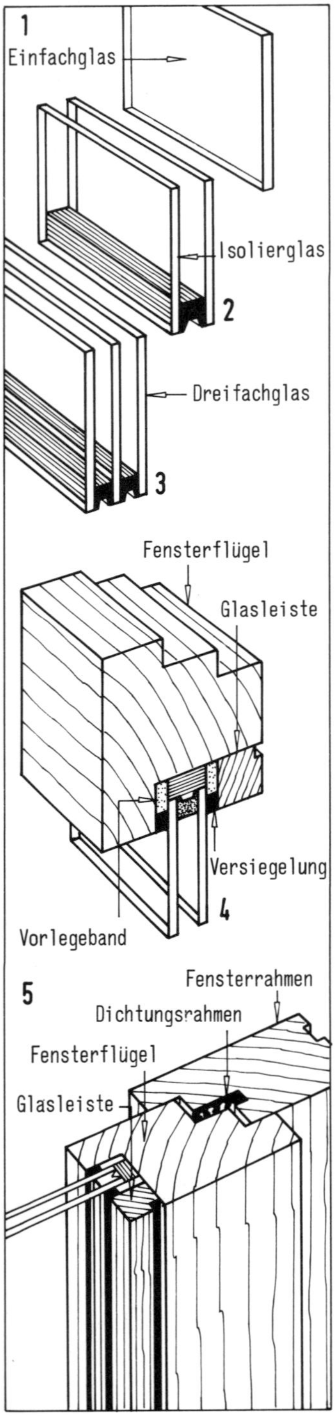

1 bis **3** Um die großen Wärmeverluste an den Fensterscheiben einzudämmen, sind heute Doppel- oder Dreifachverglasungen erforderlich. Versuche haben gezeigt, daß bei diesen Verglasungen bis zur Hälfte des Energieverbrauches eingespart werden konnte. Die Wirkung der Doppelverglasung ist einfach: Durch die ruhende Luftschicht zwischen den Scheiben fließt weniger Wärme.

4 Isolierglasscheiben haben ein größeres Gewicht als Einfachscheiben. Aus diesem Grund müssen die Rahmenhölzer stärker als früher ausgebildet werden. Um der Isolierscheibe einen sicheren Halt zu geben, setzt man das Glas mit Vorlegeband ein und versiegelt den etwa 2 mm breiten Spalt zwischen Holz und Scheibe. Die angeschraubte Glasleiste sichert die Scheibe nach innen.

5 Zur guten Wärmedämmung gehört auch der dicht schließende Falz. Der Dichtungsrahmen muß in einer Ebene liegen.

6 Wirkungsvoll kann der Wärmeschutz der Fenster nur mit isolierverglasten Fensterflügeln verbessert werden. Ein aufgeschraubter Vorsatzflügel, wie er mitunter in Baumärkten angeboten wird, ist teuer und garantiert nicht den gewünschten Erfolg. Ebenso ist das nachträgliche Abdichten der Fuge zwischen Fenster und Mauerwerk eine unzureichende Maßnahme. Nur beim neueingesetzten Fenster sind der – wie im nebenstehenden Bild gezeigt – richtige Anschluß und die richtige Abdichtung möglich.
Aus den genannten Gründen ist es immer das Beste, neue Fenster einsetzen zu lassen. Die Fenstertechnik ist so kompliziert geworden, daß ein Selbstbauer auf fertige Produkte zurückgreifen muß. Die meisten Firmen stellen aber Fenster auf Bestellung nach individuellen Maßen her. Das Einsetzen, Dämmen und anschließende Verputzen und Malen des gesamten Fensterbereiches ist nicht jedermanns Sache.

7 und **8** Neben dem Doppelglasfenster erreichen nur noch das Kastenfenster und die Dreifachverglasung einen guten Wärmeschutz.

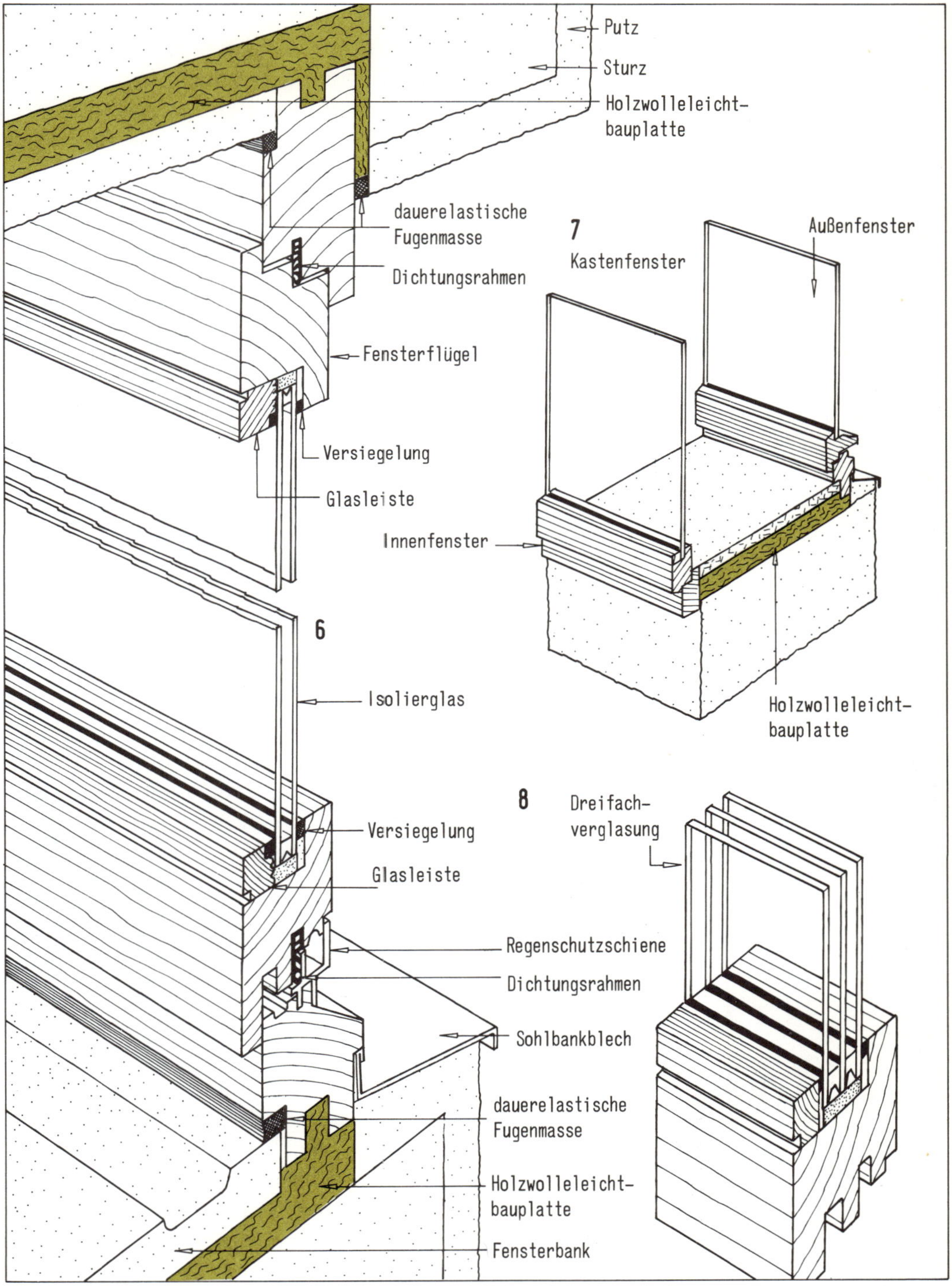
Putz
Sturz
Holzwolleleicht-
bauplatte
dauerelastische
Fugenmasse
Dichtungsrahmen
Fensterflügel
Versiegelung
Glasleiste
6
Isolierglas
Versiegelung
Glasleiste
Regenschutzschiene
Dichtungsrahmen
Sohlbankblech
dauerelastische
Fugenmasse
Holzwolleleicht-
bauplatte
Fensterbank
7
Kastenfenster
Außenfenster
Innenfenster
Holzwolleleicht-
bauplatte
8
Dreifach-
verglasung

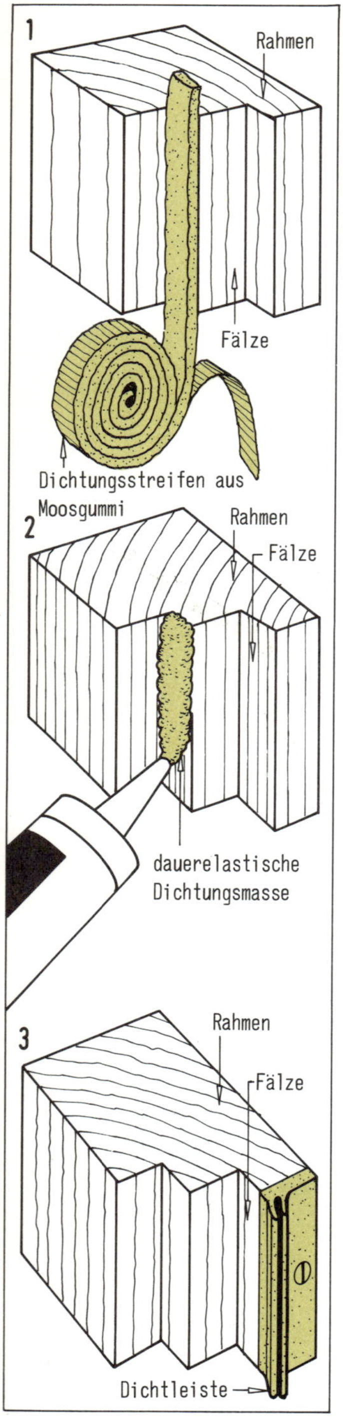

Auch wenn wir gesagt haben, daß es immer besser ist, neue Fenster einzusetzen, seien hier drei Vorschläge gemacht, wie in den Fensterfalzen die Fugen nachträglich gedichtet werden können. Denn leider kommt es auch bei neueren Fenstern allzu häufig vor, daß durch unsachgemäßen Einbau, naß verarbeitetes Holz oder schwache Querschnitte die Falze undicht sind.

1 Doppelte Falze können leicht nachträglich gedichtet werden, wird der Dichtungsstreifen aus Moosgummi in den inneren Falz geklebt.

2 Zum Abdichten von Fenster- und Türfugen eignet sich sehr gut dauerelastische Dichtmasse aus Siliconkautschuk (zum Beispiel Ceresit-Fenster-Profi). Der Untergrund muß fest, sauber und trocken sein. Am besten reinigt man den Falz mit Ceresit-SKM-Primer. In den so vorbereiteten Falz wird die Dichtungsmasse gedrückt und mit Trennfolie abgedeckt. Jetzt kann das Fenster oder die Tür geschlossen werden. Die Dichtungsmasse füllt die Hohlräume im Falz aus. Nach etwa ein bis zwei Tagen kann man die Trennfolie abziehen und die übergequollene Dichtungsmasse mit einem scharfen Messer abschneiden.

3 Dichtleisten aus Kunststoffprofilen werden von innen an den Fensterflügel geschraubt oder genagelt. Außen kann man sie nur anbringen, wenn das Fenster schlagregengeschützt ist. Sie dichten den Falz gut und sind leicht zu verarbeiten. Wird die Dichtleiste außen angebracht, so muß der untere Falz wegen der Regenschutzschiene mit Dichtungsmasse gedichtet werden.

4 Hier zeigen wir den Schwellen- und Sturzbereich einer Fenstertür. Die wärmetechnische Ausbildung des Sturzes ist der eines Fensters ähnlich. Den bitumengetränkten Dämmstoff gegen den Mauerwerksanschlag nicht vergessen! Im Schwellenbereich wird auf das untere Sattelholz ein Aluminium-Blechprofil mit trapezförmigem Oberteil aufgesetzt. Der passend ausgefräste Türflügel preßt sich beim Schließen der Tür auf das Alu-Blech. Der Terrassenbelag muß mindestens 15 cm unter der Türschwelle liegen, damit der Niederschlag vom Wind nicht in den Wohnraum gedrückt wird.

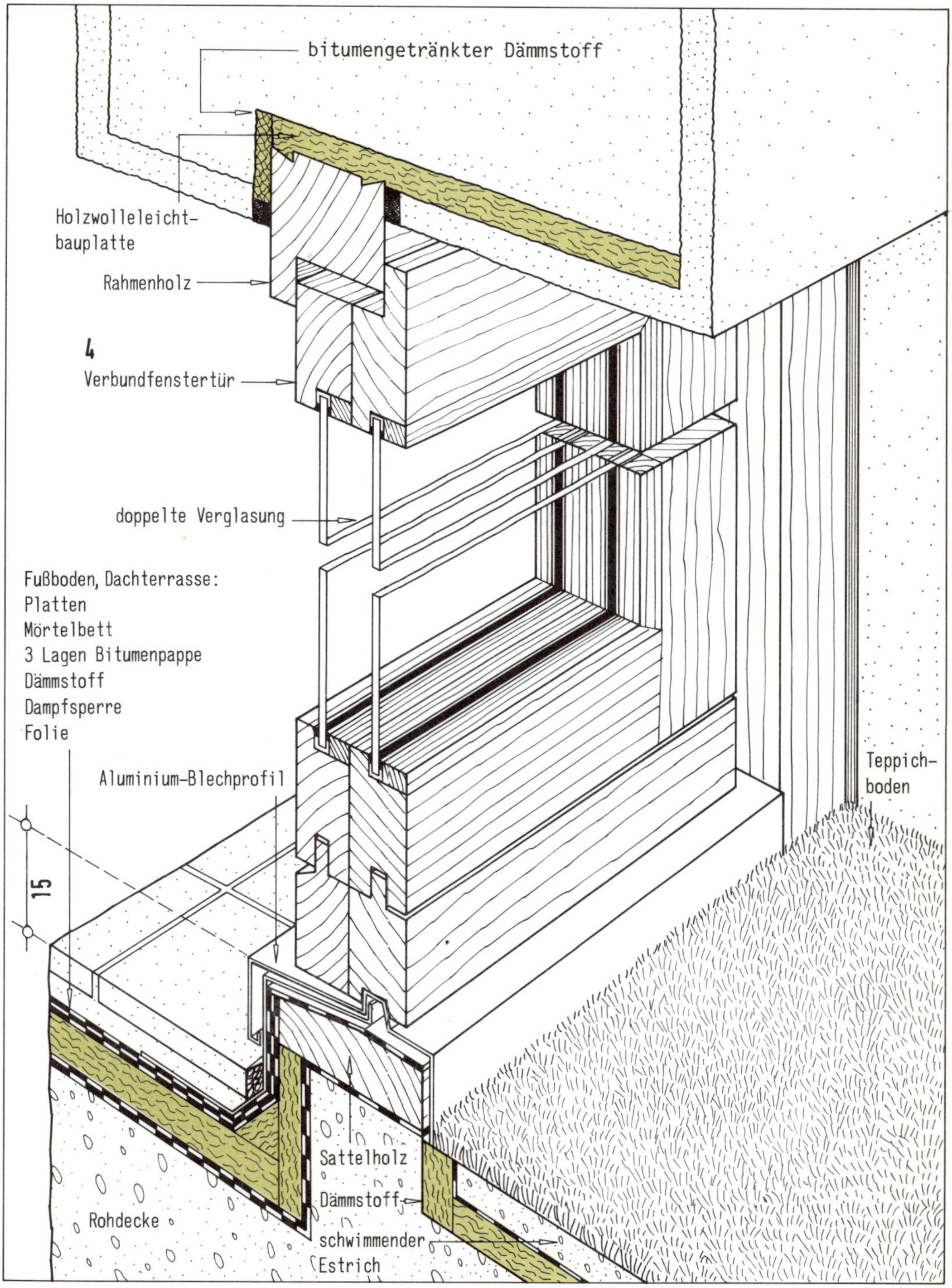

bitumengetränkter Dämmstoff
Holzwolleleicht-
bauplatte
Rahmenholz
4
Verbundfenstertür
doppelte Verglasung
Fußboden, Dachterrasse:
Platten
Mörtelbett
3 Lagen Bitumenpappe
Dämmstoff
Dampfsperre
Folie
Aluminium-Blechprofil
15
Teppich-
boden
Sattelholz
Dämmstoff
schwimmender
Estrich
Rohdecke

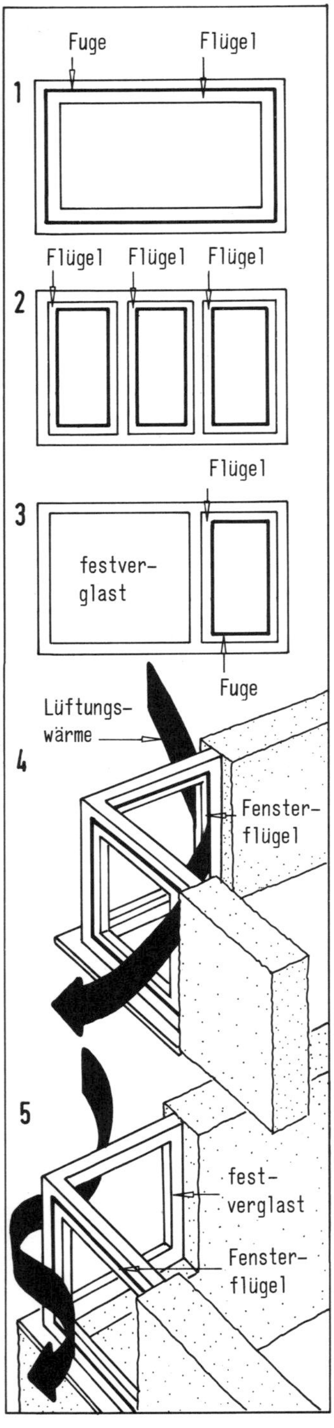

In einem Raum fühlt man sich nur wohl, wenn sich die Luft fortwährend erneuert.
Die Erfahrung zeigt, daß ein achtfacher Luftwechsel pro Stunde in einem normal großem Raum für die Gesundheit notwendig ist. Luft gelangt aber nicht durch Wände in Gebäude, sondern unkontrolliert über die Fugenundichtigkeiten.
Dem Wärmeschutz sind durch die Anforderung der Lufterneuerung Grenzen gesetzt. Wenn man also die Fugen sehr dicht macht, muß man andererseits für Lüftungsmöglichkeiten sorgen.

1 bis **3** Allein die Fensterform bestimmt die Längen der Fugen. Ein großes einflügeliges Fenster hat erheblich kürzere Fugen als ein gleichgroßes dreiflügeliges. Im Erdgeschoß, wo das Putzen feststehender Teile möglich ist, kann man feste und bewegliche Teile kombinieren und so die Fugenlänge vermindern.

4 und **5** Die Fugen der Fenster, die an Hausecken angeordnet sind, begünstigen die Wärmemitführung durch verstärkte Lüftungswirkung. Bei Wärmebedarfsberechnungen, die der Fachmann vornimmt, ist der Lüftungswärmebedarf für diesen Raum um 20 Prozent höher zu veranschlagen. Günstig ist es deshalb, einen Fensterteil fest zu verglasen.

6 Bei Fachwerkhäusern werden oft größere Flächen aufgeglast. Die Gefache lassen sich problemlos fest verglasen. Die Isolierglasscheiben sind mit Glasleisten eingesetzt. Durch den außenseitigen Falz wird bei der eingepaßten Glasleiste eine Schattenfuge gebildet. Für die Verglasung mit Isolierglasscheiben dürfen nur nichthärtende Versiegelungen, die am Falz und an der Scheibe lediglich haften, verwendet werden.

7 Durch eine vor die Pfosten gesetzte Latte, die in ihrer Dicke der Falztiefe entspricht, wird hier der Falz für die Verglasung gebildet. Besonders wichtig ist bei dieser Verglasung, daß die Scheiben nicht durch das Mauerwerk belastet werden.

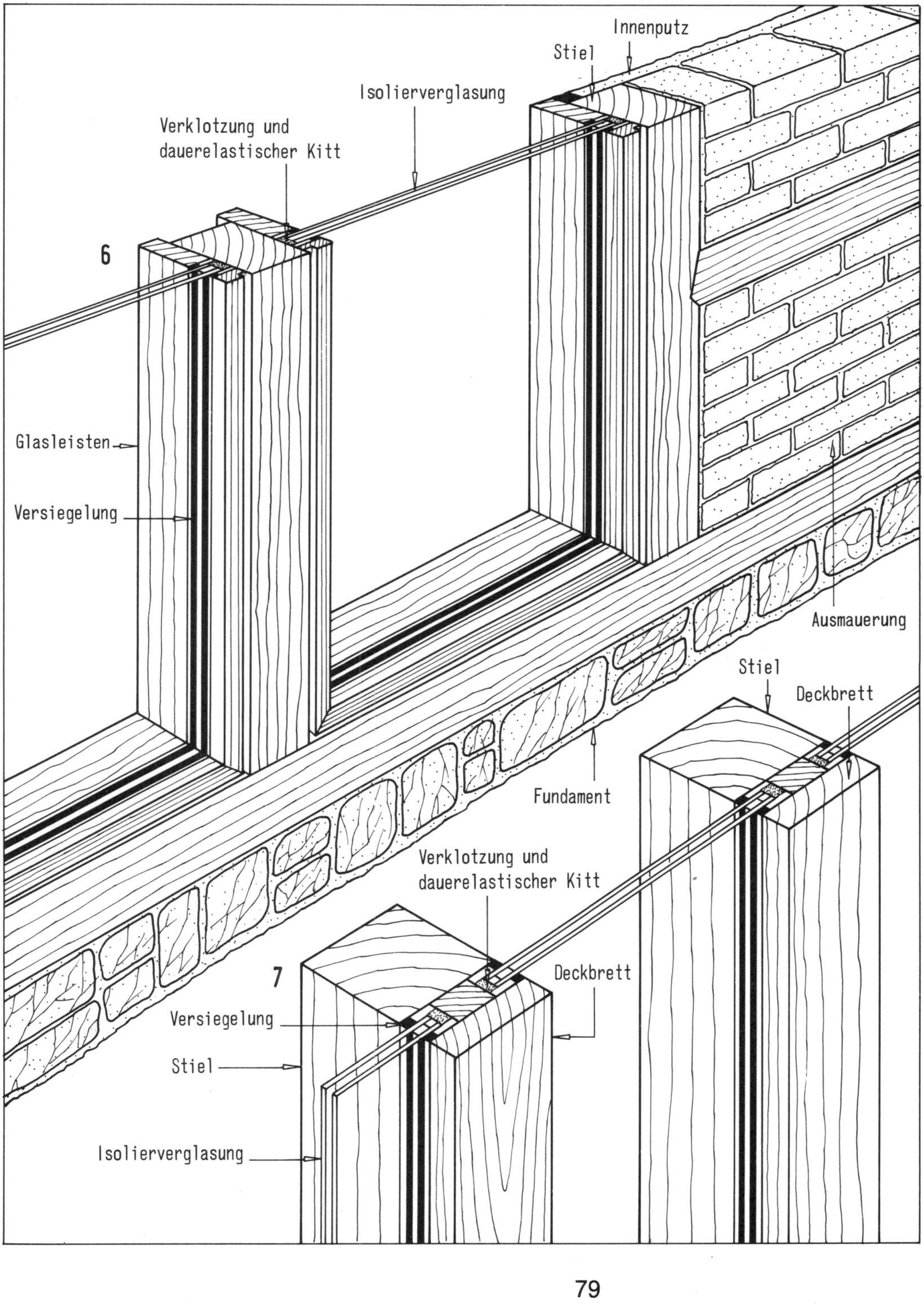
Innenputz
Stiel
Isolierverglasung
Verklotzung und
dauerelastischer Kitt
6
Glasleisten
Versiegelung
Ausmauerung
Stiel
Deckbrett
Fundament
Verklotzung und
dauerelastischer Kitt
Deckbrett
7
Versiegelung
Stiel
Isolierverglasung

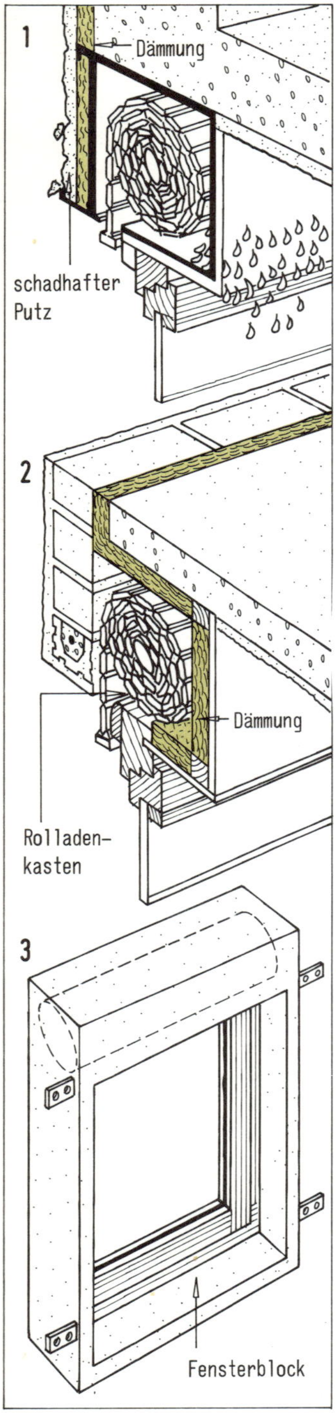

Rolladen, Klappladen und Jalousien

1 Bei einer falschen Ausbildung eines Fenstersturzes mit Rolladenkasten besteht die Gefahr, daß Wasser von außen eindringt und sich zusätzlich an der Innenseite des Kastens Kondenswasser niederschlägt. Daß dadurch die Wärmedämmung ausfällt, leuchtet ein. Außerdem kann, dadurch bedingt, außen der Putz abplatzen. Innen bilden sich Schimmelpilze.

2 Der obere Anschlag des Fensters ist um die Höhe des Rolladenkastens nach unten verlängert. Neben einem sauberen Anschlag für den Kasten erhält man dadurch zusätzlich einen vernünftigen Putzträger für den Fall, daß das Haus verputzt werden soll. Die eigentliche Wärmedämmung liegt innerhalb des Rolladenkastens.

3 Auf dem Markt gibt es sogenannte Fensterblöcke, bei denen der Rolladenkasten, das Fenster und die Laibungen zusammengefaßt sind (zum Beispiel Rink-Fensterblock). Obwohl der Fensterblock hauptsächlich beim Neubau eingesetzt wird, läßt er sich auch bei Fensterrenovierungen einbauen.

4 Fenster und Rolladenkasten werden meist unabhängig voneinander eingebaut, denn die Blockform stellt eine sehr starke Bindung gestalterischer Art dar. Bei den heutigen normalen Raumhöhen muß man beachten, daß am Sturz genügend Platz für den Kasten bleibt, das heißt der Deckenrand muß als tragender Sturz ausgebildet sein. Die Dämmung des Rolladenkastens schließt an die Fassadendämmung an. Da beim zweischaligen Mauerwerk mit und ohne Luftschicht die Außenschale durchfeuchtet, muß die Dämmung durch eine Sperrschicht besonders geschützt werden.

5 und **6** Außer den Rolladenkästen bieten auch die Klappläden und Außenjalousien einen guten Wärmeschutz. Sie schützen die Öffnungsbereiche eines Hauses nicht nur bei starkem und kaltem Windanfall, sondern haben auch im Sommer den Vorteil, die Sonneneinstrahlung, durch die Zimmer unangenehm aufgeheizt werden, abzuhalten.

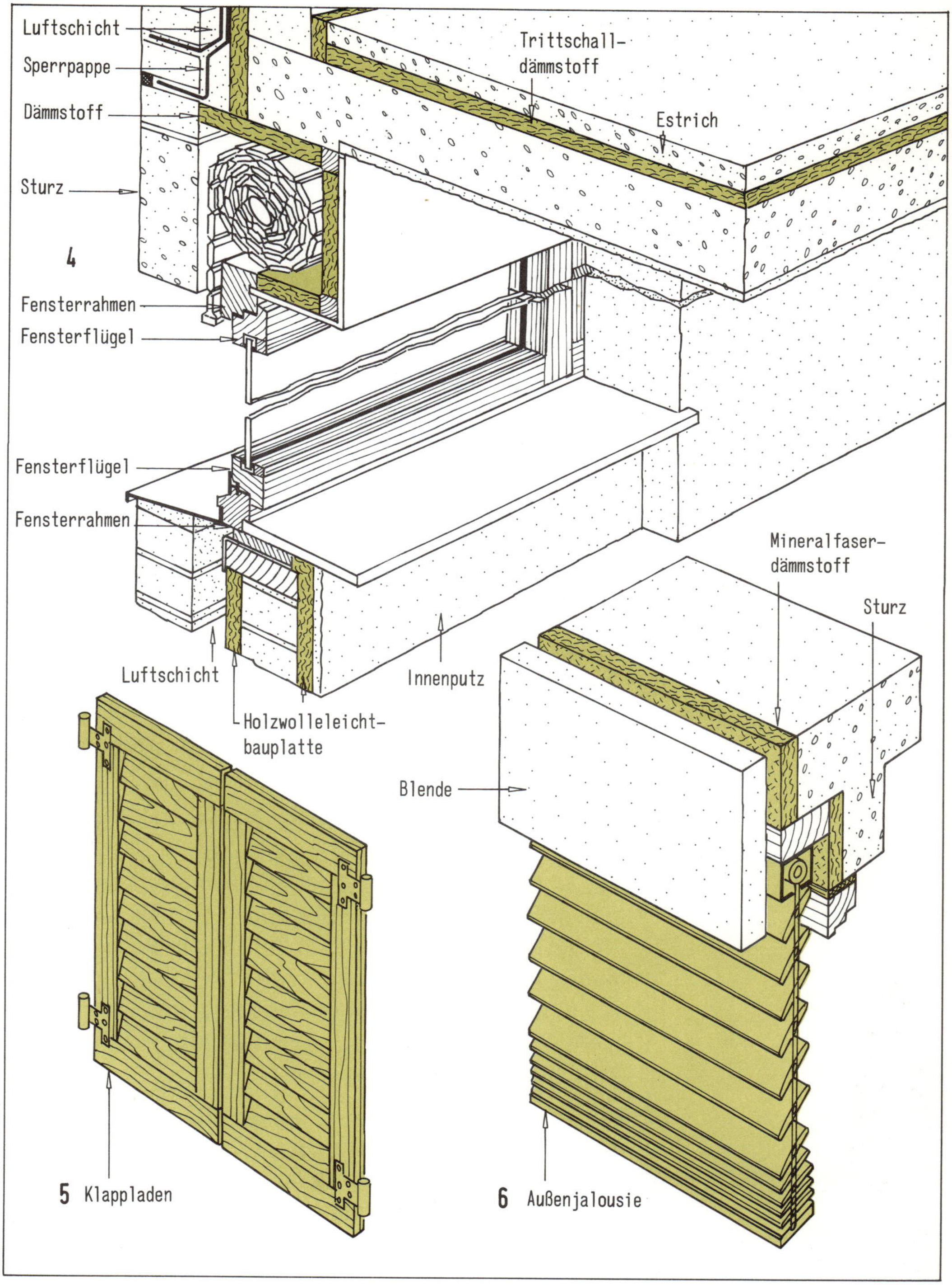

5 Klappladen

6 Außenjalousie

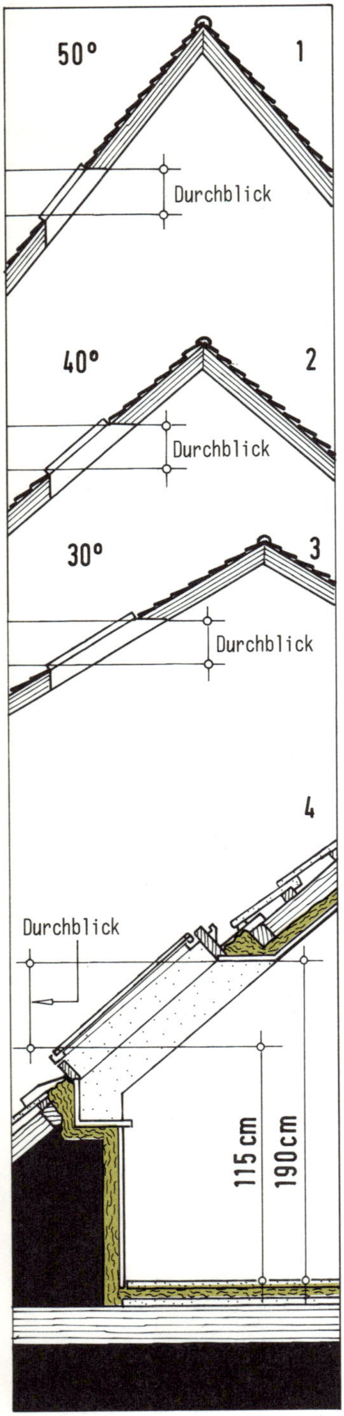

Dachflächenfenster

Dachflächenfenster werden als fertige Einheiten geliefert. Einzelne Firmen haben gute Einbauanweisungen ausgearbeitet. Wir geben Ihnen hier nur einen Überblick über den Einbau und haben einige Punkte, auf die besonders zu achten ist, herausgegriffen.

1 bis **3** Vor dem Einbau eines Dachflächenfensters muß die Größe, die sich nach dem Durchblickmaß richtet, festgelegt werden. Je flacher ein Dach geneigt ist, desto länger muß das Fenster sein. Die Größe der Lichteintrittsöffnung sollte 10 Prozent der Wohnraumfläche betragen. Gleichmäßige Belichtung erhält man durch Verteilung mehrerer Fenster. Viele kleine Fenster sehen in der Dachfläche besser aus als ein großes.

4 Dachflächenfenster werden im allgemeinen so eingebaut, daß die untere Glasscheibenkante 115 cm über dem Boden und die obere Kante 190 cm über dem Fußboden liegt, also ein ausreichendes »Kopfmaß« vorhanden ist. Ausreichender Wärmeschutz von innen ist durch das eingebaute Isolierglas gewährleistet. Spezielle mit Edelmetall beschichtete Sonnenschutzgläser verhindern das Eindringen der Wärmestrahlung von außen.

5 Für Dachflächenfenster, die breiter als 70 bis 80 cm sind, müssen die Sparren »ausgewechselt« werden. Der Holzquerschnitt des oberen und unteren Wechsels entspricht meist dem der Sparren. Der Wechselabstand richtet sich nach dem Einbaumaß des Fensters. Der auszuwechselnde Sparren wird winkelrecht abgeschnitten. Das Wechselholz muß stramm zwischen die Sparren passen. Die Hölzer werden mit Stahlblechverbindern zusammengebaut.

6 Befestigungsbänder halten den Rahmen am Sparren fest. Alle Hohlräume zwischen Sparren und Blendrahmen müssen fest mit Glas- oder Steinwolle ausgestopft werden. Auch später, wenn der Dämmstoff in sich etwas zusammensackt, darf hier keine Wärmebrücke entstehen.

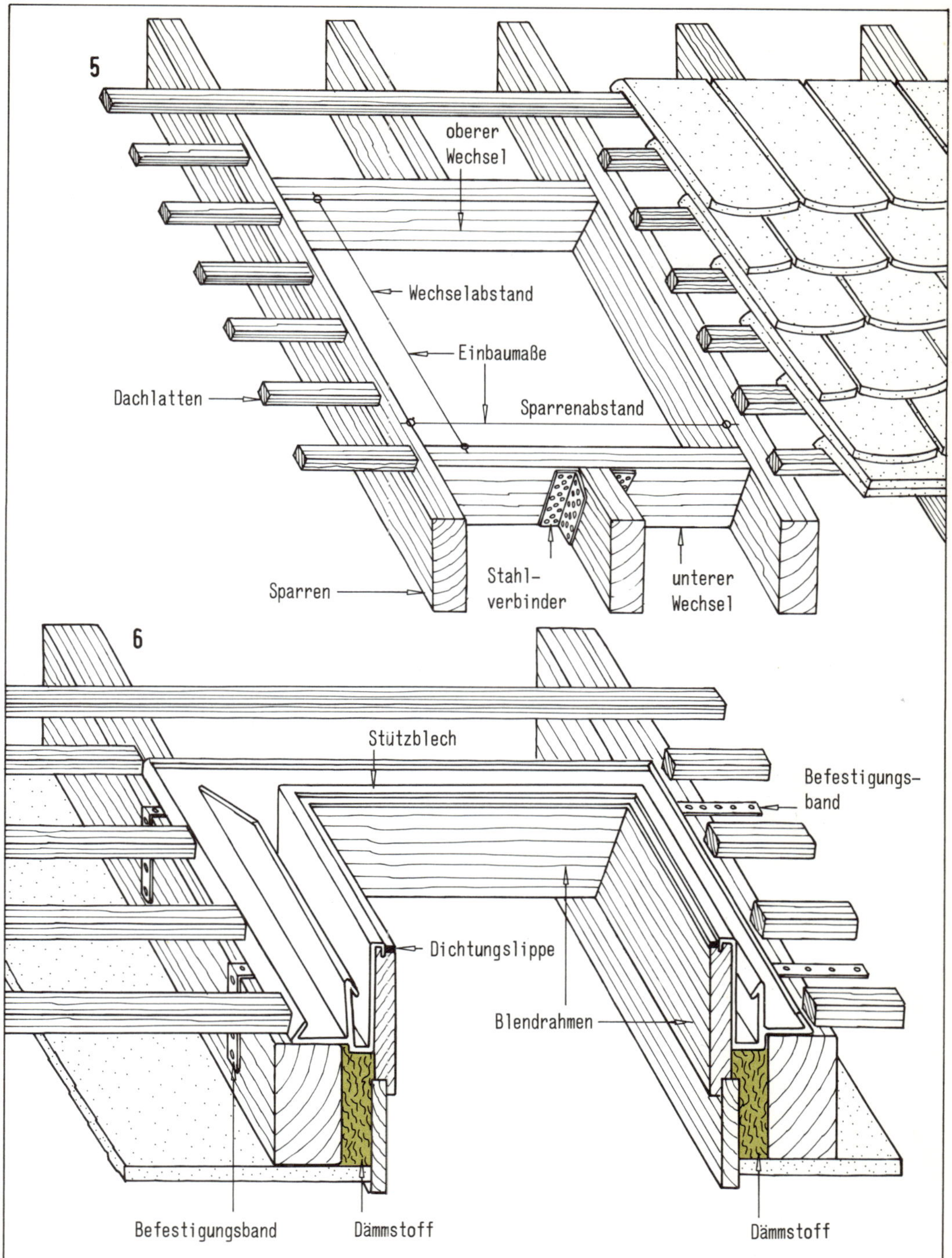
5
oberer Wechsel
Wechselabstand
Einbaumaße
Dachlatten
Sparrenabstand
Sparren
Stahl-verbinder
unterer Wechsel
6
Stützblech
Befestigungs-band
Dichtungslippe
Blendrahmen
Befestigungsband
Dämmstoff
Dämmstoff

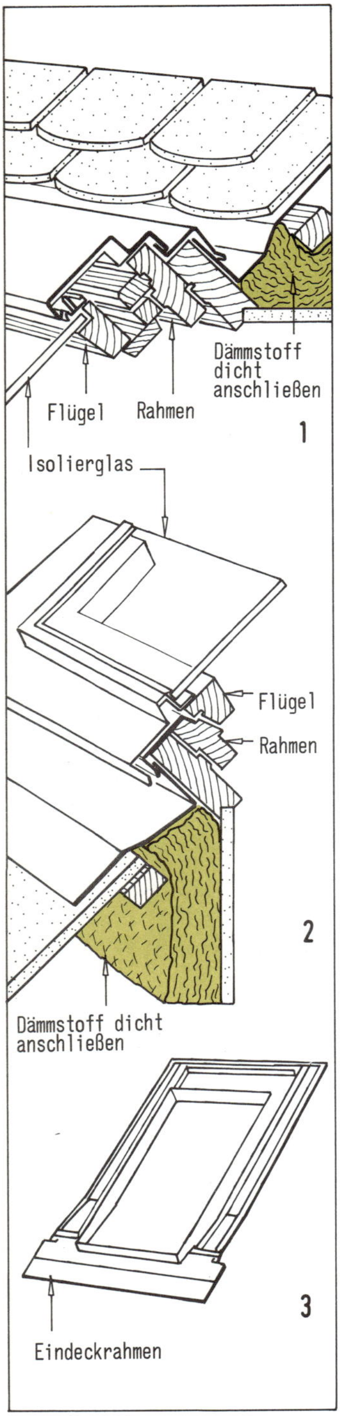

1 und **2** Um einen guten Lichteinfall zu bekommen, wird der obere Anschluß waagerecht verkleidet. Unterhalb des Fensters muß ein senkrechtes Futter eingeplant werden, damit Platz für das Schwenken und Sichern des Flügels beim Putzen bleibt. Dämmstoff zwischen Verkleidung und Blech beziehungsweise Sparren nicht vergessen!
Man erkennt, wie kompliziert das Ineinandergreifen der Dichtungsbleche von Flügelabdeckblech, Blendrahmenblech und Eindeckrahmen ist.

3 Als Zubehör liefert der Baumarkt für die einzelnen Fenstertypen die eben erwähnten Eindeckrahmen. Ist der Blendrahmen an den Sparren befestigt, wird der Eindeckrahmen wie ein Kragen um das Fenster gelegt. Solche Eindeckrahmen erleichtern die Eindichtungsarbeiten.

4 Einige Firmen liefern den Blendrahmen mit angebautem Eindeckrahmen. Beim Transport und Einbau solcher Fenster muß man aufpassen, daß sich die empfindlichen Bleche nicht verbiegen. Auch der Holzrahmen selbst darf nicht mit Gewalt in den Sparrenausschnitt »eingepaßt« werden.
Im windschiefen Blendrahmen schließt kein Fensterflügel mehr dicht. Mit Winkeln und Blechstreifen wird der Rahmen an die Wechsel und Sparren montiert. Vor dem endgültigen Verkleiden werden die Zwickel dicht mit Dämmstoff ausgestopft.

5 So einfach zum Schluß das Fenster aussieht, so schwierig ist das Eindecken mit den Dachziegeln. Denn normalerweise müßte schon bei der Wahl des Fensters auf die sogenannte Deckbreite der Dachziegel Rücksicht genommen werden, um nachher nicht häßliche Ziegelabschnitte anflicken zu müssen, die außerdem nicht regendicht zu verlegen sind.
Die Ziegel werden vom Dachraum her eingehängt. Der Fensternacken ist mit einem Stützblech ausgestattet, so daß die Dachpfannen nicht wegkippen können. Die untere Bleischürze wird den Ziegelprofilen mit dem Gummihammer angeformt.

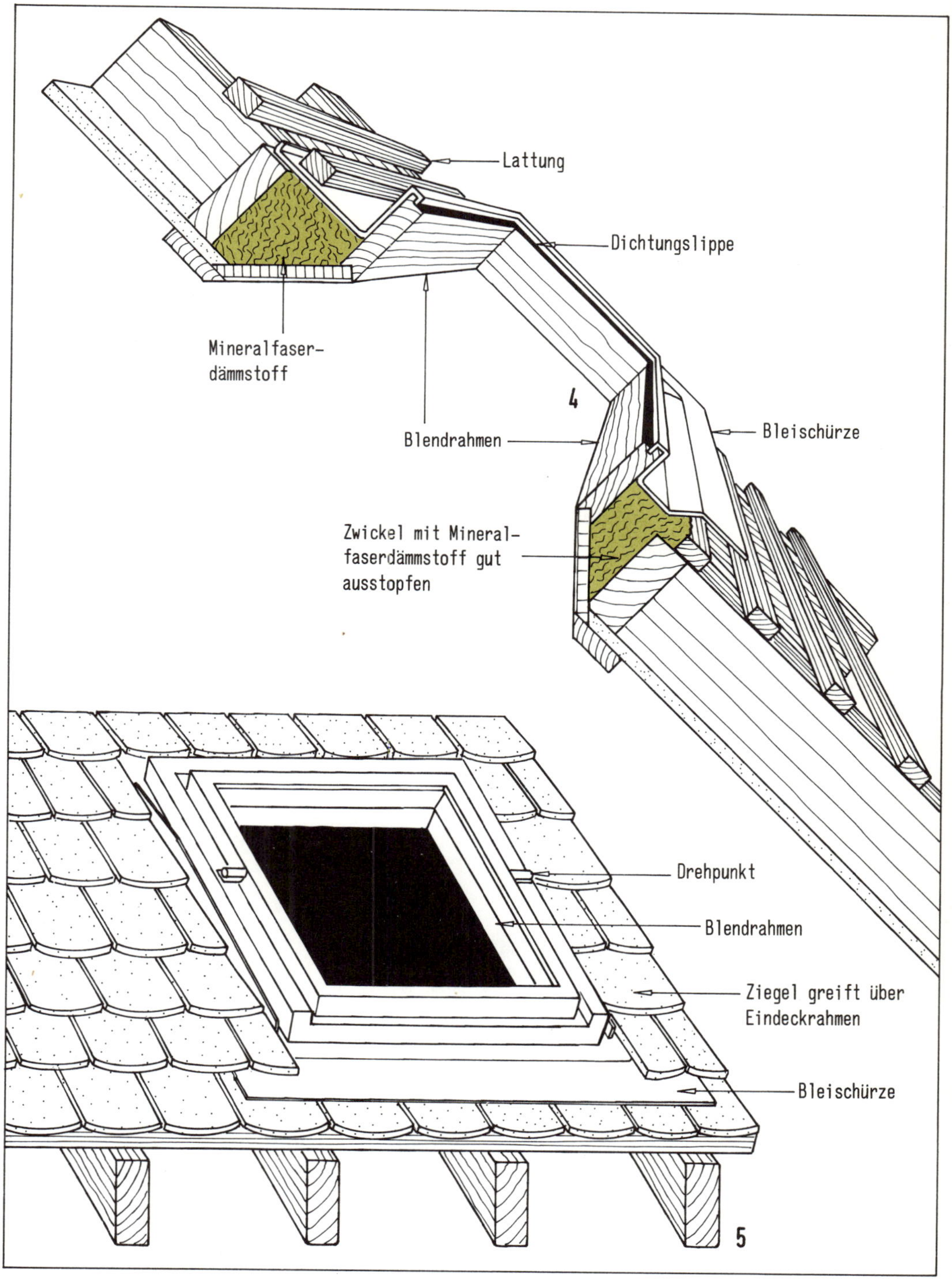
Lattung
Dichtungslippe
Mineralfaser-
dämmstoff
4
Blendrahmen
Bleischürze
Zwickel mit Mineral-
faserdämmstoff gut
ausstopfen
Drehpunkt
Blendrahmen
Ziegel greift über
Eindeckrahmen
Bleischürze
5

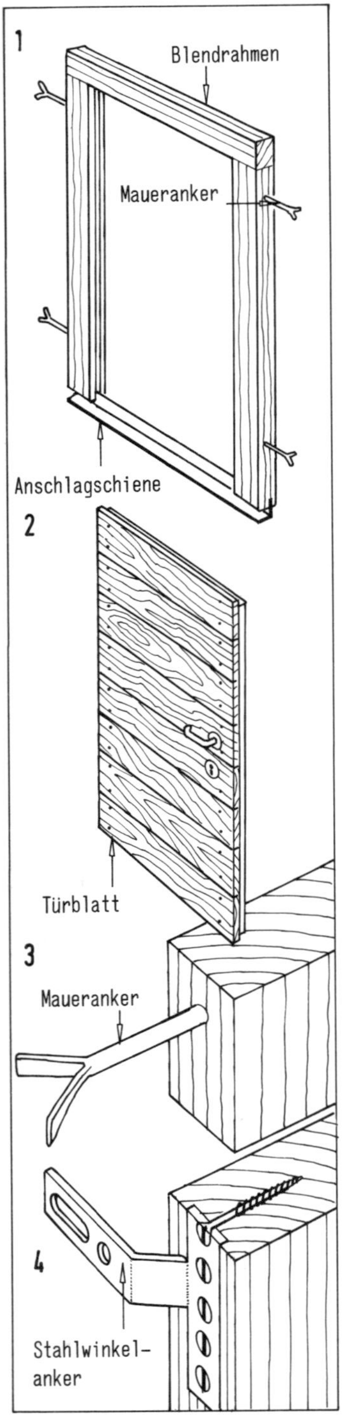

Außentüren

1 Der Blendrahmen von Außentüren besteht aus einem U-förmigen Holzteil und der unteren Anschlagschiene aus Winkel- oder Flachstahl. Der Rahmen wird seitlich in der Mauerlaibung mit Maueranker befestigt.

2 Die meist verwendeten Holztürblätter sind aus drei Schichten aufgebaut. Je nach Gestaltungsabsicht bestehen die äußeren Schichten aus Bretterlagen, sogenannten Aufdoppelungen, oder aus Sperrholzplatten. Zwischen ihnen liegt eine Rahmenkonstruktion, deren Hohlräume mit Dämmstoff ausgefüllt sind.

3 und **4** Zur Verankerung des Blendrahmens kann man gespaltene Rundstahlanker benutzen, die in das Holz geschraubt werden. Stahlwinkelanker sind in den Blendrahmen eingelassen.

5 Genormte Haustüren sind in der Höhe und Breite mit den in der Maßordnung im Hochbau enthaltenen Maßen des Mauerwerkes abgestimmt. Leider wird bei dieser Maßordnung die Wärmedämmung der Türlaibung nicht berücksichtigt, so daß man gezwungen ist, beim Festlegen der Öffnungsbreite des Mauerwerkes von den verordneten Öffnungsmaßen abzuweichen.
Die Laibungsdämmung führt man am besten mit 3,5 cm dicken Holzwolleleichtbauplatten (zum Beispiel Heraklith) aus. Die Haustür wird wie ein Fenster eingesetzt (siehe Seite 72).

6 Die Laibungsdämmung muß bis zum Maueranschlag durchgezogen werden. Hier darf kein Hohlraum entstehen. Die Fuge zwischen Holz und Mauerwerk – 10 mm breit – wird mit elastischer Dichtungsmasse, zum Beispiel Ceresit PU 20, gedichtet. Der Putz kann mit einer umlaufenden U-förmigen Putzschiene vom Holz abgesetzt werden.

7 Das Dichtungsprofil ist seitlich und oben im Blendrahmen eingelassen. Am unteren Anschlag dagegen ist es im Türblatt befestigt. Zwischen der Oberkante des Fertigfußbodens und der Eingangsstufe darf der Höhenunterschied nur maximal 1,5 cm betragen.

5

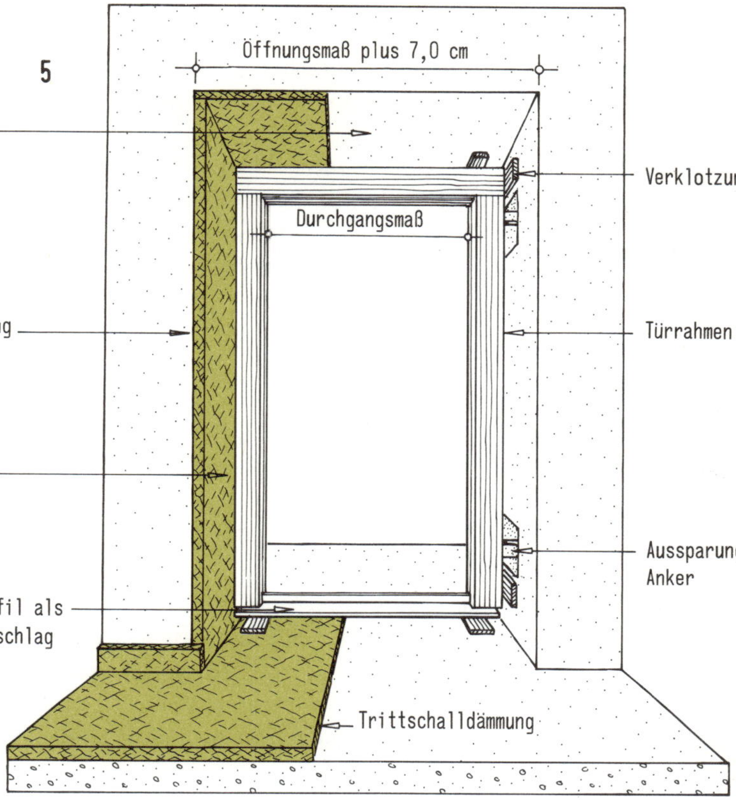
Öffnungsmaß plus 7,0 cm
Sturz
Verklotzung
Durchgangsmaß
Mauerlaibung
Türrahmen
Laibungs-
dämmung
Aussparung für
Anker
L-Stahlprofil als
unterer Anschlag
Trittschalldämmung

6

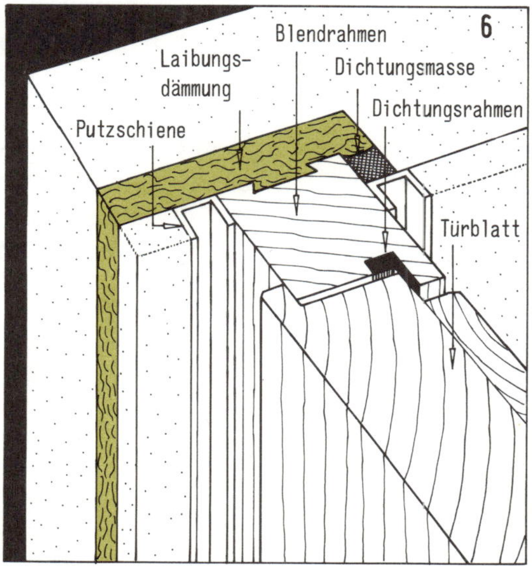
Blendrahmen
Laibungs-
dämmung
Dichtungsmasse
Dichtungsrahmen
Putzschiene
Türblatt

7

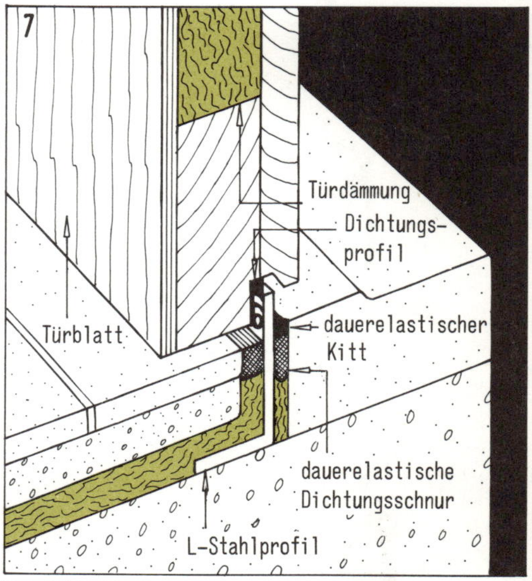
Türdämmung
Dichtungs-
profil
Türblatt
dauerelastischer
Kitt
dauerelastische
Dichtungsschnur
L-Stahlprofil

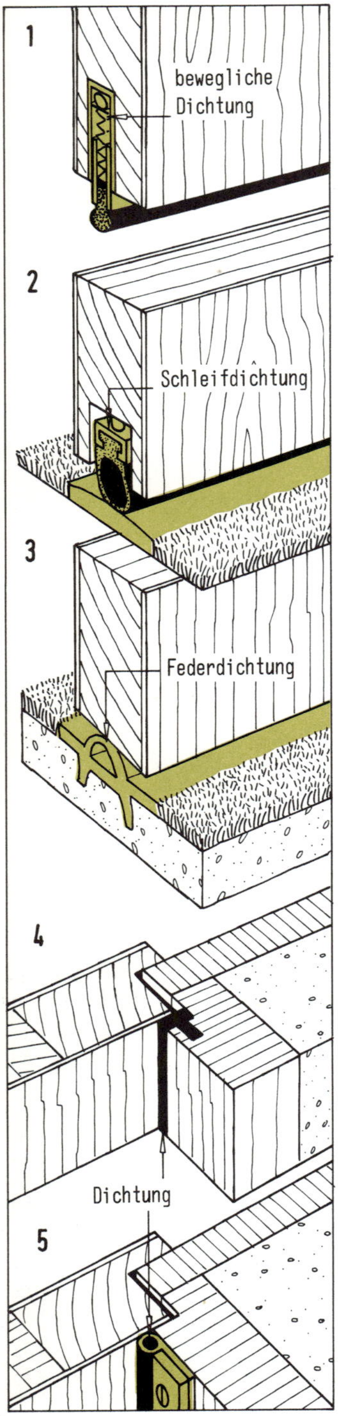

Innentüren

Lüftungswärmeverluste treten nicht nur an Fenstern und Außentüren, sondern auch an Innentüren auf.

1 Die bewegliche Türdichtung wird über einen Federmechanismus beim Öffnen und Schließen der Tür in vertikaler Richtung bewegt. Bei geschlossener Tür wird das elastische Gummiprofil auf den Fußboden gedrückt.

2 Kostengünstiger als die bewegliche Türdichtung ist die Schleifdichtung. Diese Dichtung wird so hoch in das Türblatt eingelassen, daß sie nicht den Fußboden berührt. Direkt unter dem Türblatt ist eine kleine Kunststoffschwelle befestigt, auf die die Dichtung aufläuft und damit die untere Fuge abdichtet.

3 Die Federdichtung ist im schwimmenden Estrich des Fußbodens eingelassen. Vorteilhaft ist bei dieser Dichtung, daß in das Türblatt keine Nut gefräst zu werden braucht. Andererseits verschmutzt das Federprofil leicht und läßt sich nur mühsam reinigen.

4 Das bei Fertigtüren eingearbeitete Kunststoffdichtungsprofil (zum Beispiel Rhenus-Montagefutter) dichtet die seitliche Überfalzung gegen Zugluft und schützt damit vor Wärmeverlusten.

5 Nachträglich können die Türen mit Neoprendichtungsprofilen gedichtet werden. Das Profil wird bei geschlossener Tür fest gegen das Türblatt gedrückt und mit Hartholz-, besser noch mit Alu-Flachschienen am Türfutter angeschraubt.

Rohrdämmung

Die Brennstoffenergie läßt sich nicht ohne Verluste in nutzbare Wärme umwandeln. Selbst bei gut gewarteten neuen Anlagen betragen die Verluste zum Beispiel bei einer Zentralheizungsanlage im Jahresdurchschnitt 25 Prozent.

Das nebenstehende Bild zeigt den Energiefluß dieser Heizung. 14 Prozent der Energie gehen über die Abgase verloren, 7 Prozent Verlust entsteht beim Stillstand der Heizung und 4 Prozent im Rohrsystem.

Die Abgas- und Stillstandsverluste sind abhängig von der Regulierung der Heizung. Der Wärmeverlust über die Rohrleitungen ist abhängig von der Dämmung der Rohre. Hier kann man selbst eingreifen und den Wärmeschutz verbessern. Wenn man nämlich bedenkt, daß die angegebenen 4 Prozent an einer guten Anlage gemessen wurden, kann man sich vorstellen, daß bei älteren Anlagen der prozentuale Anteil wesentlich höher liegt. Dazu kommt, daß hier nur der Energiefluß einer Heizanlage betrachtet wurde. Lange Warmwasserleitungen für Brauchwasser geben ebenfalls viel Wärme an ihre Umgebung ab. Deshalb haben auch manche Haustechniker gefordert, die Warmwasserbereitung nicht zentral, sondern dezentral zu installieren. Das hätte den Vorteil, daß der Wärmeverlust über das Rohrsystem ganz entfällt.

Ohne Fachmann sollte man die richtige Anordnung, Wahl und Dämmung der Sanitärobjekte bestimmen können. Wie eine Unzahl an Baumängeln zeigt, ist es nötig, als Bauherr am Bau eine Menge zu kontrollieren. Gerade die wichtigen Dämmaßnahmen bei Heizkörpernischen, Schornstein, Rohren und Sanitärobjekten werden »zu gern« vergessen. Deshalb seien auf den folgenden Seiten die wichtigsten Punkte beschrieben.

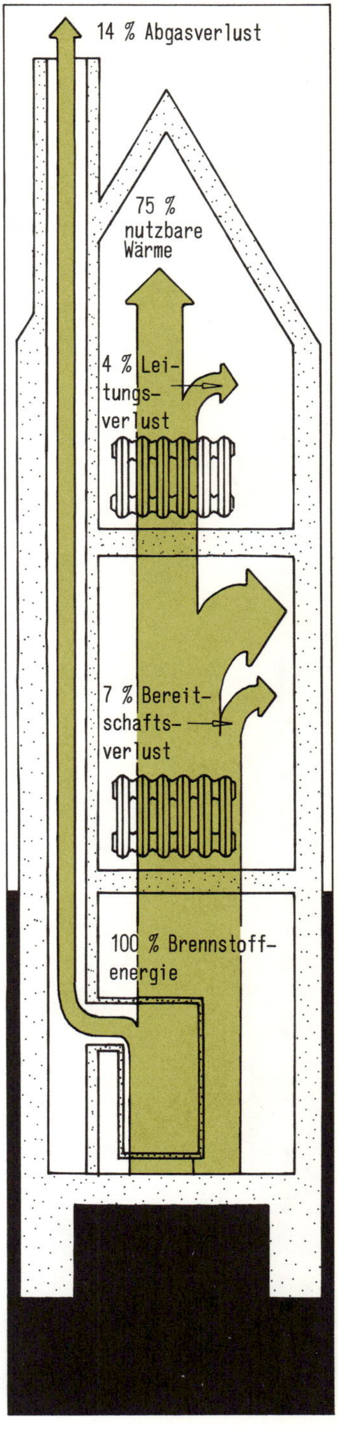

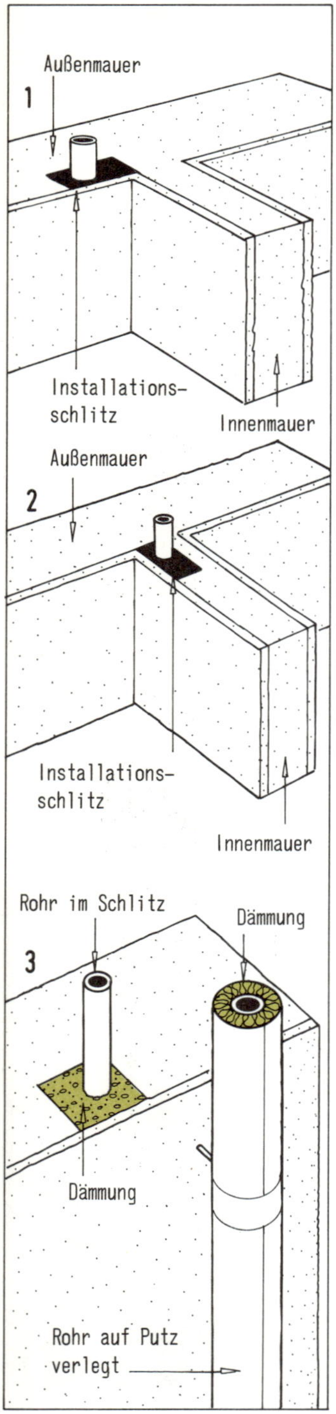

In Wohnräumen liegen die Rohre üblicherweise unter Putz. Wenn man nicht gerade die dünnsten Rohre verlegen kann, die, wie zum Beispiel bei Pumpenheizungsanlagen, einzuputzen sind, müssen in das Mauerwerk Schlitze eingezogen werden.

1 und **2** Als Planungsfehler sind Rohre in Außenwänden zu betrachten. Denn nur, wenn wirklich keine andere Möglichkeit, wie zum Beispiel in Bild 2, besteht, darf man ausnahmsweise Außenwandschlitze setzen. In einem solchen Fall muß aber im Bereich des Schlitzes der gleiche Dämmwert wie in der übrigen Wand erreicht sein (siehe auch Bild **8**).
Bei Schlitzen in Innenwänden spielt der Wärmeverlust über die Wand selbst keine Rolle. Trotzdem werden die Rohre, insbesondere Warmwasser- und Heizungsrohre, mit Dämmaterial ummantelt. Zwischen einem Warmwasserbereiter und der Verbraucherstelle würden sonst hohe Wärmeverluste eintreten.
Auch alle anderen Rohrleitungen werden wegen des Schallschutzes genauso behandelt (siehe Schallschutzteil dieses Buches).

3 Hier sind die beiden Möglichkeiten der Wärmedämmung von Rohren auf und unter Putz dargestellt.

4 bis **7** Die Baustoffindustrie stellt verschiedene Dämmsysteme für Rohre her. Die einfachste ist, die Rohre zu umwickeln. Es werden aber auch Rohre mit angeschäumtem Polyurethanhartschaummantel geliefert, zum Beispiel von der Firma Wicu. Auch nachträglich lassen sich Rohre mit ähnlichem Dämmstoff ummanteln.

9 und **10** Noch nicht erwähnt wurde, daß die Rohre auch deshalb umwickelt werden, weil die Wandbaustoffe und das Metall der Rohre bei Erwärmung unterschiedliche Bewegungen ausführen.

11 Werden Rohre in Deckenschlitzen über unbeheizten Räumen verlegt, so muß der Dämmstoff unter dem Rohr die gleiche Dicke aufweisen wie im übrigen Deckenbereich. Eventuell muß ein Deckenschlitz gezogen werden.

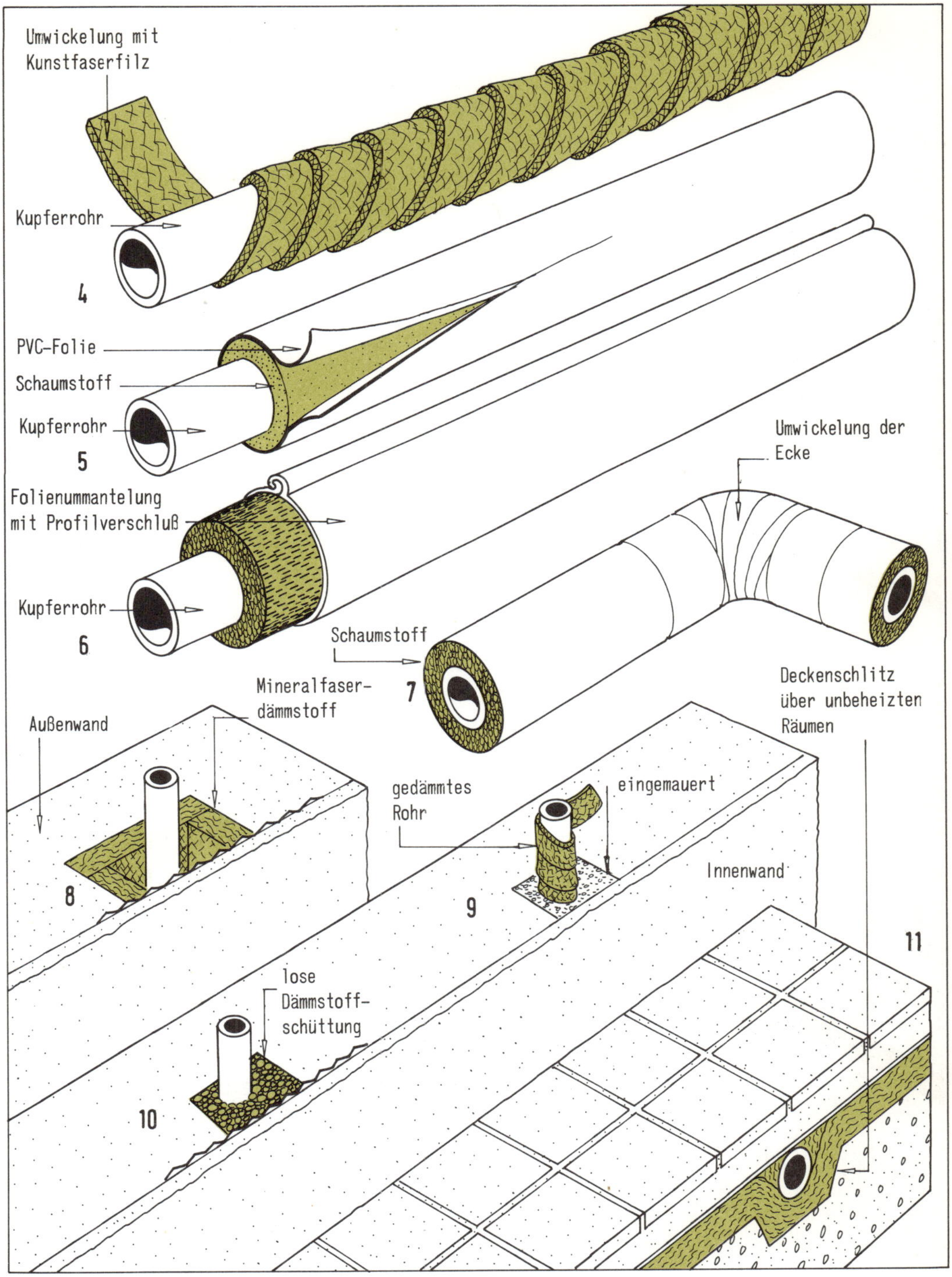
Umwickelung mit
Kunstfaserfilz
Kupferrohr
4
PVC-Folie
Schaumstoff
Kupferrohr
5
Folienummantelung
mit Profilverschluß
Kupferrohr
6
Umwickelung der
Ecke
Schaumstoff
7
Mineralfaser-
dämmstoff
Außenwand
8
gedämmtes
Rohr
eingemauert
9
Innenwand
Deckenschlitz
über unbeheizten
Räumen
11
lose
Dämmstoff-
schüttung
10

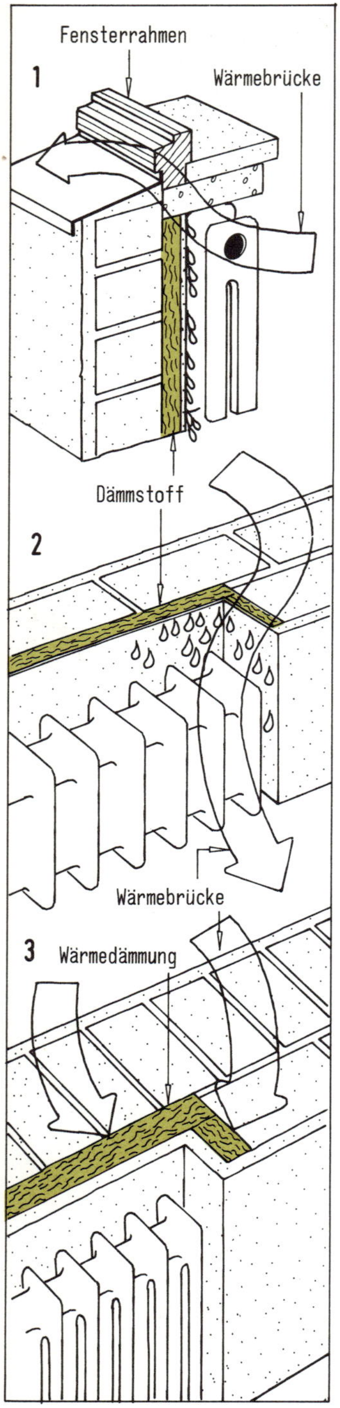

Heizkörpernischen

Wärmetechnisch ist eine Schwächung der Außenwand immer problematisch. Heizkörper können platzsparend aber nur in Wandnischen untergebracht werden. Eine Reihe von Fehlern wird bei der Konstruktion und Ausführung von Heizkörpernischen gemacht:

1. die erforderliche Stärke der Dämmplatte wird nicht erreicht (Bild **1**),
2. die Laibungen der Nischen werden nicht gedämmt (Bild **2**),
3. die Fensterbank schließt an die Sohlbank ohne Dämmung in dem Zwischenraum an (Bild **1**),
4. die Heizkörperhalter werden durch die Dämmung geschlagen und bilden eine Wärmebrücke,
5. die Dämmschicht der Nische wird nicht bis zum Fensterrahmen hochgeführt (Bild **1**),
6. die Sohlbankabdichtung wird zu dicht unter das untere Blendrahmenholz des Fensters gesetzt.

Bild **3** zeigt den richtigen Einbau der Nischendämmung im horizontalen Schnitt. Es ist sicher immer besser, das Vormauerwerk dicker als eine halbstein'sche Wand zu machen. Das bedeutet aber, daß der Heizkörper sehr flach sein muß.

4 Hier sind alle oben aufgeführten Punkte konstruktiv richtig gelöst. Der Abstand zwischen Sohlbankblech und Blendrahmen ist ausreichend (1 cm), um die dauerelastische Fugenmasse eindrücken zu können. Sohlbank und Fensterbank sind durch einen Dämmstreifen getrennt, wobei dieser dicht an das Rahmenholz anschließt. Die Trennung ist möglich, weil die Sohlbank durch eine Betonplatte getragen wird. Es sind keine Konsolen erforderlich, die die Dämmung durchstoßen würden. Die Nischendämmung selbst ist mit der Fassadendämmung verbunden und ausreichend stark (man verwendet 3,5 cm starke Heraklith-Platten).

5 Heizkörper vor Fensterflächen erhalten auf der Fensterseite eine Reflektionsplatte, damit die Abstrahlung in den Raum erfolgt.

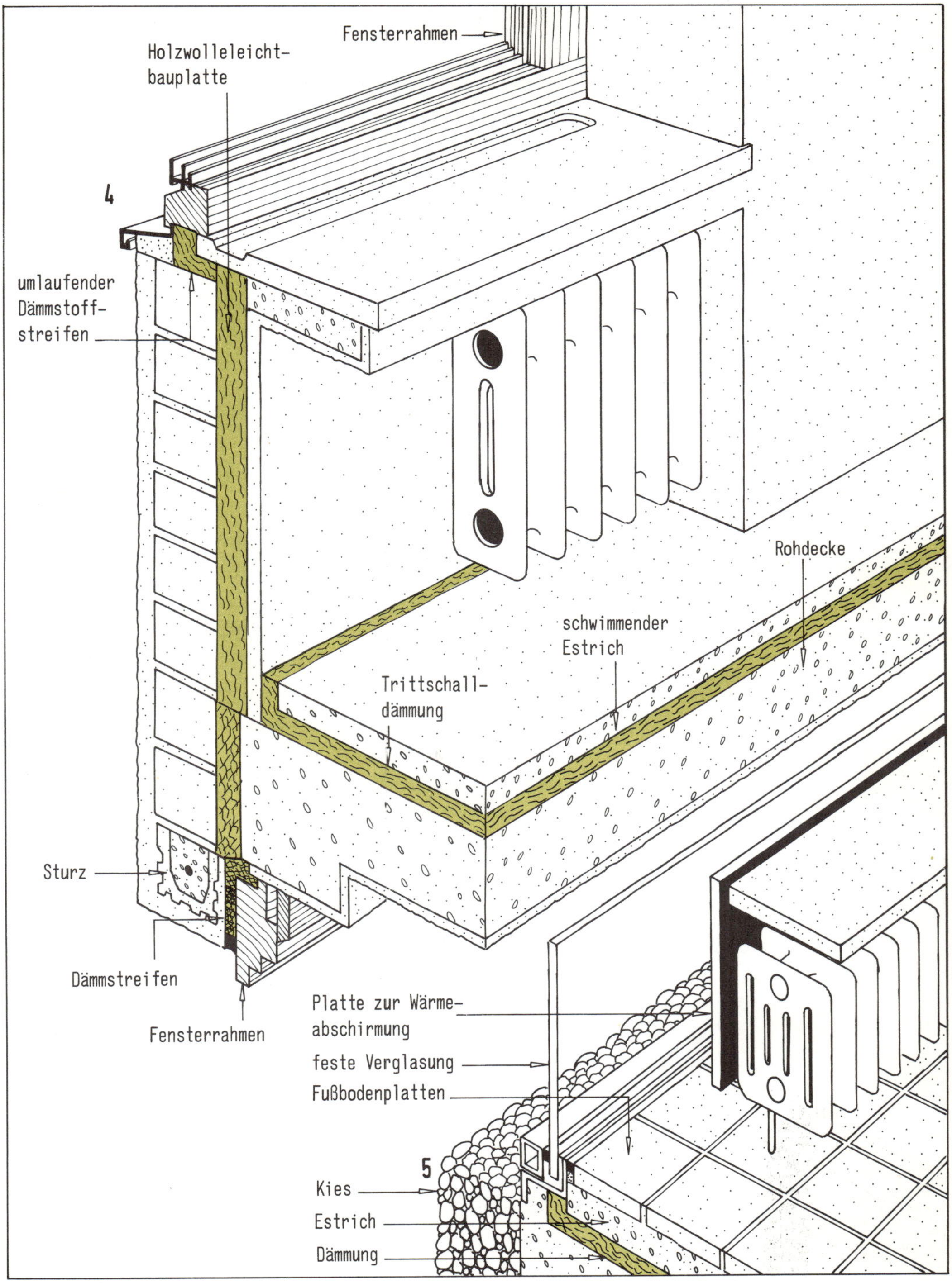
Fensterrahmen
Holzwolleleicht-
bauplatte
4
umlaufender
Dämmstoff-
streifen
Rohdecke
schwimmender
Estrich
Trittschall-
dämmung
Sturz
Dämmstreifen
Fensterrahmen
Platte zur Wärme-
abschirmung
feste Verglasung
Fußbodenplatten
5
Kies
Estrich
Dämmung

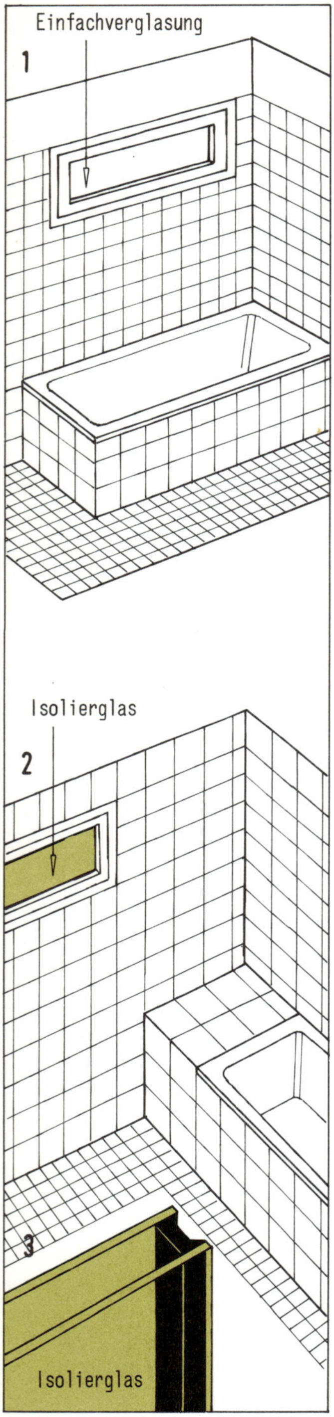

Sanitärobjekte

Die Temperaturen in Badezimmern (von 22 bis 24 Grad) liegen höher als in den übrigen Wohnräumen. Deshalb ist hier auf guten Wärmeschutz besonders zu achten. Die Türen müssen gut schließen, und bei den Fenstern reicht keinesfalls Einfachverglasung aus.

1 bis **3** Leider finden die Planer oft keine andere Lösung, als die Badewanne quer vor dem Fenster zu plazieren. Ganz abgesehen davon, daß es dann schlecht zu bedienen ist, stört außerdem der Kälteeinfall beim Baden. Auch ein doppelverglastes Fenster bringt keine wirksame Verbesserung.

4 Neben dem Wärmeschutz, der bereits bei einer richtigen Grundrißanordnung der Sanitärobjekte anfängt, können einige von ihnen auch selbst wärmegedämmt werden. Für Badewannen gibt es zum Beispiel Schaumstoffblöcke, die den Hohlraum unter der Badewanne ausfüllen und den Wannenkörper fest umschließen. Öffnungen für den Revisionsschacht und die Installation sind eingeformt. Ein solcher Dämmblock läßt das Badewasser wesentlich langsamer abkühlen. Es ist von weiterem Vorteil, daß die Fliesenverkleidung direkt auf den Hartschaum geklebt werden kann und dadurch keine Untermauerung erforderlich ist.

5 Mit flüssiger Ausschäummasse (zum Beispiel von der Voss-Chemie) lassen sich bereits eingebaute Wannen oder solche Objekte dämmen, für die es keine vorgefertigten Schaumstoffblöcke gibt. Das Ausschäumen ist vor allem bei Sanitärobjekten aus Stahl zu empfehlen. Acrylwannen werden auf Grund der spezifischen Wärme des Materials auch ohne Dämmung als angenehm empfunden.

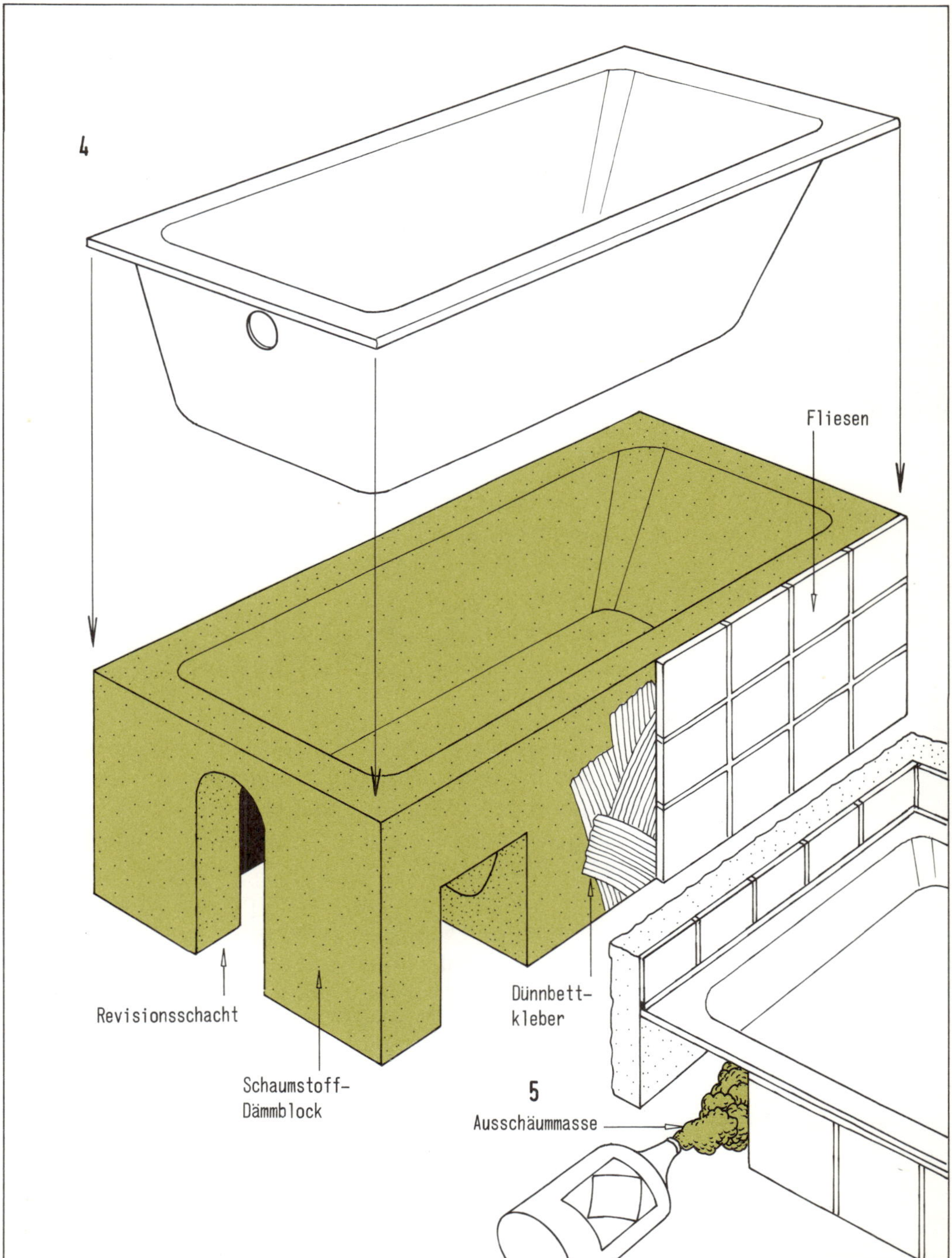
4
Fliesen
Revisionsschacht
Dünnbett-
kleber
Schaumstoff-
Dämmblock
5
Ausschäummasse

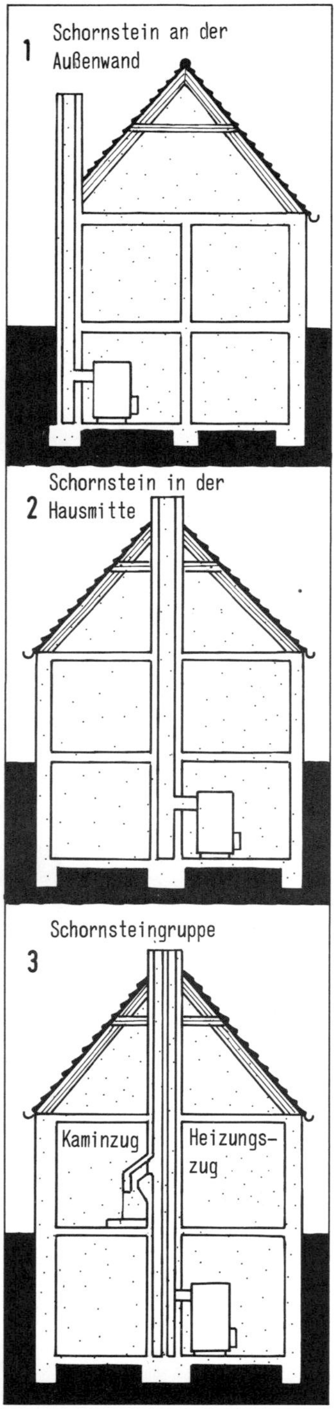

Schornstein

1 Die an und für sich richtige Lage des Schornsteins im Innern eines Hauses widerspricht oft der Gestaltungsabsicht des Planers. Man muß daher genau überlegen, ob die Außenlage oder das gänzliche Freistellen des Schornsteins einem soviel wert ist, daß man die hohen Wärmeverluste in Kauf nimmt. Bei der Freilage wird der Auftrieb der Rauchgase im unterkühlten Rauchrohr gebremst. Die kalten Wangen fördern die Kondensation des Wasserdampfes. Die niedergeschlagene Feuchtigkeit geht mit den Abgasbestandteilen eine chemische Verbindung ein. Es bilden sich Säuren, die auf Dauer das Schornsteinmaterial angreifen. Der Schornstein versottet.

2 Der Schornstein liegt also vorteilhaft innen, und zwar so, daß er genau im First mündet. Im Freien und in unbeheizten Dachräumen sind die Schornsteinwangen zu verdicken.

3 Die Schornsteinzüge werden zu Gruppen zusammengefaßt. Der Auftrieb der Rauchgase verbessert sich dadurch.

4 Schornsteine älterer Häuser stammen aus Zeiten, in denen mit festen Brennstoffen geheizt wurde. Für die heute verwendeten automatischen Öl- oder Gasheizungen haben sie meist zu große Rauchrohrquerschnitte. Häufig ist auch die Wärmedämmung ungenügend. Für die Sanierung solcher Schornsteine gibt es folgendes wenig aufwendiges Verfahren: Flexible Rohre aus rostfreiem Stahl werden von oben in den Zug geschoben. Den verbliebenen Hohlraum zwischen Stahlrohr und Mauerwerk füllt man mit Dämmstoff aus.
Den oberen Abschluß bildet ein Betonfertigteil, das so geformt ist, daß es die eingezogenen Rohre abdeckt und die Strömungsverhältnisse verbessert.
Ganz unsinnig sind die Rauchrohrabdeckungen auf dem Schornstein, die die Abgase am Ausströmen hindern. Regen und Sonne können dem Rauchrohr bei dem dauernden Betrieb der Heizanlagen nichts anhaben.

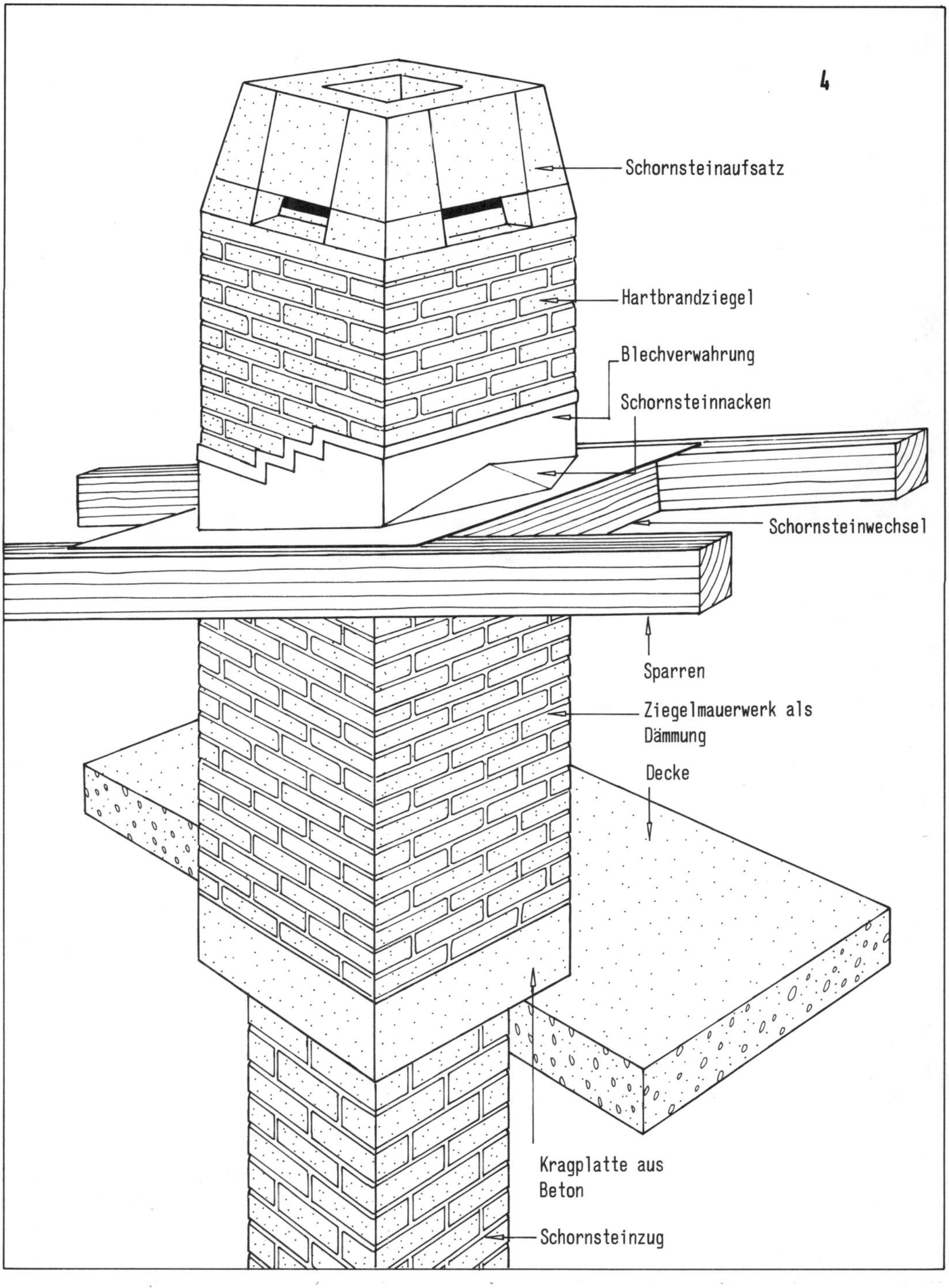
4
Schornsteinaufsatz
Hartbrandziegel
Blechverwahrung
Schornsteinnacken
Schornsteinwechsel
Sparren
Ziegelmauerwerk als
Dämmung
Decke
Kragplatte aus
Beton
Schornsteinzug

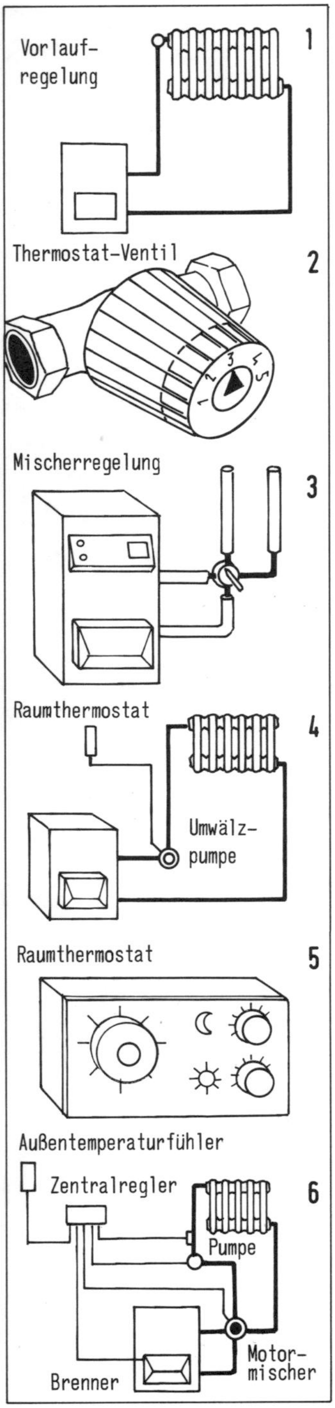

Heizung

Nicht nur die wärmetechnische Verbesserung der Bauteile bringt eine Energiekostensenkung, sondern auch die vernünftige Ausnutzung der Wärme bei ihrer Erzeugung. Deshalb seien hier am Rande einige Punkte zur Verbesserung der Heizungsregelung angeführt.

1 Die einfachste, aber leider auch unwirtschaftlichste Art der Heizungsregelung ist die mit Kesselthermostat und Heizkörperventilen. Das Regeln von Hand ist zu ungenau.

2 Mit Heizkörper-Thermostatventilen kann an jedem Heizkörper die Vorlauftemperatur eingestellt werden. Der Thermostat regelt die Heizwasser-Durchlaufmenge und damit die Wärmeabgabe in den Raum.

3 Eine verbesserte Regelung der Heizung erreicht man mit einem in die Vor- beziehungsweise Rücklaufleitung eingesetzten Mischerventil. Durch Beimischen von abgekühltem Rücklaufwasser zum warmen Kesselwasser wird die Vorlauftemperatur in den Heizkörpern auf einen Wert eingestellt, der entsprechend der Außentemperatur zur Raumbeheizung erforderlich ist.

4 Von einem Raumthermostaten, der meist im Wohnzimmer untergebracht ist, wird die Umwälzpumpe gesteuert. Er sorgt für die nötige Wärmezufuhr. Besonders sorgfältig muß der Platz für den Raumthermostaten ausgesucht werden. Die Temperaturverhältnisse in seiner Umgebung bestimmen die Wärmeversorgung im ganzen Haus. Ein häufiges Regeln am Thermostat ist oft die Folge.

5 Ist der Raumthermostat mit einer Zeituhr gekoppelt, verändert er automatisch zu den gewählten Zeitpunkten die Temperatur.

6 Mit einer vollautomatischen, außentemperaturgesteuerten Heizung erreicht man die wirtschaftlichste Beheizung. Die Außentemperatur wird durch einen Fühler an das Zentralgerät gemeldet. Dieses Zentralgerät steuert das Motormischventil, so daß die Vorlauftemperatur der jeweiligen Witterung angepaßt ist.

Schallschutz

Übersicht

Wieviel wichtiger die Bekämpfung des Lärms als die Vorsorge für den Wärmeschutz ist, mag ein Beispiel belegen: Wir lernten eine Familie kennen, die sich in der City einer Großstadt an einer bevorzugten Stelle eine Wohnung im vierten Stock mit viel Mühe eingerichtet hatte. Im Laufe der Jahre wurde das Verkehrsaufkommen der vorbeiführenden Straße größer, da man sie zur Hauptstraße erklärte. Der Außenlärm wurde unerträglich und hatte auf das Befinden der Hausfrau die Wirkung, daß sie zum Schluß – bis zur Abgabe der Wohnung – manchmal stundenlang tagsüber mitten in der Wohnung saß, sich die Ohren zuhielt und weinte. Medizinische Untersuchungen haben ergeben: Lärm macht krank, selbst wenn er nicht bewußt registriert

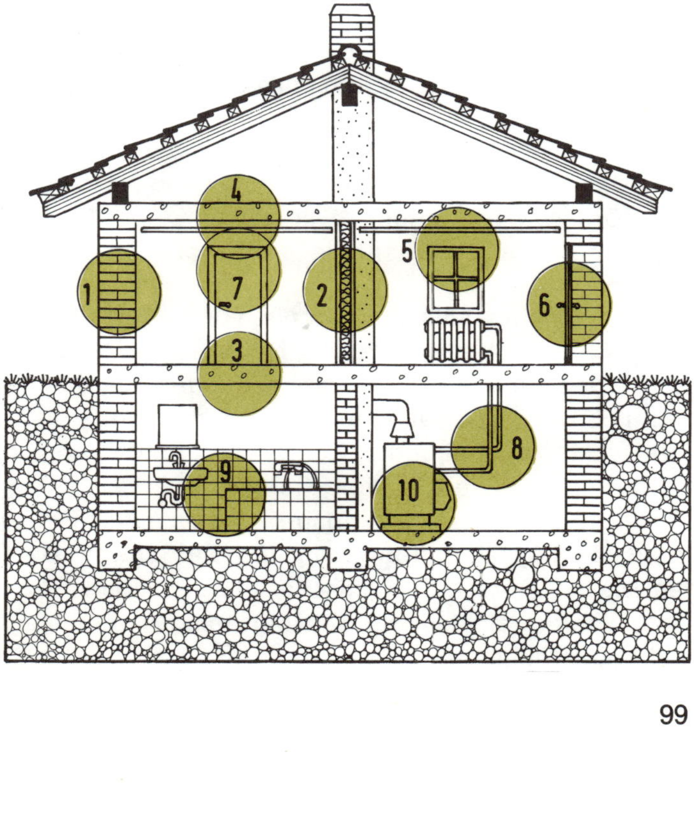

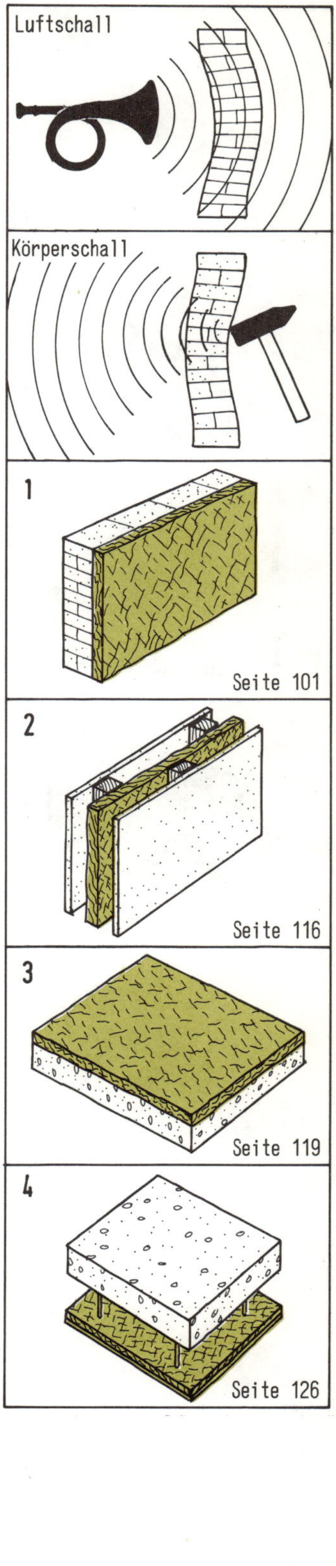

5

Seite 128

6

Seite 132

7

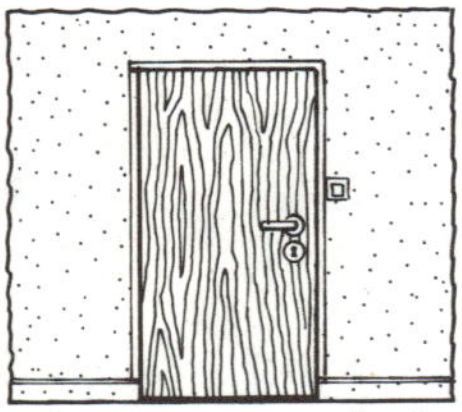

Seite 132

8

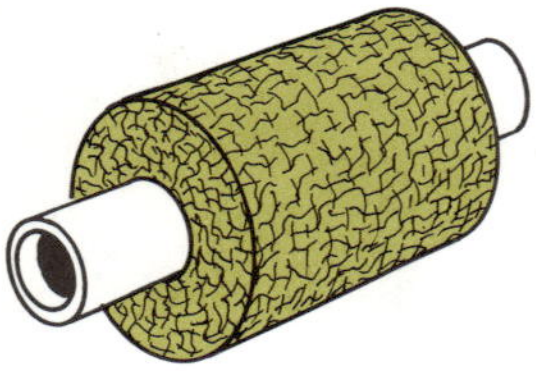

Seite 135

9

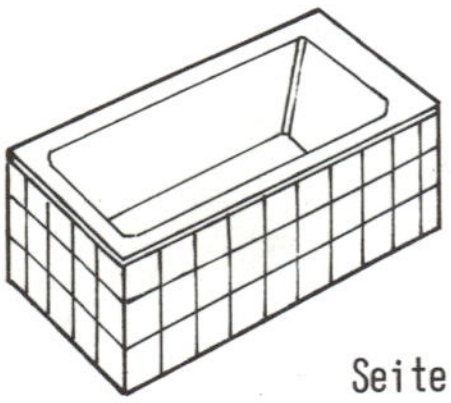

Seite 138

10

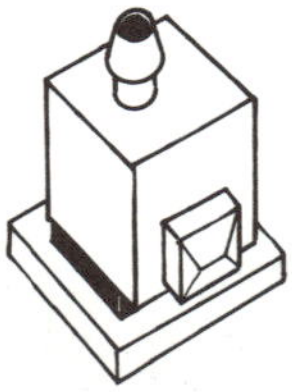

Seite 140

wird. Und auch dann, wenn man meint, den Lärm ertragen zu können. Dennoch gibt es persönliche Unterschiede dafür, welche Arten von Lärm als störend empfunden werden.

Dem Schutz gegen Lärmbelästigung stehen im wesentlichen vier Hindernisse entgegen: Erstens sind viele Lärmquellen in der Wohnumwelt so laut, daß nur kostspieligste Bauweisen die Mindestschallschutzanforderungen erfüllen. Zweitens haben wir im Gegensatz zum Wärmeempfinden kein Gefühl dafür, was schalltechnisch günstig ist. Drittens macht es oft große Schwierigkeiten, die Quellen der Schallerzeugung und die Übertragungswege zu finden. Viertens sind die Ursachen für Lärmausbreitung häufig Baufehler, die nicht mehr oder nur mit erheblichem Aufwand korrigiert werden können.

Der Schallschutzteil dieses Buches zeigt, welche Arbeiten Sie selbst am Haus vornehmen können, um sich gegen den Lärm von außen oder innen zu schützen. Es ist dem Betroffenen meist nicht möglich, die Lärmquellen zu beseitigen, weder die äußeren (Flugzeuge, Autos, Industrieanlagen), noch die inneren (Geschirrspüler, Heizung, Spül-WC, Hifi-Anlage). Der Lärm müßte aber gerade »aktiv« an der Quelle bekämpft werden! So bleibt meist nichts anderes, als ihm »passiv« entgegenzutreten.

Die Lärmquellen werden eingeteilt in zwei große Gruppen: Die Gruppe der Luftschallerzeuger und die Gruppe der Körperschallerzeuger. Was mit Luft- und Körperschall gemeint ist, lesen Sie im Bauphysikteil (Seite 149).

Den Schallschutzteil haben wir nach den Bauteilen gegliedert. Eine Übersichtszeichnung ist auf Seite 99.

Es werden zunächst die Wände behandelt, die hauptsächlich die Luftschallübertragung verhindern sollen. Für Decken und Fußböden werden Konstruktionen zur Trittschallverbesserung vorgeschlagen. Fenster und Türen stellen für den Selbstbauer ein besonderes Problem dar: Die Maueröffnungen sind die Schwachstellen. Die meisten schalltechnischen Arbeiten für Installation, Sanitärobjekte und Heizungsanlage kann man selbst übernehmen.

Wände

Eine Schallschutzvorsatzwand sollte auf der Seite errichtet werden, auf der der Schall entsteht. Sie kann aber auch, wenngleich weniger wirksam, auf der zu schützenden Raumseite aufgebaut werden.
Ist beabsichtigt, nach mehreren Raumseiten die Schallübertragung zu verhindern, müssen die Vorsatzschalen um die Raumecken herumgeführt werden, und auch die Decke müßte eine Unterdecke erhalten.
Der Fußboden nimmt eine Sonderstellung ein, da Luftschall durch ihn kaum hindurchgelangt.

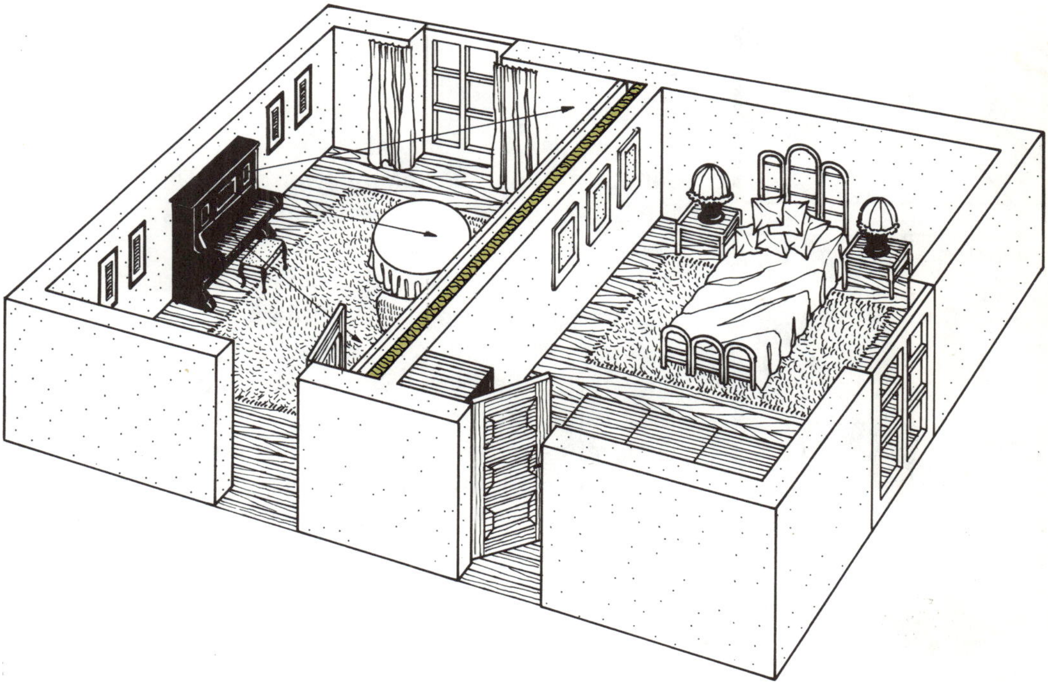

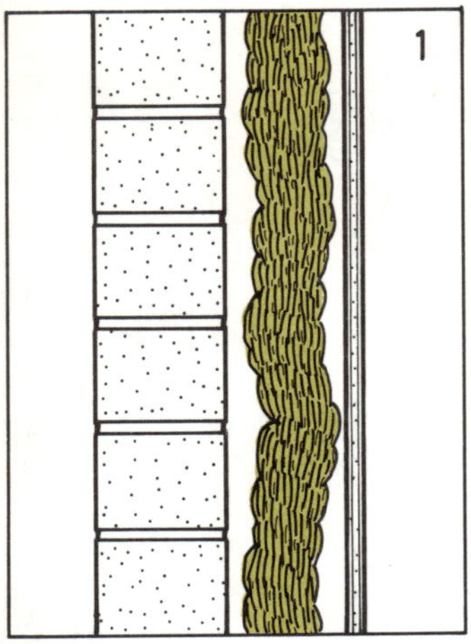

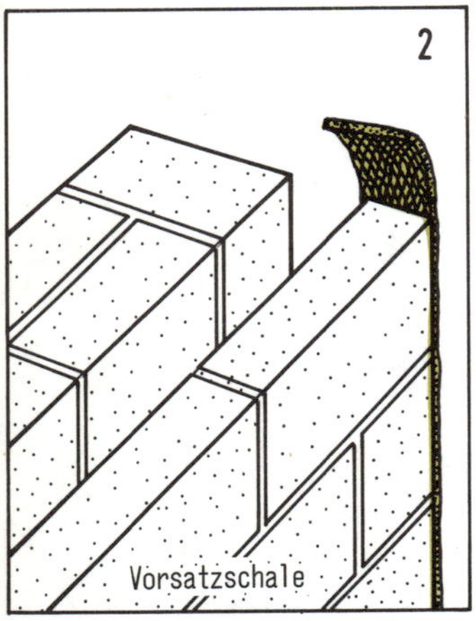

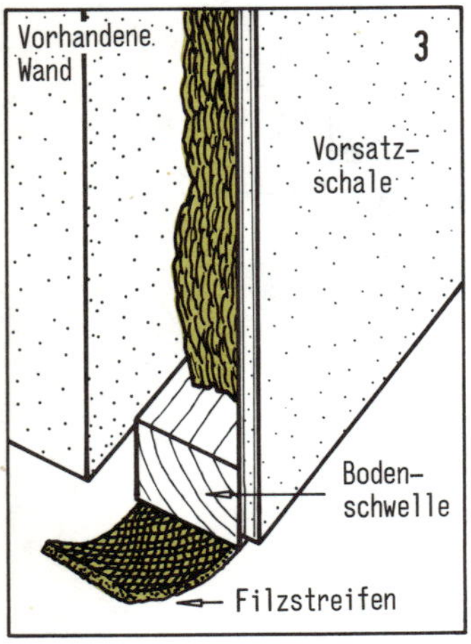

Die vier Schallschutzwände, die wir Ihnen vorschlagen, sollen die Luftschallübertragung zwischen je zwei Räumen verhindern. Die Wandkonstruktionen I bis III sind als »Vorsatz«-Schalen ausgeführt. Beispiel IV zeigt eine Leichtbauwand, mit der man einen größeren Raum schalltechnisch einwandfrei teilen kann.

Die schalldämmende Wirkung aller vier Konstruktionen beruht auf dem Zusammenwirken von biegesteifen und biegeweichen Baustoffen (Bilder **1** bis **3**). Die biege*steife* Schale ist in der Regel die vorhandene Wand. Die biege*weiche* Schale besteht aus dem Dämmstoff und der äußeren Verkleidung. Die beiden Wandschalen dürfen keine Verbindung zueinander haben, da sonst eine Schallbrücke entsteht. Durch eine solche Schallbrücke kann die Schallübertragung so stark werden, daß verbundene zweischalige Wände eine schlechtere Schalldämmung aufweisen als gleichschwere einschalige Wände.

Faserdämmstoffe im Hohlraum zwischen den Schalen dämpfen den Schall. Es sind die gleichen Baustoffe, die auch für die Wärmedämmung verwendet werden.

Um die Schallübertragung von der Vorsatzschale auf die angrenzenden Wände gering zu halten, müssen beide mit Dämmstreifen (zum Beispiel aus Filz- oder Kokosfasern) voneinander abgesetzt werden. Die Holzstützen, die die Vorsatzschale tragen, dürfen mit der seitlichen Wand beziehungsweise der Decke und dem Fußboden nur an wenigen Punkten verschraubt werden.

Bei dem Einbau einer Schalldämmwand treten auch statische Probleme auf. Die Typen I und II lassen sich, weil sie sehr leicht sind, überall verwirklichen. Typ III dagegen, bei dem die Vorsatzschale aus Gipsbauplatten besteht, erfordert eine tragfähige Decke. Denn ein Quadratmeter der Gipsbauplatten, die es in Dicken von 6 bis 10 cm gibt, wiegt 50 bis 80 kg.

Welchen Wandtyp Sie wählen, wird vom zu verwendenden Baustoff, vom Platzbedarf der Konstruktion und von der Tragfähigkeit der Decke abhängen.

1

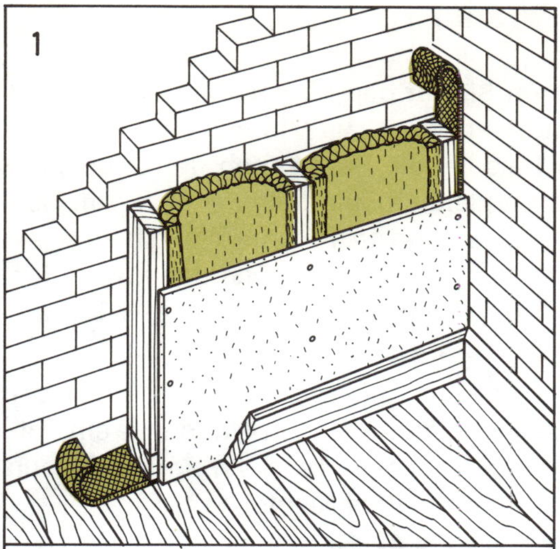

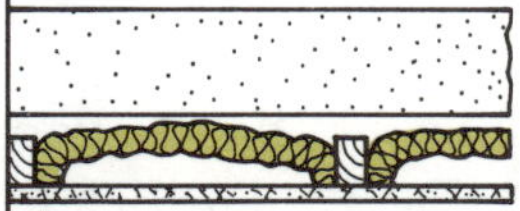

Vorsatzschale mit Spanplatten

Vorhandene Wand
Luftschicht 2-3 cm
Lattung 4 x 6 cm
Dämmung 3 cm
Spanplatte 1-1,6 cm
insgesamt ca. 10 cm

2

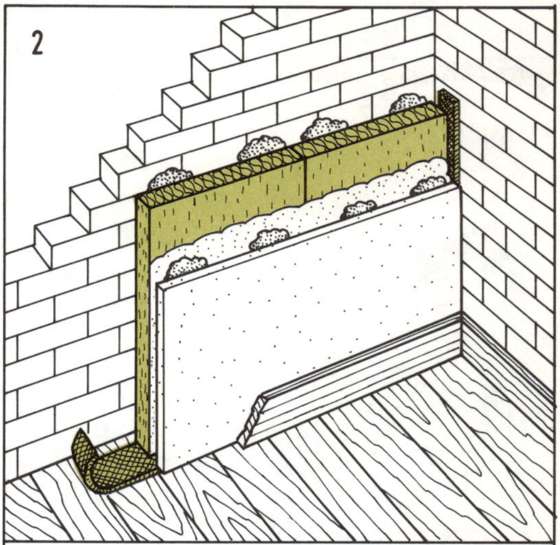

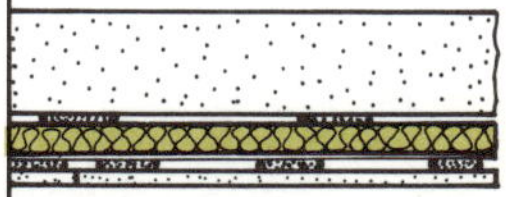

Vorsatzschale mit Gipskartonplatten

Vorhandene Wand
Ansetzgips 1 cm
Dämmung 3 cm
Gipsüberzug 0,5 cm
Ansetzgips 1 cm
Gipskartonplatte 1,2 cm
insgesamt ca. 7 cm

3

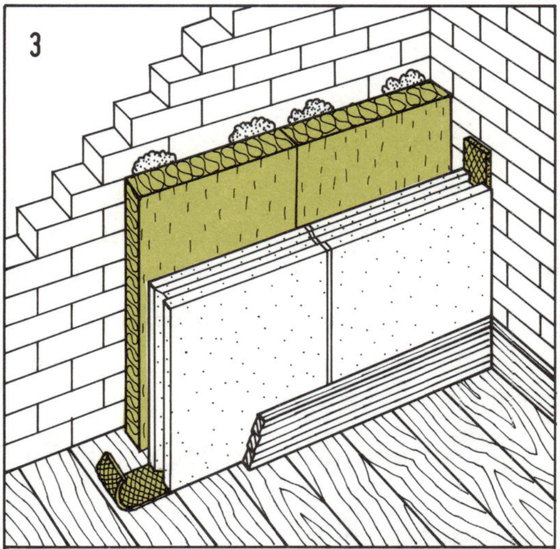

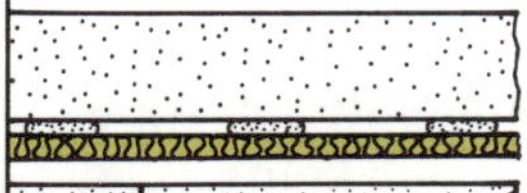

Vorsatzschale mit Gipsbauplatten

Vorhandene Wand
Ansetzgips 1 cm
Dämmung 3 cm
Luftschicht 3 cm
Gipsbauplatten 6 cm
insgesamt ca. 13 cm

4

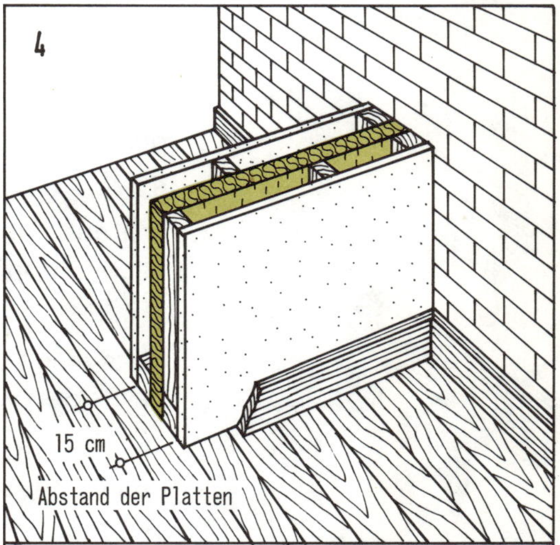

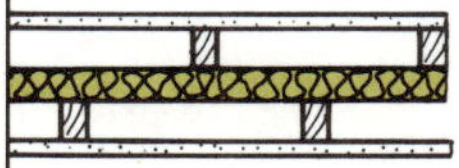

Leichte Trennwand

Span- oder Gipsplatte 1,8 cm
Ständerwerk 4/6 cm
Dämmatten 3 cm
Ständerwerk 4/6 cm
Span- oder Gipsplatten 1,8 cm
insgesamt ca. 19 cm

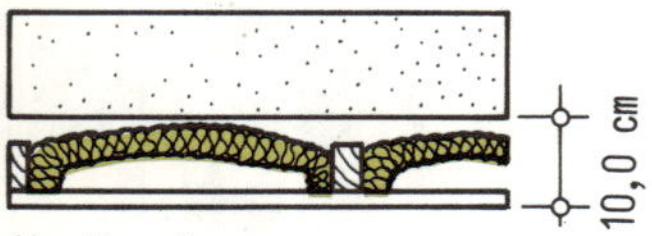

Wandtyp I

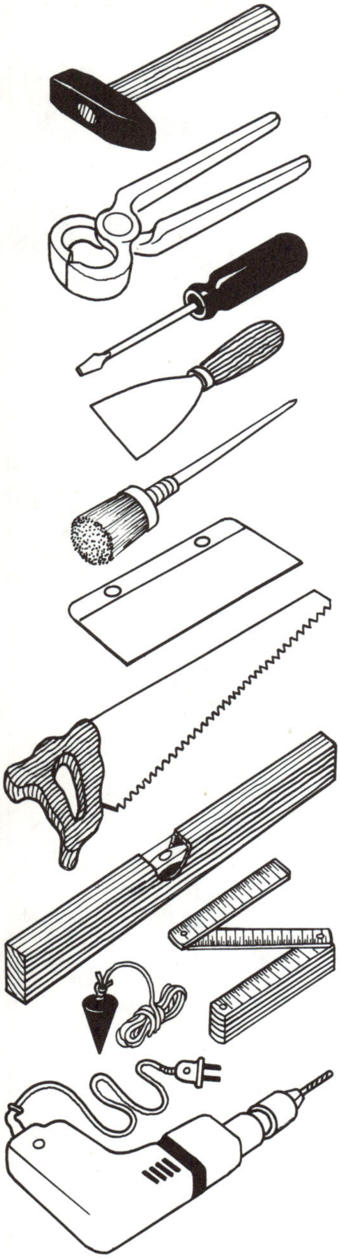

Bauphasen Wandtyp I

1 und **2** Messen Sie für den Materialbedarf zunächst Höhe und Breite der Wand. Als Mineralfasermatte eignen sich zum Beispiel die Baubahnen der Deutschen Rockwool. Als Verkleidungsplatte bietet sich zum Beispiel die Novopan F-Platte an. Für Ihre Wand benötigen Sie eine 16 mm dicke Platte. Als Randdämmstreifen können Sie Iso-Bitumenkorkfilz des Triangler Dämmstoffwerkes verwenden.

3 Als erstes muß im Abstand von etwa 9 cm vor der Wand an den seitlich angrenzenden Wänden je ein Lotriß gezogen werden. Diese Risse verbinden Sie an Decke und Fußboden mittels Richtscheit.

4 Entlang dieser Linie sind die zugeschnittenen Bitumenkorkfilzstreifen zu kleben.

5 Die Schwelle ist auf dem Fußboden im Abstand von etwa 1,2 m zu befestigen, ebenso die Deckenlatte. Jetzt die Ständer-Achsmaße auf der Schwelle anzeichnen.

6 Die Wandlatten lassen sich leichter befestigen, wenn sie vorgebohrt werden.

7 Durch die Bohrlöcher hindurch können die Dübelpunkte bestimmt werden.

8 Die Wandlatten können mit Rund- oder Flachkopfschrauben befestigt werden, wobei die Schraube mindestens doppelt so lang sein sollte wie die Latte dick ist.

9 An den jeweiligen Enden schrauben Sie auf jeder Seite einen Stahlwinkel oder eine Winkellochplatte an, bevor Sie den Ständer einpassen.

10 Die Latten können auch mit Winkellochplatten angenagelt werden.

11 Die 1,0 m breiten Mineralfasermatten nageln Sie mit Breitkopfnägeln seitlich an den Ständern fest.

12 Sehr wichtig ist, daß das Dämmaterial wirklich dicht an den Holzstützen anliegt und sich keine »Luftlöcher« bilden, durch die der Schall dann doch ungehindert hindurchgeht.

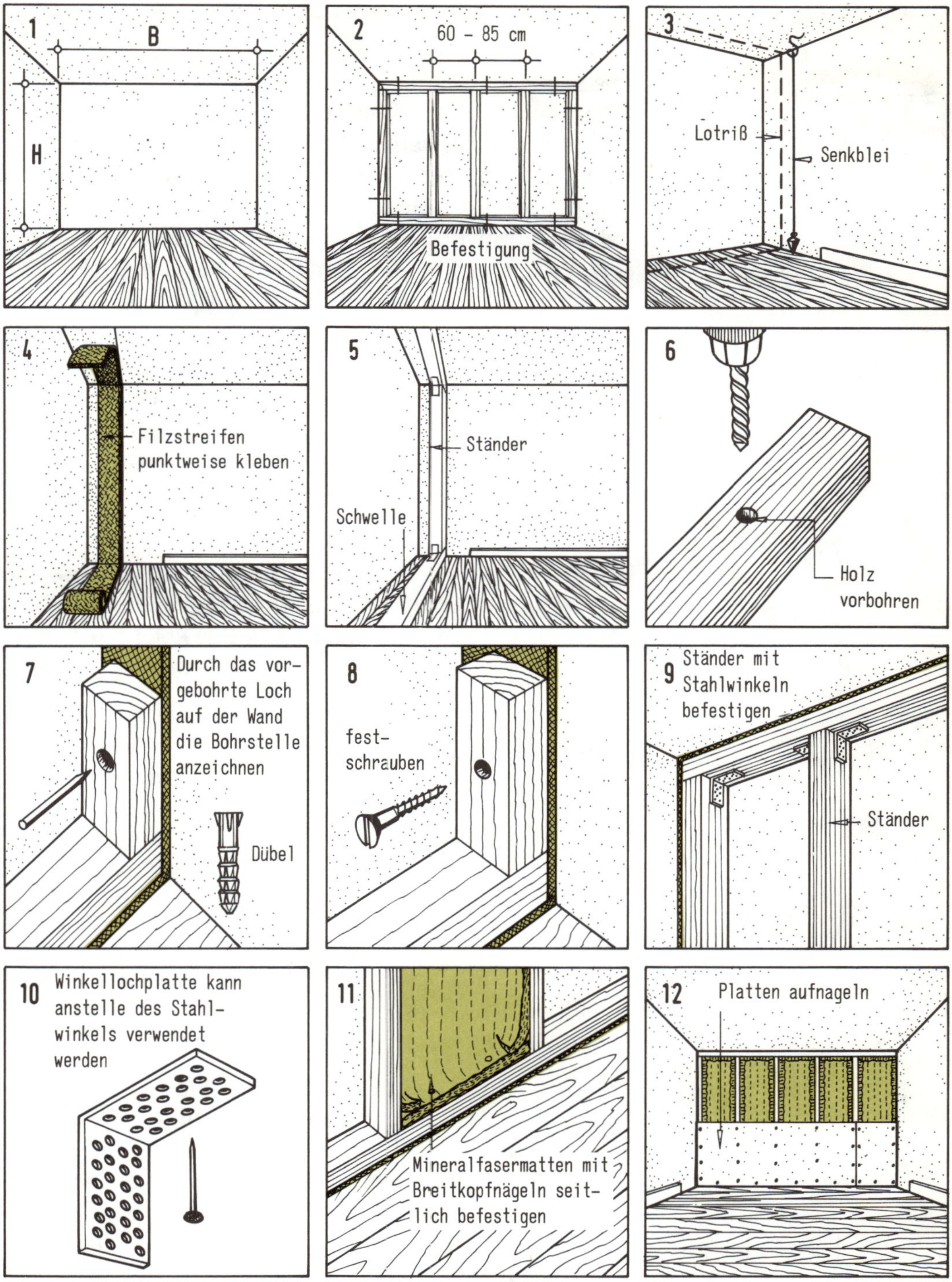
1
B
H
2
60 – 85 cm
Befestigung
3
Lotriß
Senkblei
4
Filzstreifen punktweise kleben
5
Ständer
Schwelle
6
Holz vorbohren
7
Durch das vorgebohrte Loch auf der Wand die Bohrstelle anzeichnen
Dübel
8
festschrauben
9
Ständer mit Stahlwinkeln befestigen
Ständer
10
Winkellochplatte kann anstelle des Stahlwinkels verwendet werden
11
Mineralfasermatten mit Breitkopfnägeln seitlich befestigen
12
Platten aufnageln

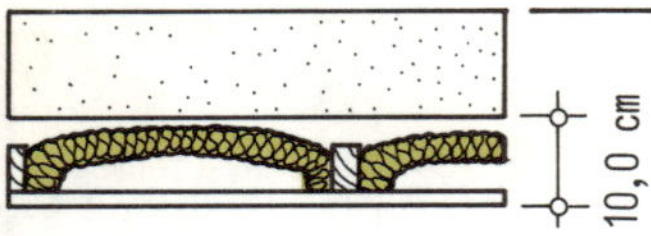

Wandtyp I

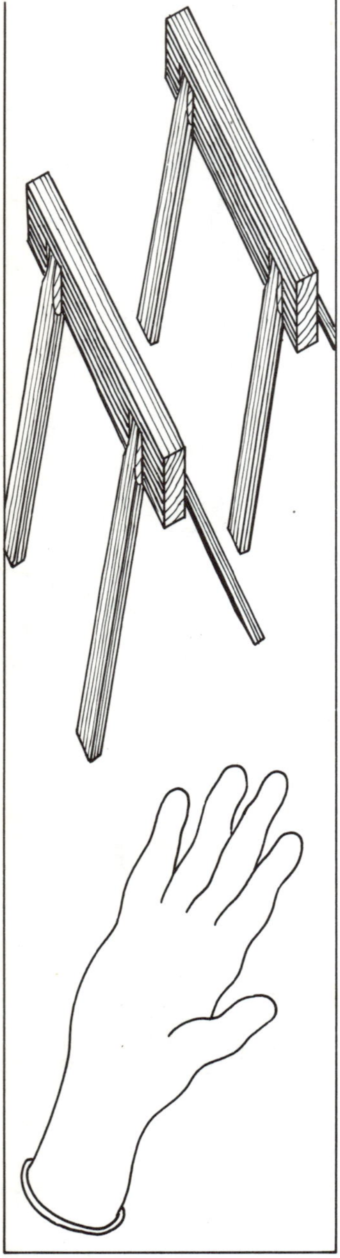

Beim Zuschneiden der Spanplatten sollten Sie zwei Böcke benutzen, auf denen sich die Spanplatten leichter sägen lassen. Die Platten müssen so eingepaßt werden, daß sie an den Rändern und untereinander mindestens 5 mm Luft haben. An den Rändern ist dies besonders wichtig, damit der Schall als Körperschall nicht durch die Spanplatte auf die angrenzenden Wände übertragen wird. Die Stoßkanten der Platten müssen gesäubert werden. Zweckmäßig ist es, den Kanten eine leichte Fase zu geben.

1 und **2** Die Stöße werden mit Voröl gestrichen, da sonst die Spachtelmasse wegsinkt. Damit sich die Stöße später nach dem Tapezieren nicht abzeichnen, werden über die Fugen Bewehrungsstreifen aus Glasvlies geklebt oder gleich in die noch weiche Vorspachtelmasse eingedrückt. Glasvliesstreifen nur mit Gummihandschuhen anfassen!

3 Wenn die Vorspachtelmasse hart ist, werden die Stöße glatt gespachtelt, wobei die Spachtelmasse immer nur dünn aufzutragen ist und jeweils mit feinem Sandpapier glatt geschliffen werden muß.

4 Der Bewehrungsstreifen an den Rändern läßt sich leicht mit Binderfarbe festkleben. Dazu ist die Ecke satt mit der Farbe einzupinseln und der Glasvliesstreifen in die noch nasse Farbe einzudrücken. Die Dicke des Bewehrungsstreifens muß großflächig angespachtelt werden, um dadurch einen »weichen« Übergang von Spanplatte zum Glasvlies zu schaffen. Breite Spachtel, 20 bis 30 cm, verwenden!

5 An Türen ist es nicht erforderlich, daß Sie die Bekleidung entfernen, sondern die Wand kann dagegen gearbeitet werden.

6 Oftmals kommen gerade aus der Wand, die man mit einer Schallschutzwand versehen will, die Heizungsrohre heraus. Falsch wäre es, wenn Sie die Spanplatte dicht an das Rohr anschließen lassen, deshalb die Rohrdurchführung etwa 1,5 cm größer aussägen und mit Moosgummi das Loch abdichten. Eine Kunststoffrosette verdeckt abschließend die Öffnung.

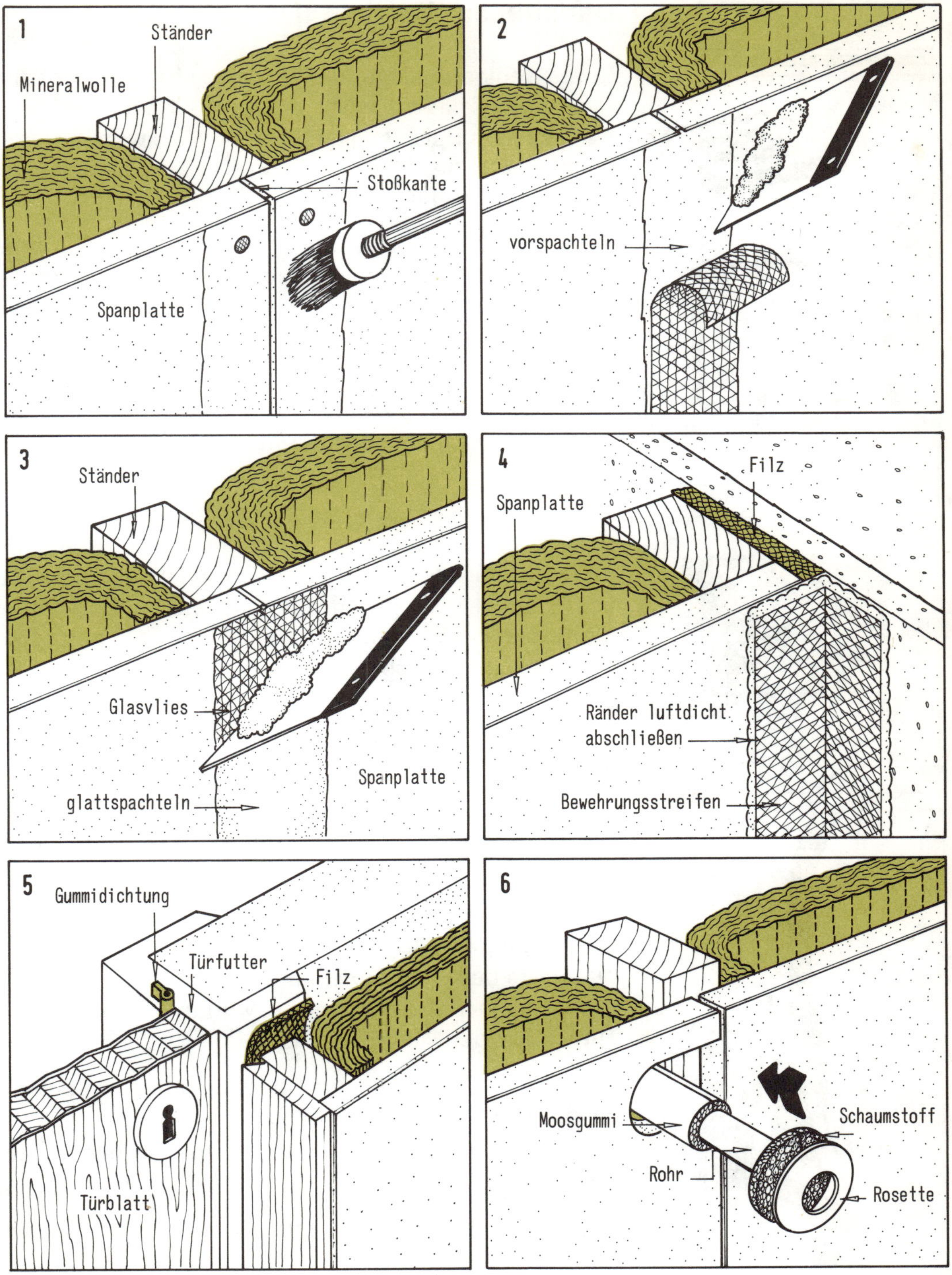
1
Ständer
Mineralwolle
Stoßkante
Spanplatte
2
vorspachteln
3
Ständer
Glasvlies
Spanplatte
glattspachteln
4
Filz
Spanplatte
Ränder luftdicht
abschließen
Bewehrungsstreifen
5
Gummidichtung
Türfutter
Filz
Türblatt
6
Moosgummi
Schaumstoff
Rohr
Rosette

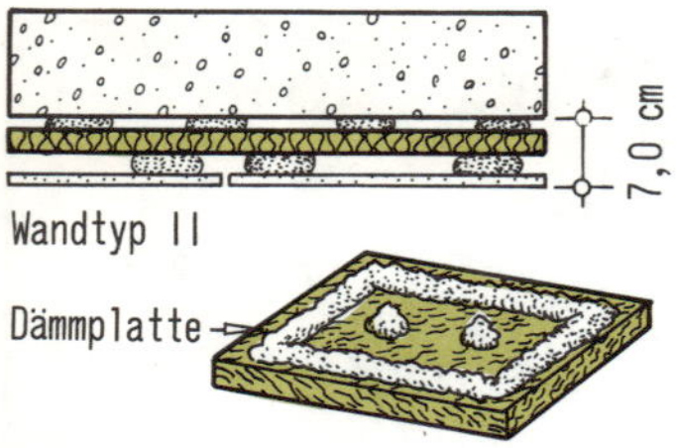

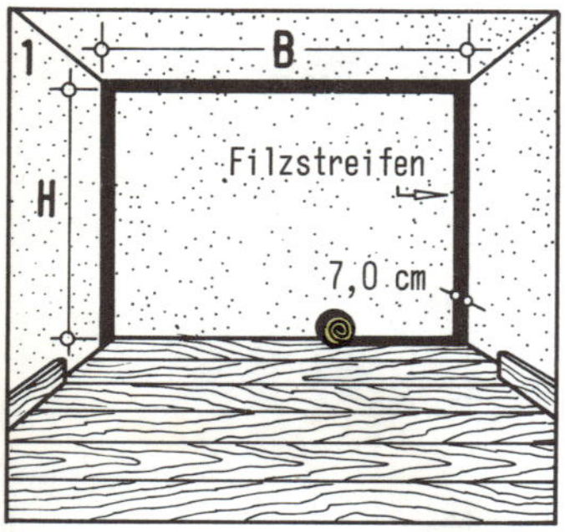

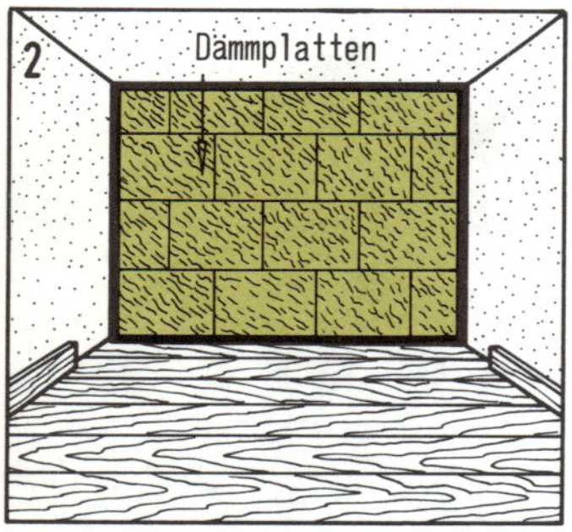

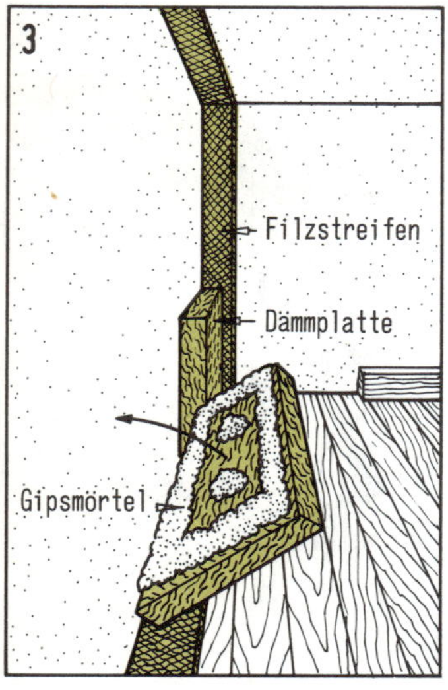

Bauphasen Wandtyp II

Etwas weniger Platz als der Wandtyp I beansprucht die Ausführung dieser Vorsatzschale. Als Dämmstoff eignet sich zum Beispiel die halbsteife Rockwool-Dämmplatte. Die Platte sollte eine Dicke von 3 bis 5 cm haben, sie ist 1,0 m mal 0,625 m groß.

1 Für die Materialbestellung ist es erforderlich, die Höhe und Breite der Wand festzustellen. Für die Randdämmung gibt es 12 mm dicke Randstreifen. Die Randstreifen werden mit Gipsansetzbinder angeklebt .

2 Die Dämmplatten werden im Verband angebracht, wobei Sie keinen Verschnitt erhalten, wenn Sie in der zweiten Reihe mit dem Reststück der ersten Reihe anfangen.

3 Die Dämmplatten werden mit Gips angesetzt. Der Gipsmörtel wird am Rand der Platte in Streifen und in der Mitte mit etwa 7 cm breiten Tupfern aufgebracht und anschließend gegen die Wand gedrückt. Achten Sie darauf, daß die Platten in den Stoß- und Lagerfugen dicht zusammenstoßen.

4 Über die Dämmplatte ziehen Sie eine Lage Gipsmörtel, dann mit dem Zahnspachtel eine zweite Lage. Dadurch erhöhen Sie die Haftung zwischen der Dämmschicht und der Gipskartonplatte. Geben Sie dem Gipsmörtel etwas Tapetenkleister zu, so verlängert sich die Abbindezeit.

5 Die auf Raumhöhe minus 2 cm zugeschnittene Gipskartonplatte legen Sie auf den Fußboden vor die Wand, am besten auf zwei Latten, um sie besser anheben zu können. Der Gipsmörtel wird in gleichmäßigen Tupfen auf der Platte verteilt.

6 Mit zwei Personen wird die Platte aufgerichtet und angedrückt.

7 Die Platte kann mit zwei kurzen Brettern gegen den oberen Randfilzstreifen hochgedrückt werden.

8 und **9** Mit einem langen geraden Brett richten Sie die Platte in Lot und Waage aus.

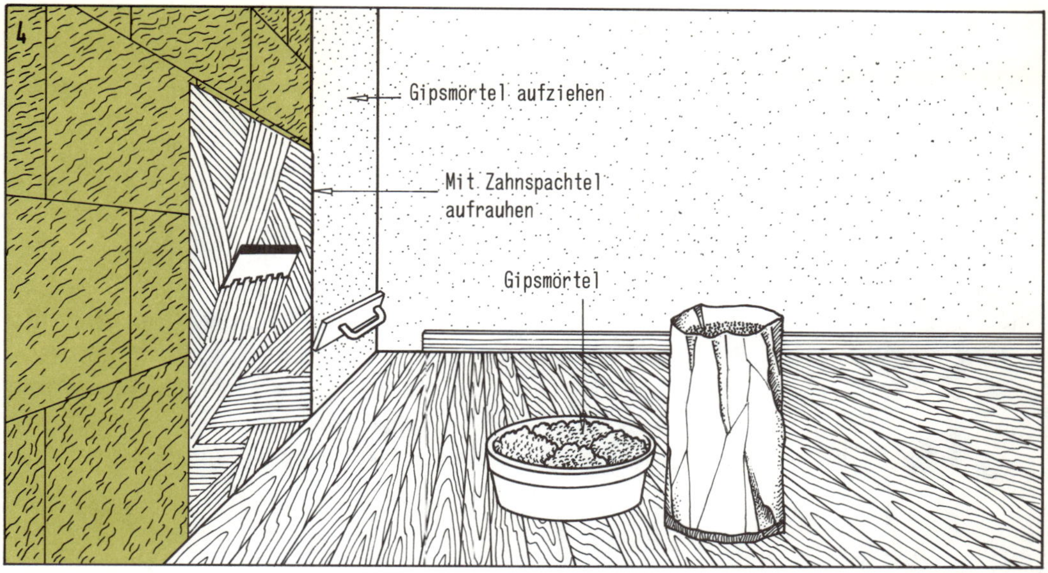
4
Gipsmörtel aufziehen
Mit Zahnspachtel aufrauhen
Gipsmörtel

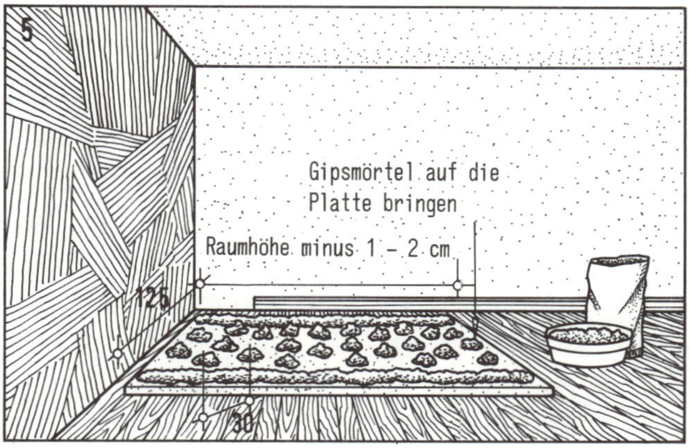
5
Gipsmörtel auf die Platte bringen
Raumhöhe minus 1 - 2 cm
125
30

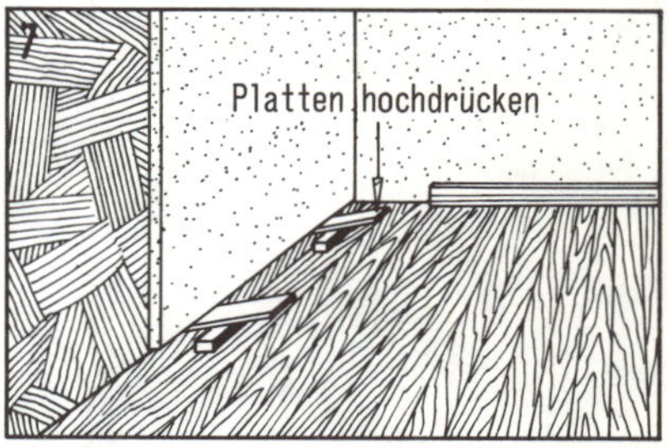
7
Platten hochdrücken

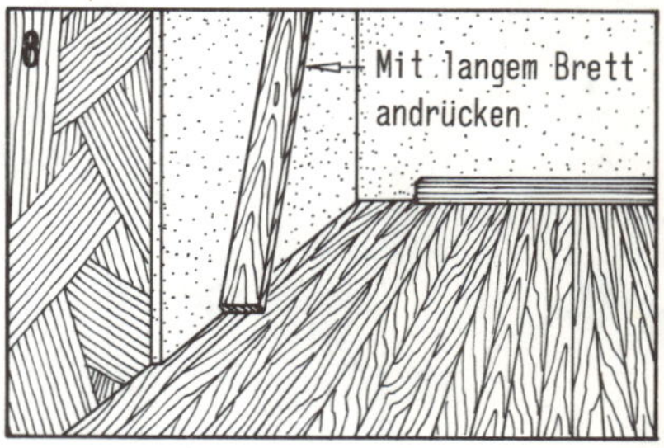
8
Mit langem Brett andrücken

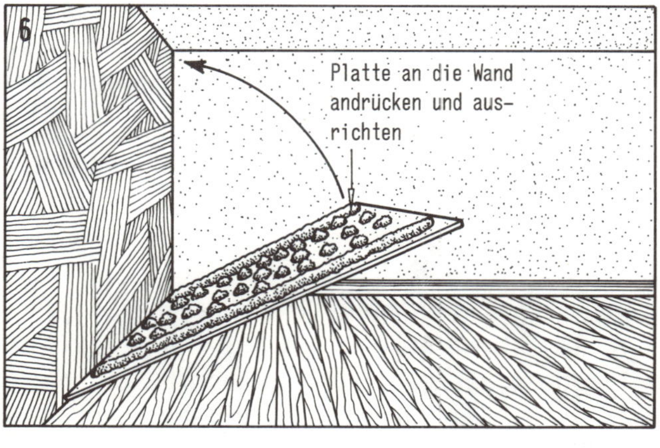
6
Platte an die Wand andrücken und aus-richten

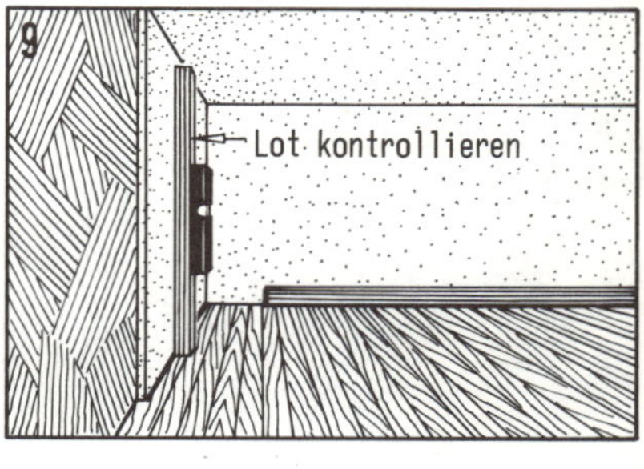
9
Lot kontrollieren

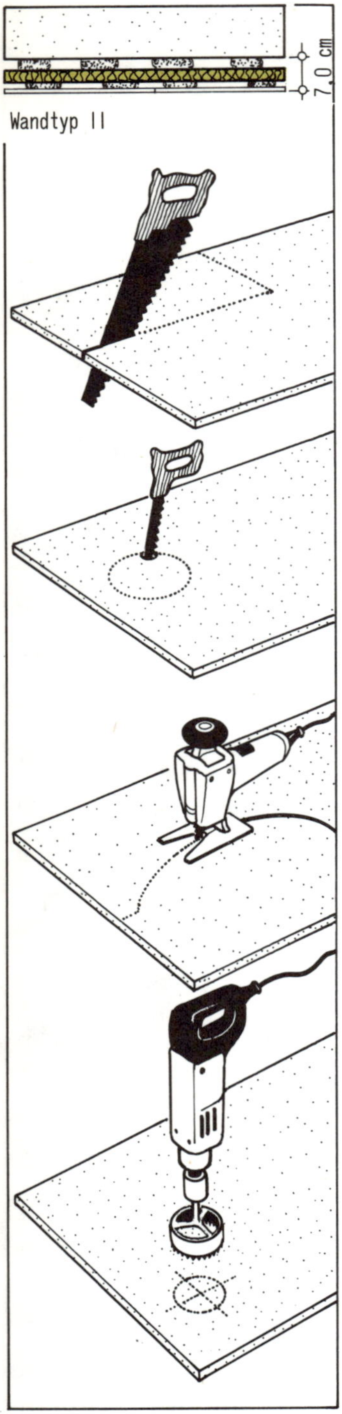

Gipskartonplatten werden folgendermaßen bearbeitet:

10 Die elfenbeinfarbige Kartonseite schneidet man entlang eines Stahllineals mit einem scharfen Messer.

11 Die Platte wird flach mit dem abzutrennenden Teil über den Rand des Arbeitstisches oder auf einen Plattenstapel gelegt. Dann mit einem Schlag brechen.

12 Dann die Platte umdrehen und auf ihrer rückseitigen grauen Kartonoberfläche mit einem zweiten Schnitt trennen. Bei runden Öffnungen mit größeren Durchmessern die Platten mit dem Spiralbohrer durchbohren und mit der Stichsäge die Form ausschneiden. Steckdosen- und Lichtschalteröffnungen können mit einem Kreiselschneider ausgespart werden.

13 Die geschnittenen Gipskartonplatten werden an der Kante schräg gehobelt.

14 Man kann die obere Pappschicht auch etwa 2 cm breit abziehen.

15 Die Kanten der Gipskartonplatten wurden deshalb schräg gehobelt, um die Fugen besser zuspachteln zu können. Der Gipsmörtel wird mit der Traufel in die Fugen gedrückt.

16 In den noch feuchten Fugengipsmörtel drücken Sie den Glasvliesstreifen als Bewehrung ein. Nach dem Abbinden des Gipses wird die Fläche nochmals gespachtelt und geschliffen, so daß die Fugen nicht mehr zu sehen sind.

17 An den Ecken verfahren Sie in ähnlicher Weise. Auch hier muß ein Bewehrungsstreifen über die Gipskartonwand und die angrenzende Wand gesetzt werden. Ein Eckspachtel erleichtert die Arbeit.

18 Die so vorbereitete Wandfläche ist geeignet, einen Anstrich oder Tapeten aufzunehmen. Die Wandfläche muß vorher mit Tiefgrund (beispielsweise von Caparol) gestrichen werden.
Übrigens: Bei größeren Wandflächen lassen sich Querfugen meist nicht vermeiden. Querfugen müssen stets versetzt angeordnet werden und möglichst weit von der Mitte der zu verkleidenden Fläche entfernt sein.

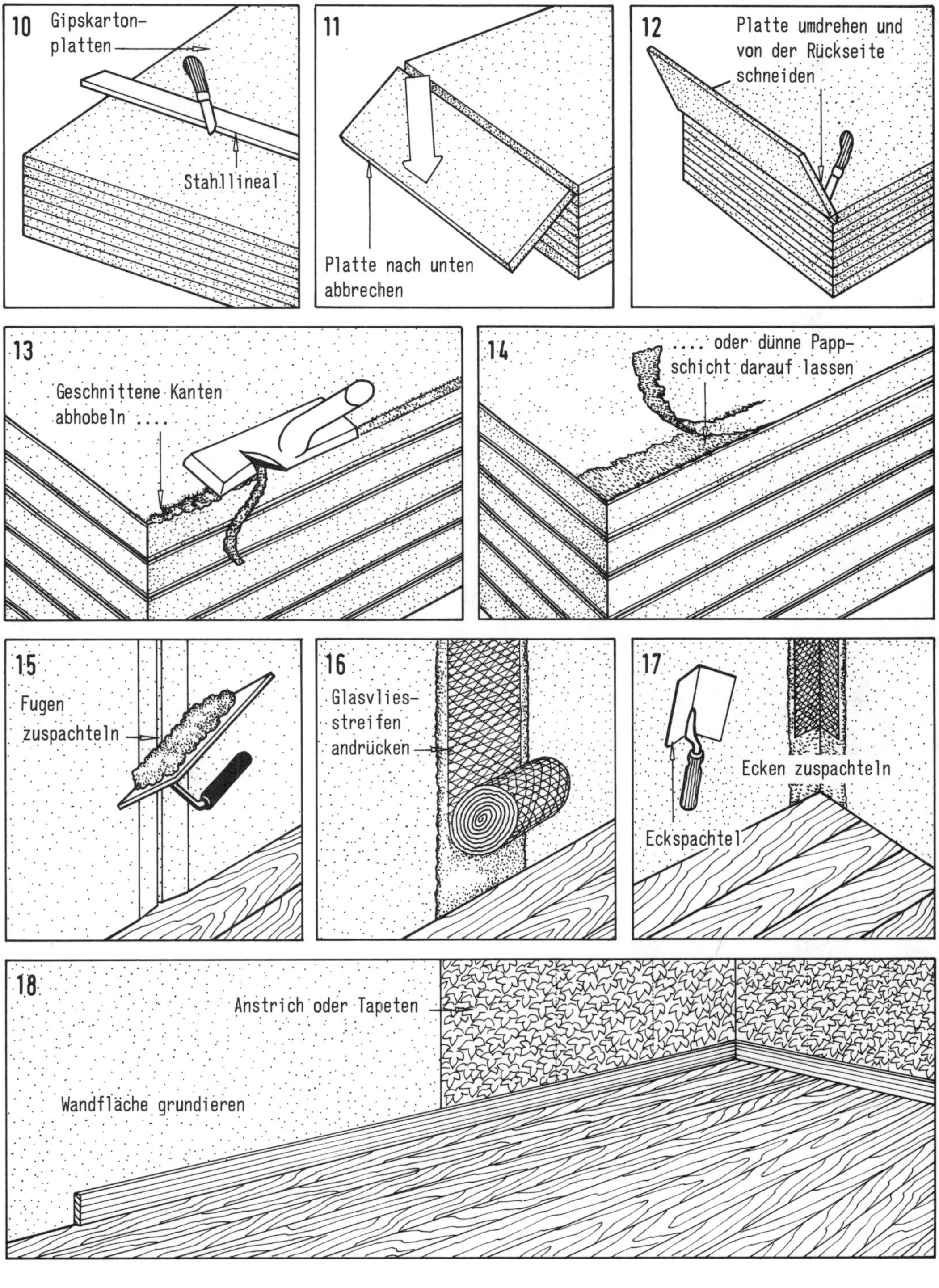
10
Gipskarton-
platten
Stahllineal
11
Platte nach unten
abbrechen
12
Platte umdrehen und
von der Rückseite
schneiden
13
Geschnittene Kanten
abhobeln ....
14
.... oder dünne Papp-
schicht darauf lassen
15
Fugen
zuspachteln
16
Glasvlies-
streifen
andrücken
17
Ecken zuspachteln
Eckspachtel
18
Anstrich oder Tapeten
Wandfläche grundieren

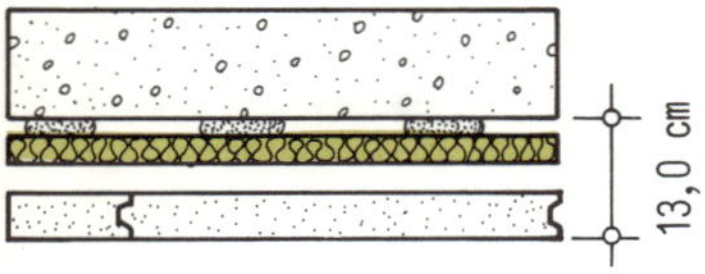

Wandtyp III

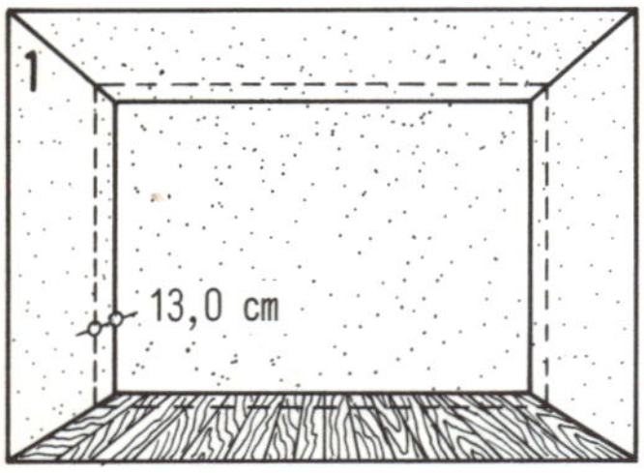

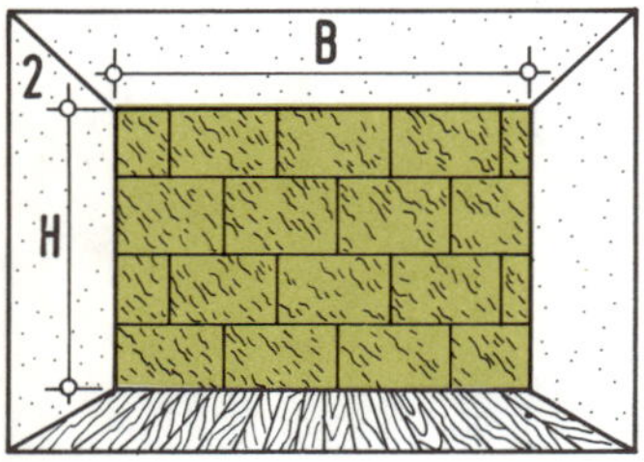

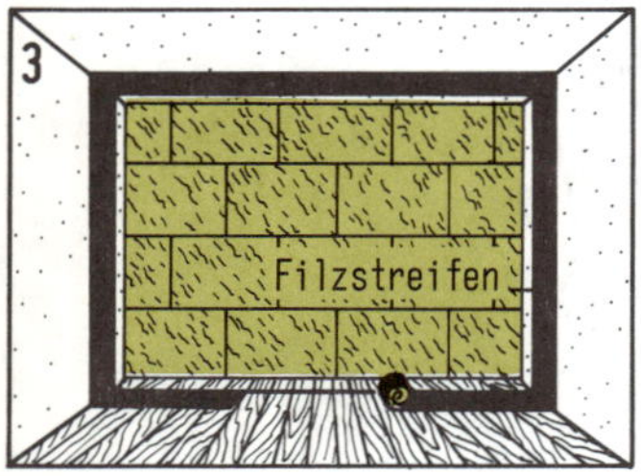

4

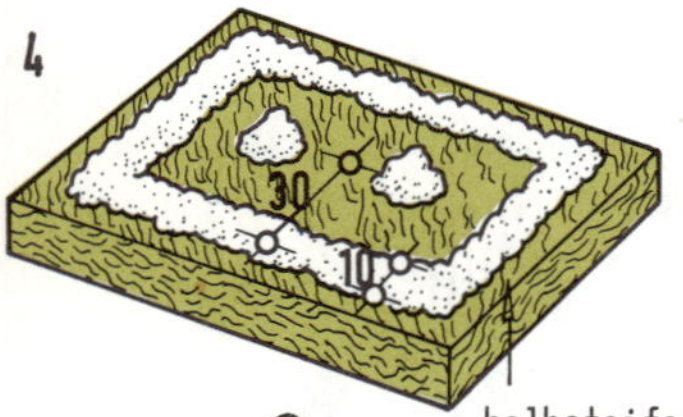

5

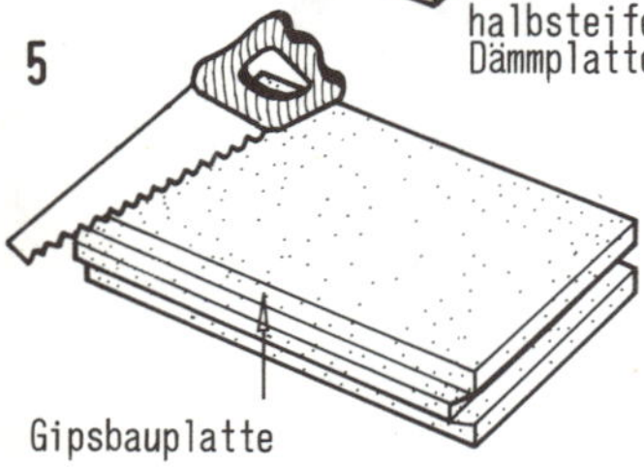

Bauphasen Wandtyp III

Die Schallschutzwand aus Gipsbauplatten ist wegen ihres Gewichtes besonders gut. Die Decke, auf die sie gestellt wird, muß aber die Belastung aufnehmen können. Sollten Sie sich für diesen Wandtyp entscheiden, so ist es ratsam, einen Statiker zu befragen.

1 Im Abstand von etwa 13 cm setzen Sie an den beiden seitlichen Wänden einen Lotriß und verbinden jeweils die oberen und unteren Punkte.

2 Um den Materialbedarf bestimmen zu können, ist es erforderlich, die Länge und Breite der Wand zu messen.

3 Der Dämmstreifen für den elastischen Randanschluß kann aus Bitumenfilz- oder Mineralfaserplatten bestehen. Den Streifen mit Gipsansetzmörtel an den Wänden und an der Decke festsetzen.

4 Als Dämmaterial eignet sich von Rockwool die Dämmatte RPV. Die Platten werden mit Gipsmörtel an die bestehende Wand angesetzt. Stoß- und Lagerfugen müssen dicht zusammenliegen. Mit einem langen Brett drückt man diese Platten fest gegen das Mauerwerk.

5 Die Gipsbauplatten haben verschiedene Dicken, sie liegen zwischen 60 und 100 mm, die Länge beträgt 66,5, die Höhe 50 cm. Drei Platten werden pro Quadratmeter verarbeitet. Die Platten haben an einer langen und einer kurzen Stoßfläche Nuten und an den gegenüberliegenden Federn.

6 Ist der Fußboden sehr uneben, muß er ausgeglichen werden. Dazu dient eine Gipsmörtelschicht.

7 Vor dem Ansetzen der ersten Gipsbauplattenreihe muß die Feder abgesägt werden. Die Platten sind so zu verarbeiten, daß die Nut nach oben zeigt. Hierdurch erleichtern Sie sich das Einbringen des Fugengipses. An den seitlichen Wänden richten Sie je ein Brett aus.

8 Hier zeigen wir den gesamten Aufbau der Gipsbauplattenwand. Das Vermauern der Gipsbauplatten ist wegen der Nuten und Federn recht einfach.

7

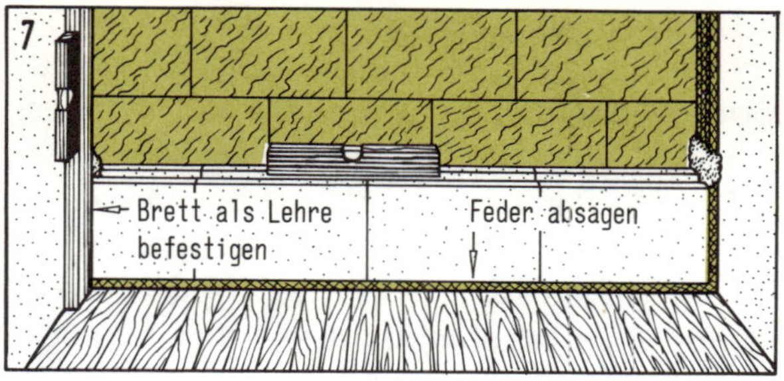
Brett als Lehre
befestigen
Feder absägen

6

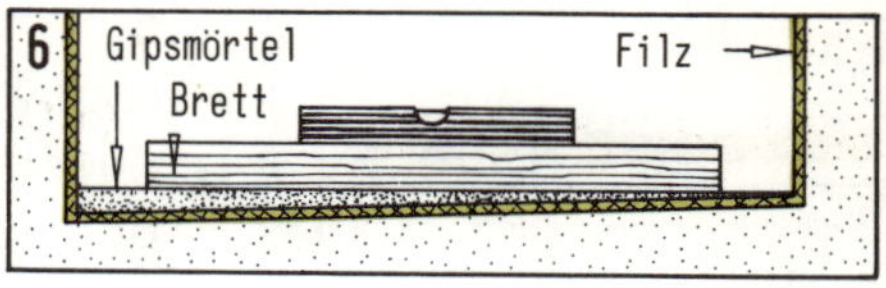
Gipsmörtel
Brett
Filz

8

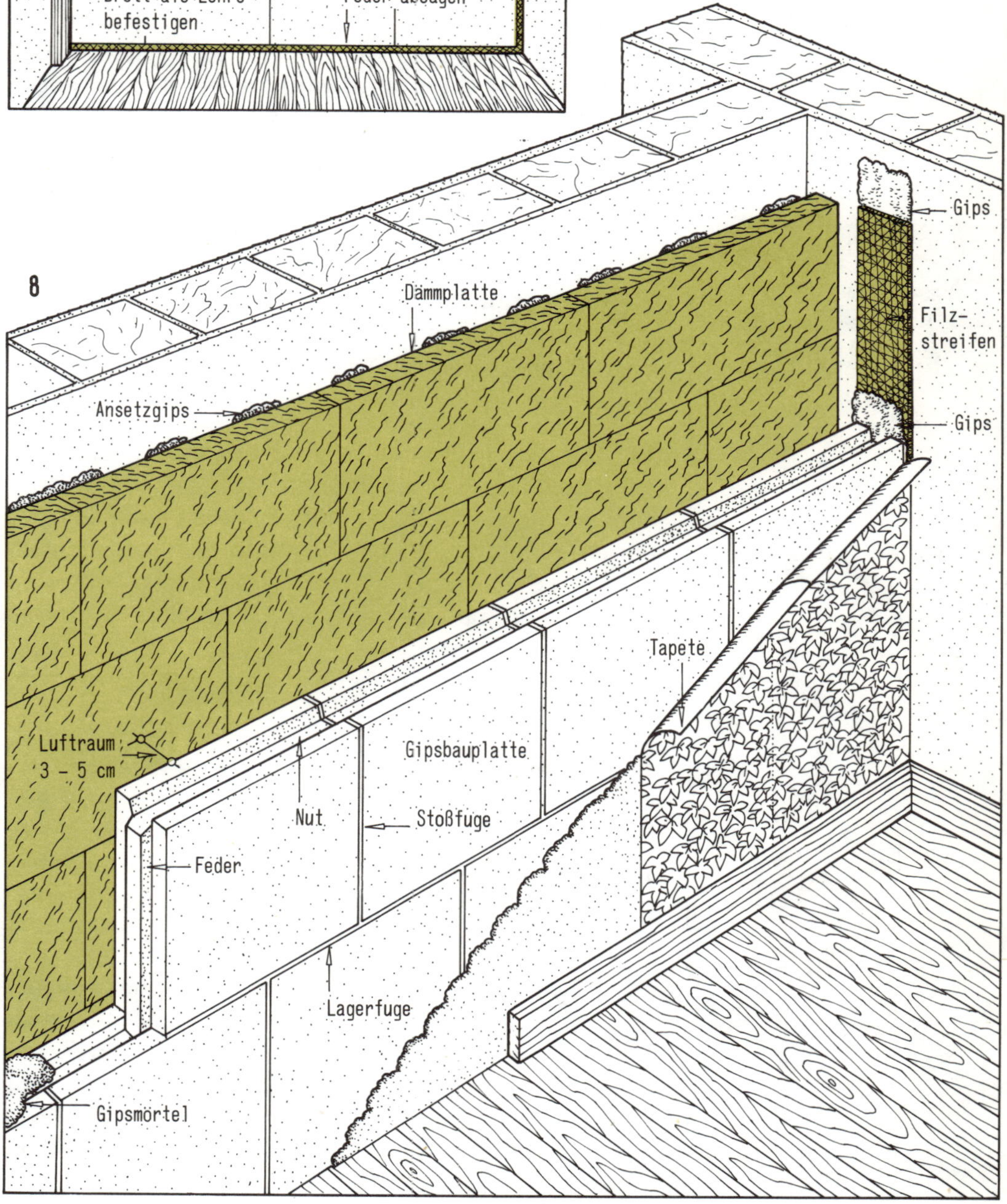
Dämmplatte
Gips
Filz-
streifen
Gips
Ansetzgips
Tapete
Luftraum
3 - 5 cm
Gipsbauplatte
Nut
Stoßfuge
Feder
Lagerfuge
Gipsmörtel

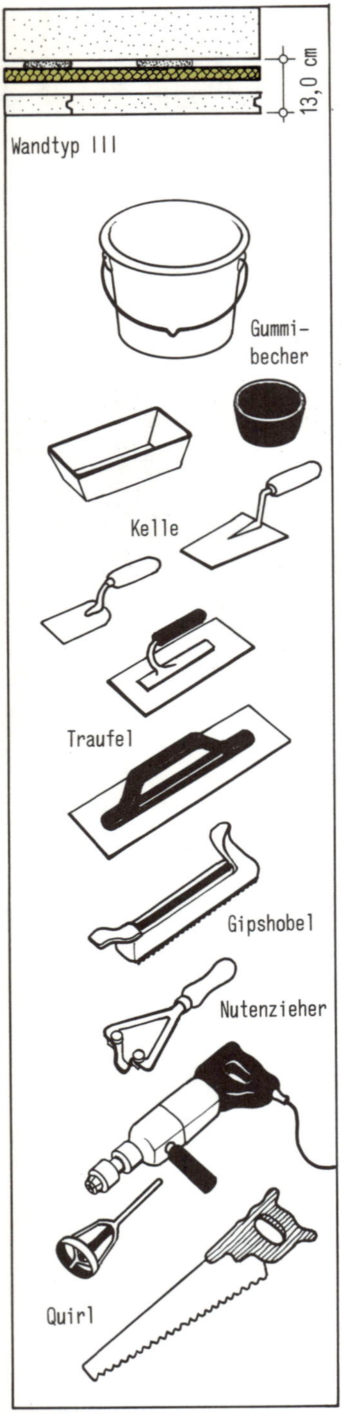

9 bis **11** Die Gipsbauplatten werden, wie bereits gesagt, mit der Nut nach oben verarbeitet. Sie bringen den Fugenmörtel mit der Kelle auf, setzen die nächste Gipsbauplatte hin und schieben diese gegen die bereits stehende an. Der Fugenmörtel muß dabei über die Platten hinausquellen. Nur so ist gewährleistet, daß in den Stoß- und Lagerfugen keine Luftlöcher entstehen. Der überquellende Gipsmörtel wird mit der Traufel abgenommen. Die Platten sind ebenso wie die Dämmschicht im Verband zu versetzen. Paßstücke mit der Säge zuschneiden.

12 Die Gipsbauplatten müssen auch an der Decke elastisch anschließen. Die letzte Gipsbauplattenreihe wird schräg geschnitten, so daß in dieser Fuge der Fugenmörtel eingedrückt werden kann. Diese Abschrägung muß 30 mm betragen. Der Filzstreifen wird vorher eingeschoben.

13 Die Wand wird nicht verputzt. Mit Gips verspachtelte Schlitze, Beschädigungen, Unebenheiten oder auch vorstehender Fugenmörtel werden nach dem Erhärten planeben abgestoßen und nachgespachtelt. Möchten Sie eine schattenfreie Wandfläche haben, so ist die Wand mit einer dünnen Glättschicht (zum Beispiel aus Spachtelgips oder einer Mischung von Stuckgips mit Fugengips im Verhältnis 1 : 1 bis maximal 3 : 1) zu überziehen.

14 Die fertige Schallschutzwand können Sie nach Belieben mit Binderfarbe streichen oder tapezieren. Beim Tapezieren ist es ratsam, die Wand vorher mit einem Tapetenablöser zu grundieren. Durch diese Grundierung lassen sich die Tapetenbahnen später leicht ablösen.

15 Die Aussparungen für Rohrleitungen, Elektrokabel und Dosen können Sie fräsen, sägen oder mit einem Nutenzieher in die Gipsplattenwand einschneiden. Auf keinen Fall dürfen Sie die Schlitze einstemmen. Zum Einfräsen der Elektrodosen gibt es Dosenfräser, die in alle handelsüblichen Bohrmaschinen eingespannt werden können.

9
Gips aufgeben

10
Gipsbauplatte aufsetzen
und anschieben

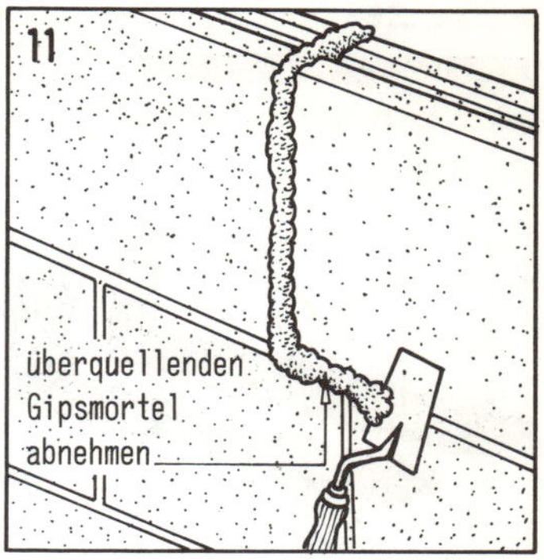
11
überquellenden
Gipsmörtel
abnehmen

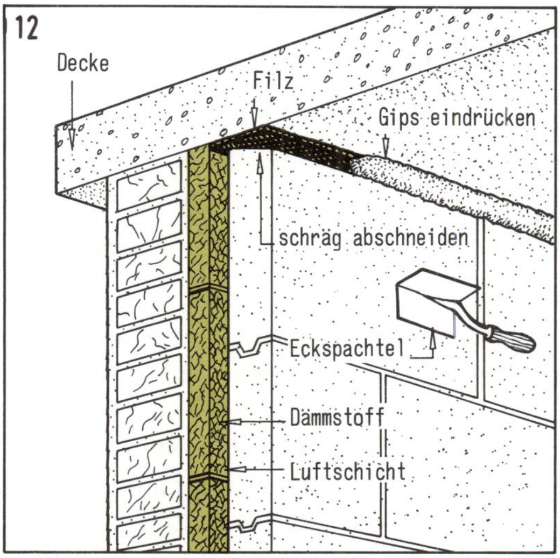
12
Decke
Filz
Gips eindrücken
schräg abschneiden
Eckspachtel
Dämmstoff
Luftschicht

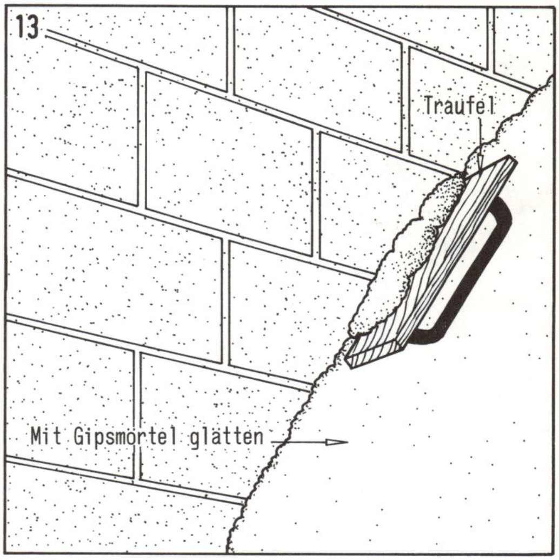
13
Traufel
Mit Gipsmörtel glätten

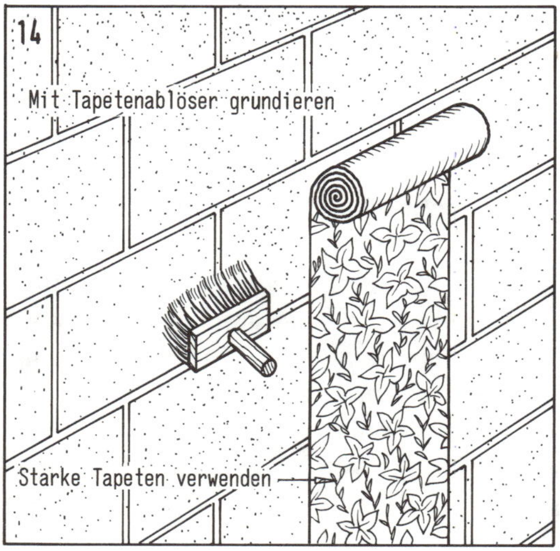
14
Mit Tapetenablöser grundieren
Starke Tapeten verwenden

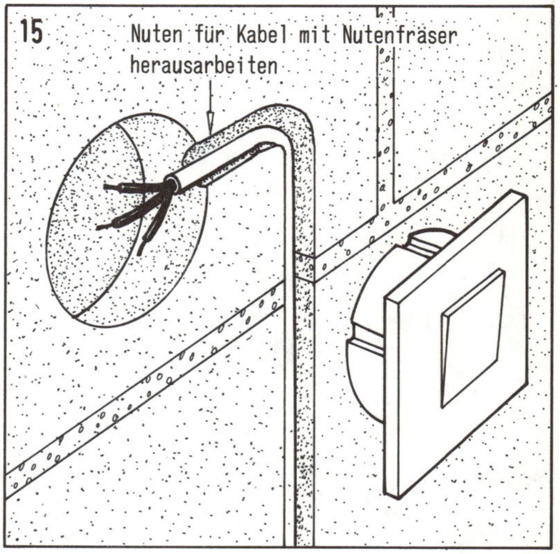
15
Nuten für Kabel mit Nutenfräser
herausarbeiten

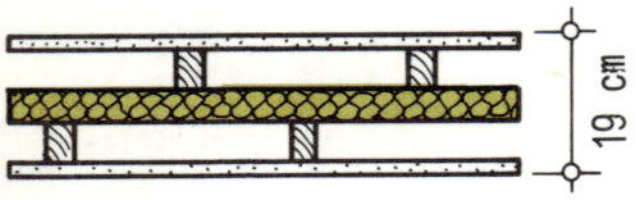

Wandtyp IV

1

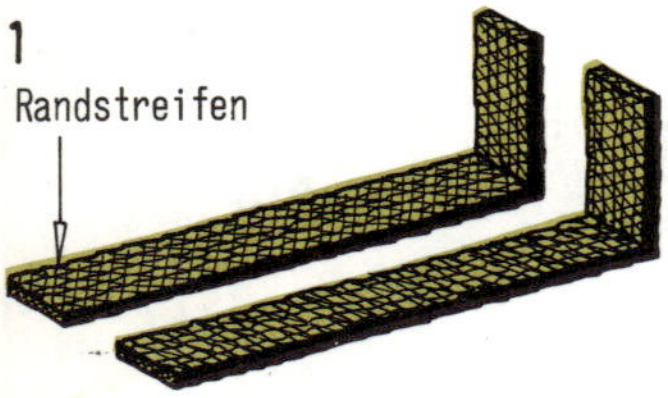

2

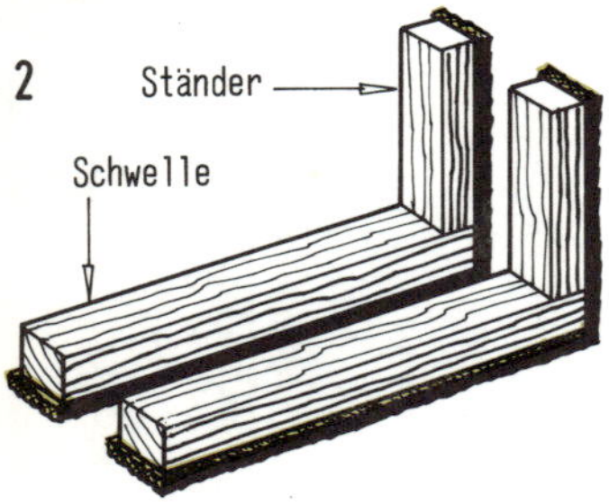

3

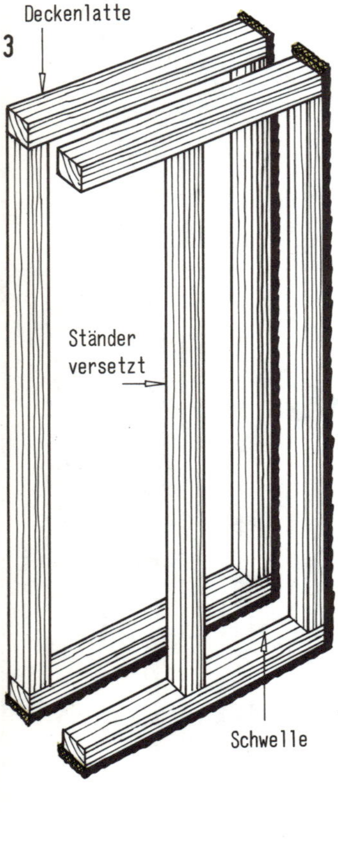

Bauphasen Wandtyp IV

Die vierte Wand ist keine Vorsatzwand, sondern eine leichte Zwischenwand, die aus zwei Schalen besteht.

1 Beide Schalen bekommen einen einwandfreien elastischen Wandanschluß. Dies erreichen Sie mit Randstreifen aus Glasfasermatten.

2 Stützen und Schwellen bestehen aus Kanthölzern mit den Abmessungen 6 mal 8 cm. Die Stützen des Doppelständerwerkes werden versetzt angeordnet. Der Abstand zwischen den Deckplatten (zum Beispiel Gipsplatten) muß mindestens 15 cm betragen.

3 Die Abstände zwischen den Stützen einer Schalenseite betragen 62,5 cm. Größere Abstände sollten Sie nicht wählen, da die Gipskartonplatten sonst leicht durchbiegen könnten.

4 Auf dem Fußboden legen Sie den Randdämmstreifen aus, auf dem die Schwellen befestigt werden. Kritisch sind die jeweiligen Befestigungspunkte der Hölzer mit den angrenzenden Flächen. Aus diesem Grunde schlagen wir Ihnen eine Befestigungsmöglichkeit vor, die Schallbrücken weitgehend ausschließt. Hierzu ist es erforderlich, die Randhölzer mit einem etwa 8-mm-Bohrer vorzubohren. Die Holzschraube sollte einen Durchmesser von etwa nur 5 mm haben. Unter den Schraubenkopf legen Sie eine Unterlegscheibe und ein Gummiplättchen. Die Schrauben halten so die Randhölzer fest, ohne eine starre Verbindung zu dem Holz zu haben. Die Stützen schneiden Sie rechtwinklig ab, so daß sie »stramm« zwischen das obere und untere Schwellholz passen. Sie werden versetzt und seitlich mit Stahlblechwinkeln an die waagerechten Hölzer angeschraubt oder angenagelt. Halten Sie das Senkblei neben den Ständer und prüfen Sie das Lot. Wenn das Holzständerwerk steht, können in den Zwischenraum die Dämmatten eingesetzt werden. Als Dämmstoff eignet sich beispielsweise Isover 320 (von Grünzweig und Hartmann).

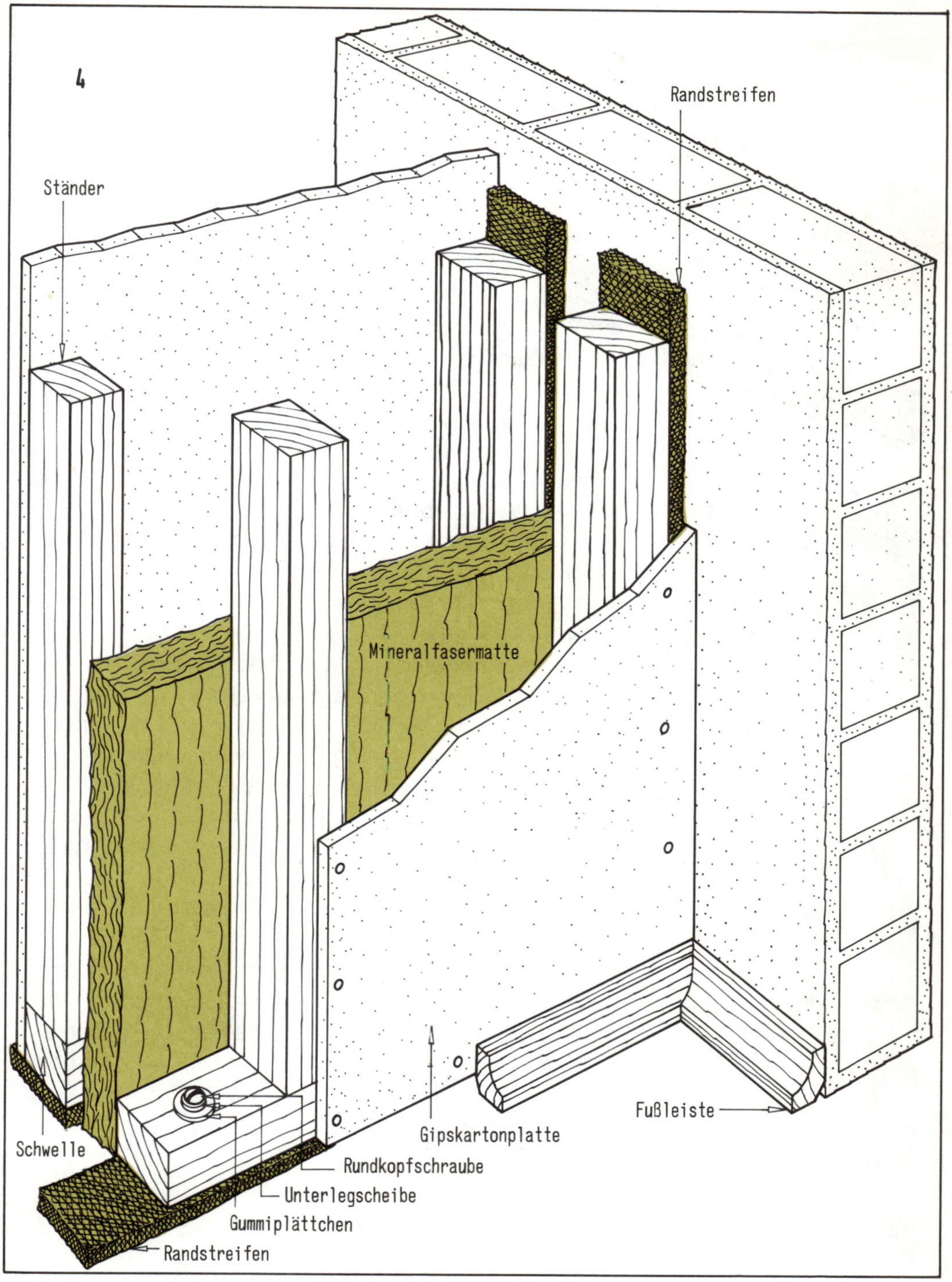
4
Randstreifen
Ständer
Mineralfasermatte
Schwelle
Gipskartonplatte
Fußleiste
Rundkopfschraube
Unterlegscheibe
Gummiplättchen
Randstreifen

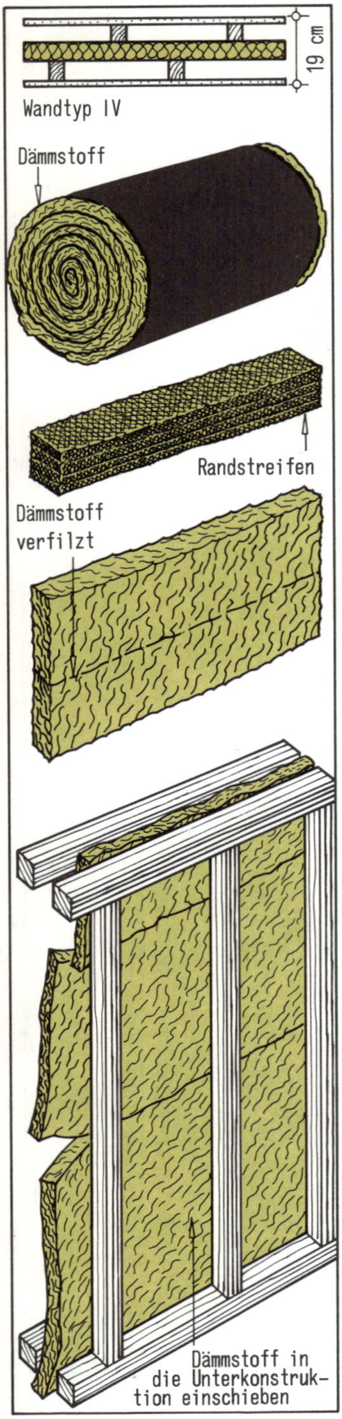

Der Dämmstoff wird in 1,2 m breiten Rollen geliefert. In der Regel wird die Deckenhöhe nicht mit zwei Bahnbreiten übereinstimmen. Das zur Decke verbleibende Restmaß schneiden Sie am besten zu, indem Sie die Rolle mit dem Fuchsschwanz durchtrennen. In den jeweiligen Lagerfugen braucht der Dämmfilz nicht verklebt zu werden, da sich das Fasermaterial von selbst verfilzt.

Bei der Verarbeitung der Gipskartonplatten ist noch folgendes zu bedenken: Sie dürfen nicht »knirsch« an der Wand sitzen. Der Randdämmstreifen muß noch zwischen Wand und Gipskartonplatte zu sehen sein. Zur Befestigung der Gipskartonplatten sind Schraubnägel oder verzinkte Spezialnägel mit Hohlkopf verfügbar. Die Hohlkopfnägel müssen verzinkt sein, damit sich später keine Roststellen abzeichnen. Der Hohlkopf gewährleistet eine gute Verspachtelung. Bei geschnittenen Kanten sollte der Randabstand mindestens 15 mm betragen.

Beim Nageln der Platten arbeitet man stets von der Plattenmitte ausgehend zu den Kanten. Außerdem sollten Sie bei den senkrechten Wandflächen möglichst hoch in der Mitte die ersten Nägel ansetzen.

Man kann auch Schrauben für die Befestigung der Gipskartonplatten wählen. Denn während des Nagelns erschwert das Federn der Latten die Montage. Durch Erschütterungen können sich auch die tragenden Latten lösen. Zu empfehlen sind Schnellbauschrauben (Hersteller Knieping), die durch einen galvanisch aufgebrachten Phosphatüberzug mit spezieller Nachbehandlung korrosionsgeschützt sind.

Wer es sich leisten kann, verwendet am besten einen elektrischen Schraubbohrer, der die Schrauben automatisch in die passende Tiefe einsenkt. Die maximalen Schraubabstände sind größer als die erforderlichen Nagelabstände, so daß für das Verschrauben kaum mehr Arbeitszeit als zum Nageln erforderlich ist.

Decke und Fußboden

Die richtige Konstruktion einer Decke besteht aus drei Teilen. Erstens: der tragenden Konstruktion (das ist die eigentliche Decke), zweitens: darüber dem schwimmenden Estrich, drittens: dem Fußboden.
Eine Schallübertragung von Raum zu Raum läßt auf Fehler in einem oder mehreren der drei Teile schließen. Es kommt vor, daß der Beton einer Stahlbetondecke keinen homogenen Aufbau besitzt oder das Mindestgewicht von 350 kg pro Quadratmeter nicht erreicht. Der schwimmende Estrich stellt ein besonders heikles Problem dar. Er ist ja eigentlich eine zweite schwebende oder schwimmende Decke über der tragenden Konstruktion. Zum Schwimmen kommt der Estrich dadurch, daß er unten und an den Seiten ein Bett aus Dämmaterial erhält. Diese komplizierte Manipulation ist nur aus schalltechnischen Gründen notwendig, denn der Trittschall darf nicht vom Estrich auf Wände und Deckenkonstruktionen übertragen werden. Neben Schallbrücken zwischen Estrich und Decke sind Deckendurchbrüche eine häufige Fehlerquelle.
Auch beim Fußbodeneinbau (Holzdielen, Parkett, Steinplatten, PVC) treten Fehler auf. Wer es ganz richtig machen will, muß zwischen Fußbodenmaterial und Wand eine Fuge von 1 bis 1,5 cm einbauen oder den Randdämmstreifen erst nach Einbau des Fußbodens abschneiden. Die Fußleisten, die fest mit der Wand oder dem Bodenbelag verbunden werden, sollten zum jeweiligen anderen Bauteil mit Gummistreifen oder dauerelastischem Kitt abgedichtet werden. Die Aufzählung der Fehlerquellen deutet Ihnen bereits die Möglichkeiten der Verbesserung des Schallschutzes von Decken an:

1. Erhöhung des Eigengewichts der Decken (oft bei Holzbalkendecken erforderlich).
2. Erneuerung oder erneuter Einbau eines schwimmenden Estrichs über dem Fußboden.
3. Erneuerung der Fuge zwischen Fußboden und Wand.
4. Sonderfall: Luftschallbekämpfung durch Einbau einer abgehängten Decke.

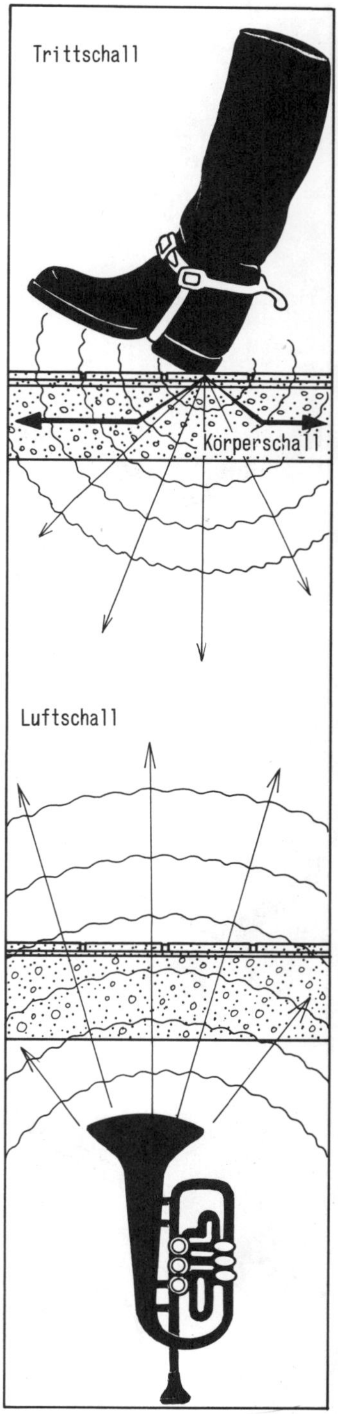

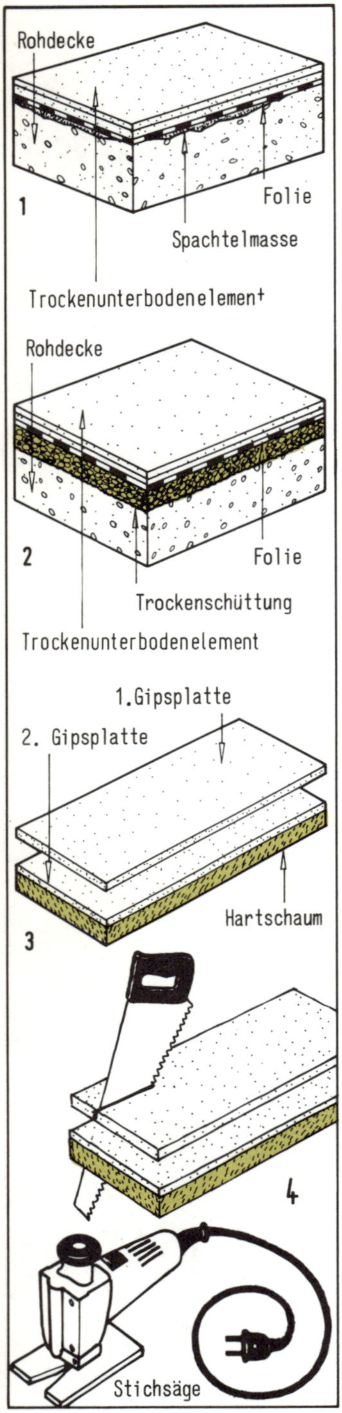

Schwimmender Estrich

Bei ungenügender Trittschalldämmung der Decken ist es meist nicht möglich, die Fehlerquelle zu entdecken. Deshalb bleibt nichts anderes übrig, als den Estrich zu erneuern. Bedenken Sie, daß der Estrich samt »Schwimmunterlage« eine bestimmte Höhe aufweist. Alle Türen und anschließenden Fußböden stellen für die Erhöhung der Fußbodenoberkante ein Problem dar. Gottseidank braucht man heute wenigstens keinen »nassen« Zementestrich mehr. Der Baumarkt bietet den sogenannten Trockenunterboden an.

1 Geringe Unebenheiten der Decke bis zu 2 cm werden mit Spachtelmasse ausgeglichen.

2 Zum Trockenausgleich bei Höhen über 2 cm und bei sehr unebenem Fußboden können Sie mit einer Trokkenschüttung (von Knauf) in der Körnung 1 bis 4 mm arbeiten. Ein Nachverdichten ist nicht nötig. Zwischen Decke und Estrich oder zwischen Decke und Schüttung wird eine Polyäthylenfolie eingelegt.

3 Das Knauf-Trockenunterboden-Verbundelement (F 141) besteht aus drei miteinander verklebten Knauf-Platten, die 8 mm dick sind und eine Nut- und Federkante aufweisen. Darunter ist 2 cm beziehungsweise 3 cm dicker Polystyrol-Hartschaum geklebt.

4 Beim Wandanschluß muß die überstehende Feder mit der Stichsäge oder dem Fuchsschwanz abgeschnitten werden. Paßstücke werden auf die gleiche Weise zugeschnitten.

5 Unebenheiten ausspachteln. Die Polyäthylenfolie mit mindestens 20 cm Überlappung verlegen und etwa 10 cm an den Wänden hochziehen.

6 Die Trockenschüttung von der Tür aus beginnen. Ausgleichlatten auslegen und waagerecht ausgleichen. Die Trockenschüttung kann mit Laufbohlen sofort begangen werden. Die Trockenunterbodenelemente werden in den Nut- und Federbereichen verklebt. Anschließend mit Hafttiefgrund grundieren.

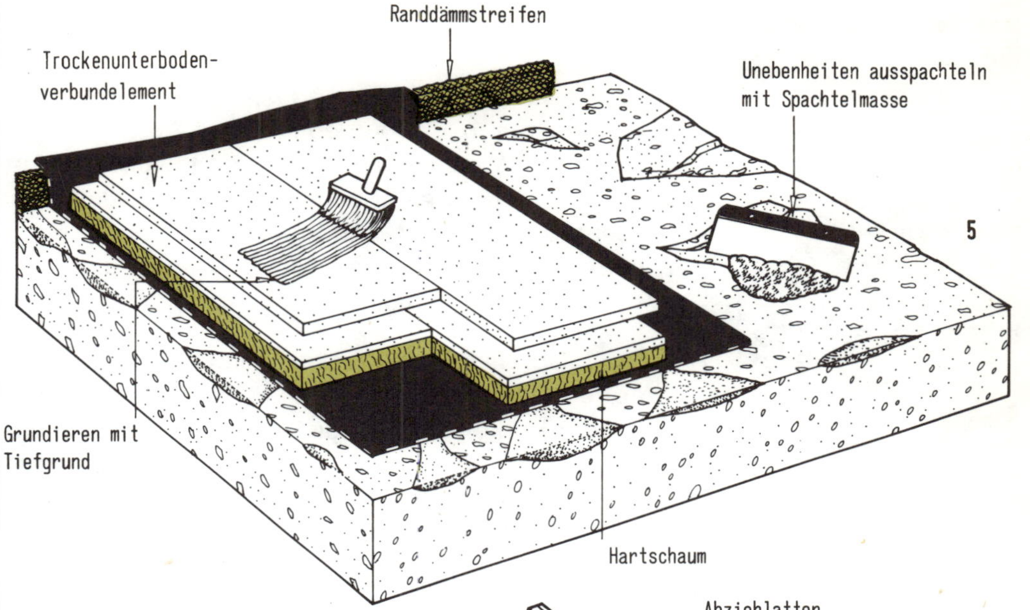

Randdämmstreifen
Trockenunterboden-
verbundelement
Unebenheiten ausspachteln
mit Spachtelmasse
5
Grundieren mit
Tiefgrund
Hartschaum

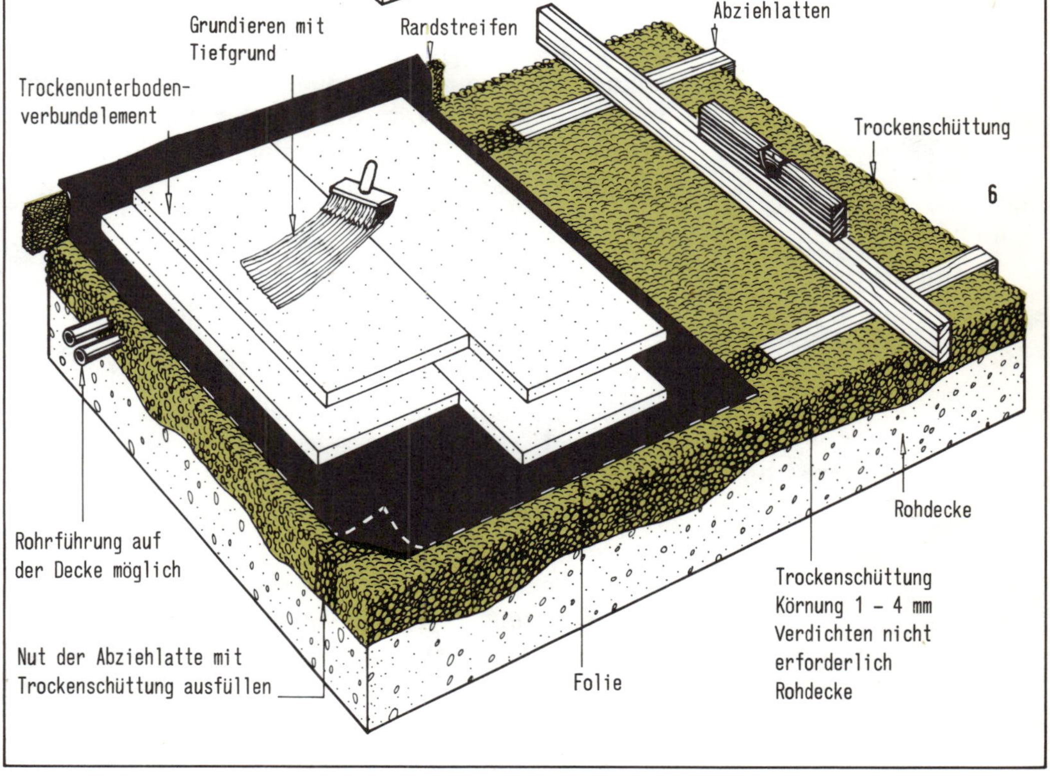

Grundieren mit
Tiefgrund
Randstreifen
Abziehlatten
Trockenunterboden-
verbundelement
Trockenschüttung
6
Rohrführung auf
der Decke möglich
Rohdecke
Trockenschüttung
Körnung 1 - 4 mm
Verdichten nicht
erforderlich
Rohdecke
Nut der Abziehlatte mit
Trockenschüttung ausfüllen
Folie

1

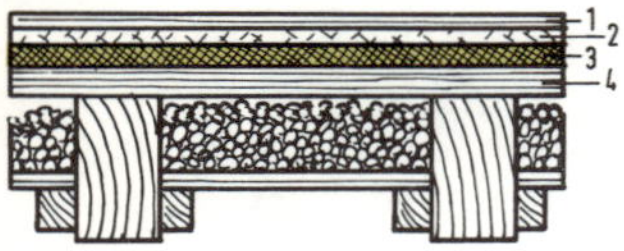

1 Fußbodenbelag
2 Spanplatte
3 Trittschalldämmung
4 Alte Holzdielen

2

1 Fußbodendielen (Parkett)
2 Ausgleichlattung auf Filzstreifen
3 Alte Holzbalkendecke mit Dielen, Fehlboden und Lehm- oder Sandschüttung
4 Dämmstoff
5 Sparschalung, Putzträger, Putz

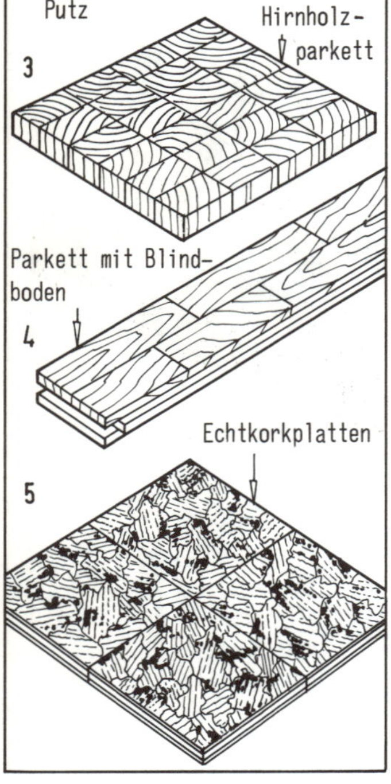

Holzbalkendecke

Zwei Möglichkeiten der Renovierung stellen wir vor:

1 und **2** Erstens die Verbesserung der Trittschalldämmung durch das Verlegen einer 2,5 cm starken Spanplatte als schwimmenden Estrich, wobei die Unterseite der Decke nicht angetastet wird. Zweitens die Verbesserung der Tritt- *und* Luftschalldämmung durch das Einbringen eines »schwimmenden« Fußbodens und einer Vorsatzschale an der Unterseite der Decke.

3 bis **5** Ob Sie Hirnholzparkett (Plattengrößen 50/50) oder Fertigparkettelemente, die es in vielen Holzarten gibt, oder Korkplatten (Größe 30/30 cm und 90/15 cm, auf der Oberseite mit durchsichtigem PVC versiegelt) für den Fußboden wählen, in jedem Fall hätten Sie solide Baustoffe in der Hand.

6 Die ausgetretenen alten Fußbodenbretter werden mit einer Spachtelmasse ausgeglichen. Als Trittschalldämmung eignet sich Bitumenkorkfilz. Die einzelnen Bahnen werden stumpf gestoßen, wobei die 2,5 cm dikken Spanplatten in den Stößen versetzt angeordnet werden müssen. Der Wandabstand muß umlaufend mindestens 1,5 cm betragen.

7 Bei dieser Konstruktion werden zunächst im Balkenabstand Dämmstreifen aus Bitumenfilz ausgelegt, darauf Dachlatten (4 mal 6 cm). Die Latten liegen nur lose auf dem Filz, sie »schwimmen«. Man richtet sie in der Weise aus, daß jeweils die erste und letzte Latte mit der Wasserwaage eingewogen wird. Die Zwischenlatten werden mit einem geraden Brett auf die entsprechende Höhe gebracht. Der Parkettfußboden ist bereits mit einem Blindboden versehen, so daß er wie Hobeldielen verlegt werden kann.
Die Unterdecke bedingt eine von der alten Holzbalkendecke getrennte eigene Balkenkonstruktion, auf die man weiche Dämmstoffbahnen legt. Da der Zwischenraum zwischen den Decken luftdicht abgeschlossen werden muß, ist es nicht ratsam, Holzschalung an der Unterseite anzubringen.

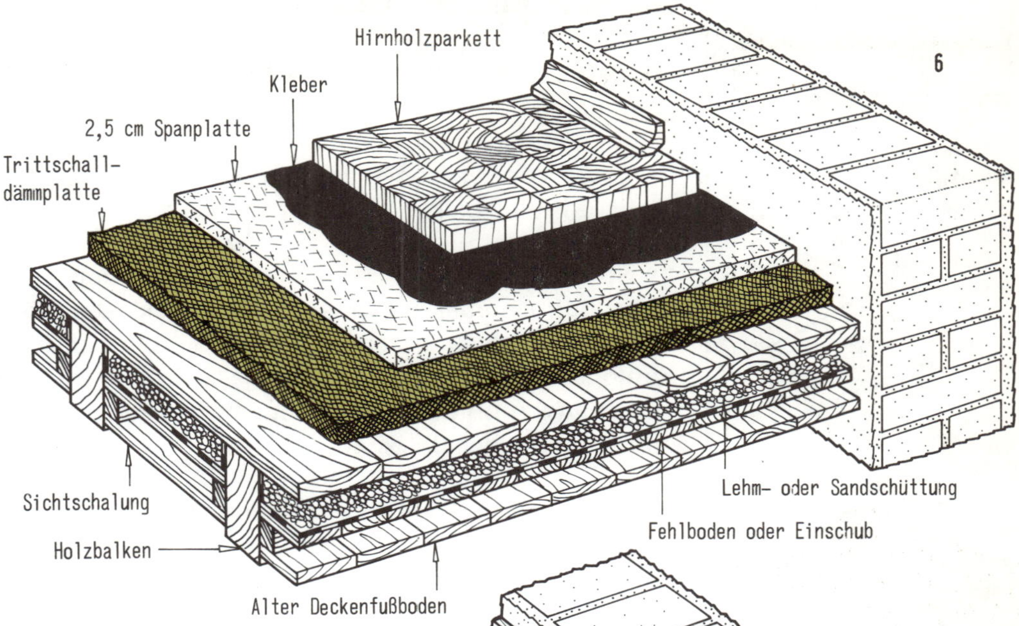
Hirnholzparkett
Kleber
2,5 cm Spanplatte
Trittschall-
dämmplatte
Sichtschalung
Holzbalken
Alter Deckenfußboden
Lehm- oder Sandschüttung
Fehlboden oder Einschub

6

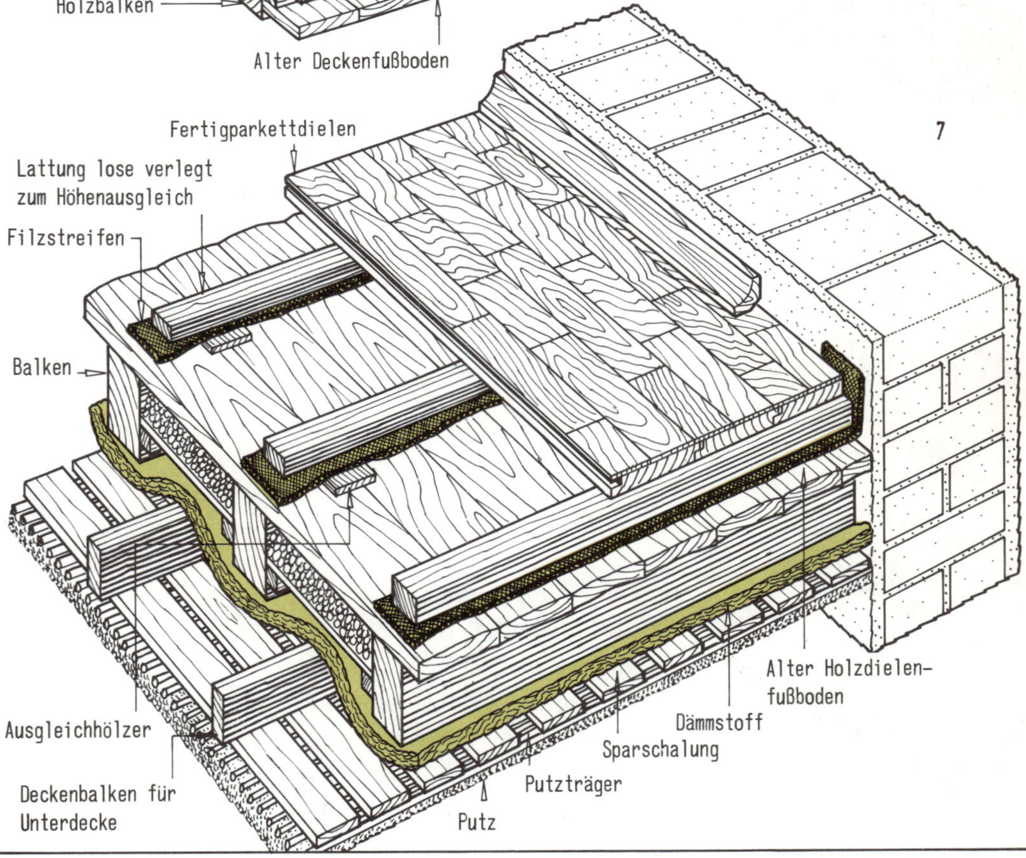
Fertigparkettdielen
Lattung lose verlegt
zum Höhenausgleich
Filzstreifen
Balken
Ausgleichhölzer
Deckenbalken für
Unterdecke
Putz
Putzträger
Sparschalung
Dämmstoff
Alter Holzdielen-
fußboden

7

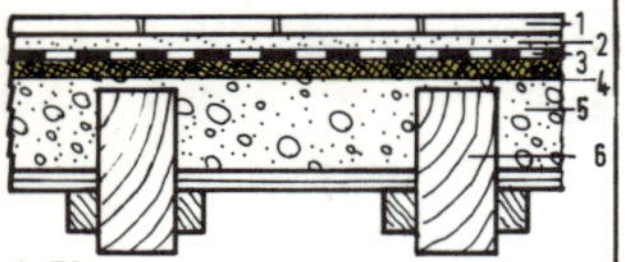

1 Fliesen
2 Mörtelbett
3 Folie
4 Trittschalldämmplatten
5 Fertig-Leichtbeton
6 Deckenbalken

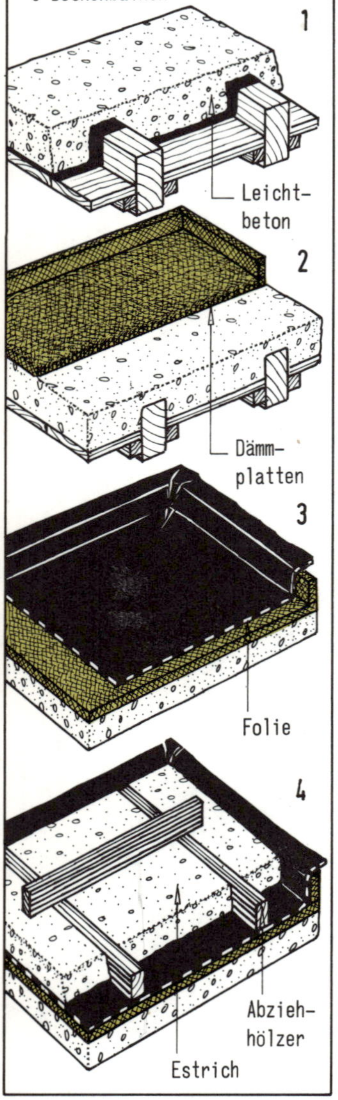

Naßraumfußboden auf Holzbalkendecke

Im Bereich des Naßraums muß der Holzfußboden aufgenommen und durch einen Leichtbetonboden ersetzt werden. Vorsicht! Die Leichtbetonfüllung und eine Badewanne voll Wasser haben ein ziemliches Gewicht. Nicht jede Holzbalkendecke macht das mit.

1 So geht man vor: Der Fehlboden wird mit einer Kunststoffolie oder mit Ölpapier abgedeckt. Die Stöße 10 cm überlappen lassen. Beachten Sie bitte, daß die Fertigbetonmischung (zum Beispiel von Sakret) nicht zu naß angerührt wird, nur erdfeucht! Nach drei bis fünf Tagen bindet der Beton ab.

2 Man hat nun die gleiche Voraussetzung geschaffen wie bei einer Stahlbetondecke: Das heißt, der nun folgende Estrich wird auf Trittschalldämmplatten gegossen. Die Seitenwandberührung des Estrichs muß durch Randstreifen ausgeschlossen werden.

3 Eine Folie wird über die ganze Fläche gelegt. Sie können Kunststoffolien verwenden, die sonst für die Dachdichtung eingesetzt werden (beispielsweise Rhenophol von Braas). Die Stöße der Bahn müssen sorgfältig miteinander verklebt werden. Gleichzeitig mit dem Einbringen des Estrichs können die Bodenfliesen verlegt werden.

4 Der Estrich-Zementmörtel wird hierzu provisorisch mit der Schaufel einplaniert. In der entsprechenden Höhe werden Kanthölzer eingeschüttet, die das Abziehen des Estrichs erleichtern.

5 Die Spaltplatten oder Bodenfliesen werden auf den Estrich aufgelegt und durch leichtes Anklopfen verfestigt.

Man beachte: Fußboden und Wand dürfen sich nicht berühren. Die Trennungsfuge wird mit dauerelastischem Kitt gedichtet. Übrigens: Wer den Estrich sehr glatt bekommt, kann Fliesen auch mit Dünnbettkleber aufkleben.

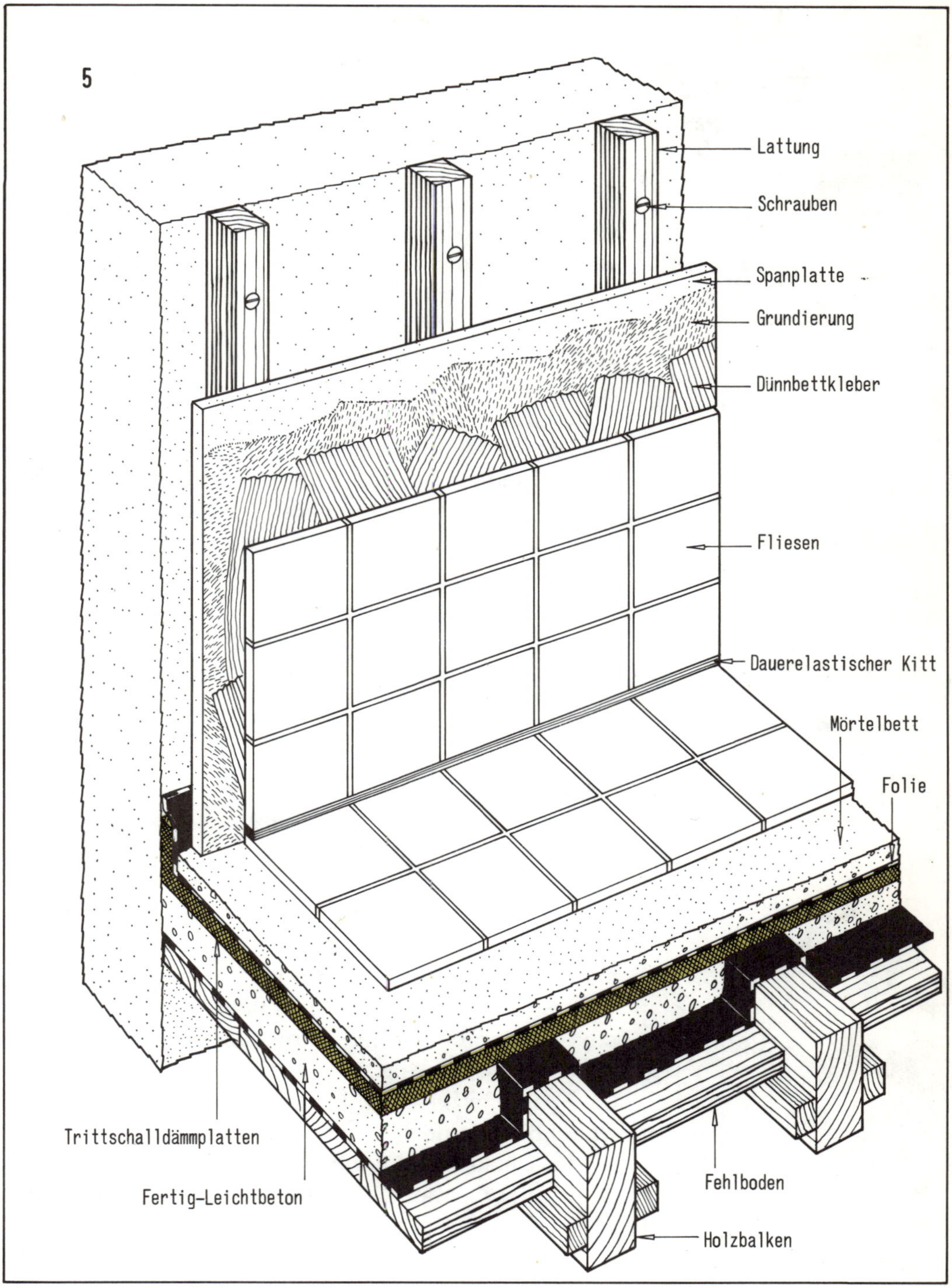
5
Lattung
Schrauben
Spanplatte
Grundierung
Dünnbettkleber
Fliesen
Dauerelastischer Kitt
Mörtelbett
Folie
Trittschalldämmplatten
Fertig-Leichtbeton
Fehlboden
Holzbalken

Abgehängte Decke

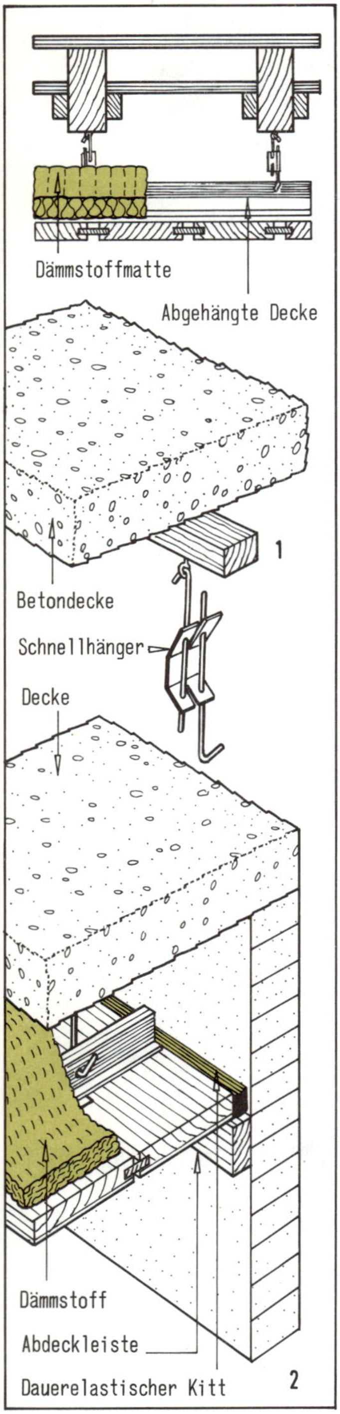

Eine Vorsatzschale an der Decke bietet die Möglichkeit, darüberliegende Räume gegen Luftschall zu dämmen.

1 Bei Stahlbetondecken werden an die Decke Holzplatten in der Stärke 3 mal 4 cm angedübelt. Der Abstand der Holzlatten untereinander beträgt 1 m. An sie werden sogenannte Schnellhänger gehängt.

2 Die Schnellhänger sind stufenlos in der Höhe justierbar. An die unteren Haken kommt die Unterdecke.

3 Mit dem Schnellhänger lassen sich unterschiedliche Deckenhöhen ausgleichen. Als Unterkonstruktion für die Deckenpaneele kann man vorgefertigte Montageträger verwenden. Zur genauen waagerechten Einrichtung des ersten Montageträgers beginnen Sie unmittelbar an einer seitlich anschließenden Wand. Mit einer Schnur richten Sie den auf der anderen Wandseite hängenden Montageträger ein. Die dazwischen liegenden Träger werden nach diesen beiden äußeren Montageträgern ausgerichtet. Zur Verbesserung der Luftschalldämpfung wird über die Montageträger eine Filzmatte gelegt.
Die Paneelbretter, die einen dichten Deckenabschluß gewährleisten, werden mit Steckabstandskrallen befestigt, brauchen also nicht genagelt zu werden. Die Länge der Bretter soll die Raumbreite minus 3 cm betragen. Der seitliche Randabschluß kann als Schattenfuge offengelassen werden. Wichtig ist dann allerdings, daß der Dämmstoff, den Sie bereits eingebaut haben, ganz an das bestehende Mauerwerk anschließt. Sollte die Schattenfuge stören, können Sie die Fugen mit einem elastischen Kitt dichten.
Die Fugenmasse wird durch eine Deckleiste abgedeckt, wobei die Deckleiste nach Möglichkeit keinen Kontakt zu der Deckenverkleidung haben sollte. Ein Schaumstoff- oder Gummistreifen leistet hierfür gute Dienste.

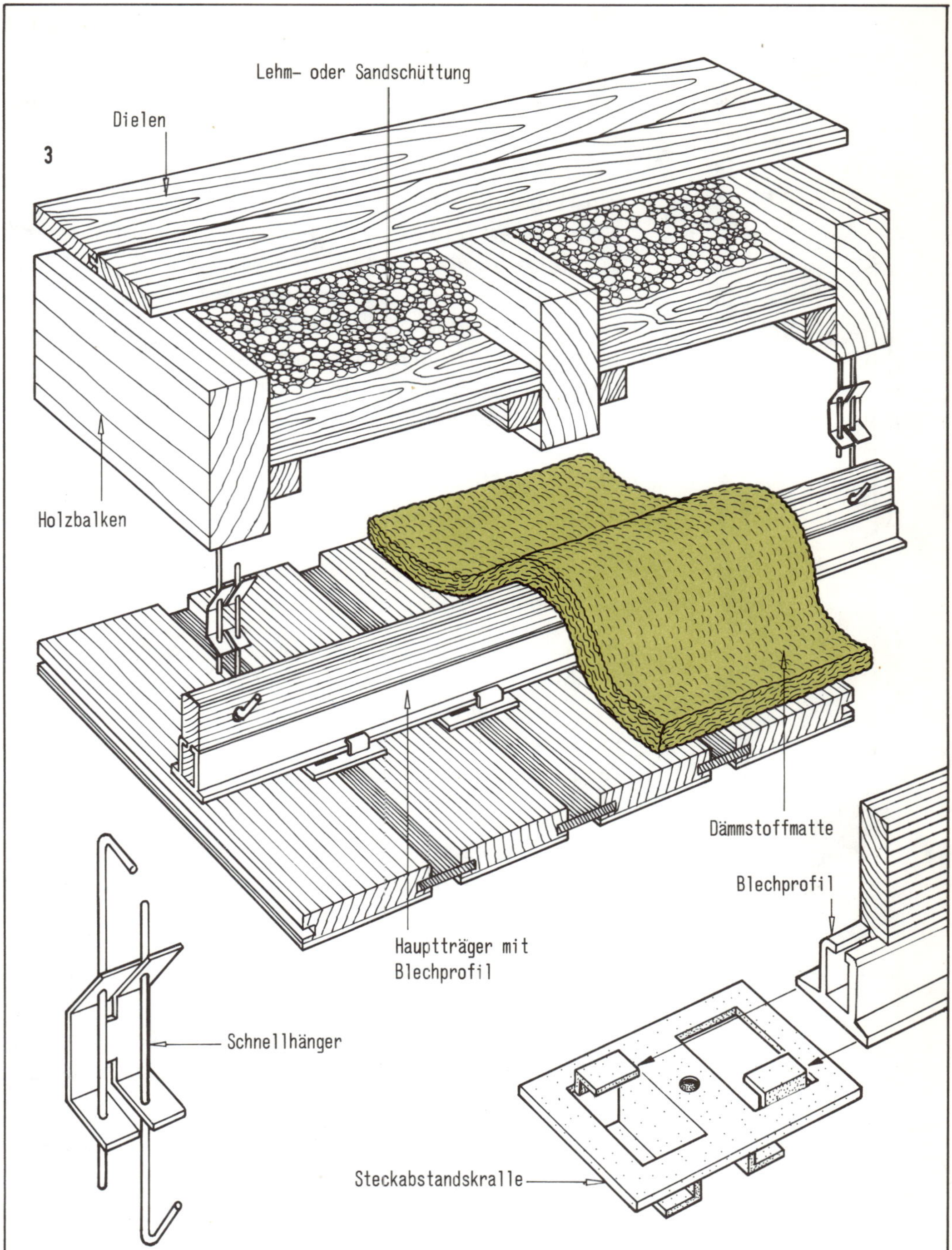
3
Dielen
Lehm- oder Sandschüttung
Holzbalken
Dämmstoffmatte
Blechprofil
Hauptträger mit Blechprofil
Schnellhänger
Steckabstandskralle

Fenster

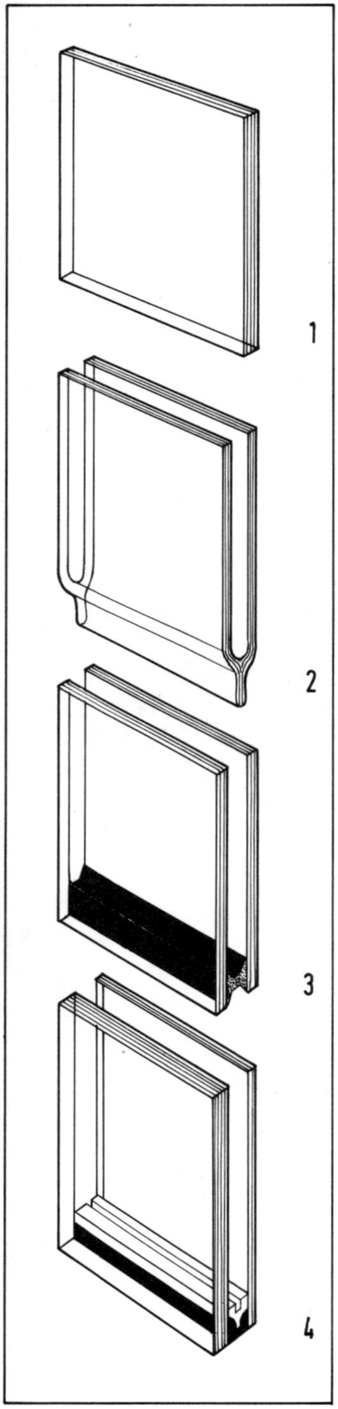

Die Fenster sind schalltechnisch die Schwachstellen in einem Haus. Während die Außenmauern durch ihr hohes Eigenwicht die Luftschallübertragung dämmen, gelangt störender Lärm vorwiegend über die Fenster in ein Gebäude.
Scheibenart und Fensterkonstruktion beeinflussen die Lärmübertragung. Isolierscheiben (Bilder **2** und **3**) bieten zwar eine bessere Wärmedämmung gegenüber Einfachgläsern (Bild **1**), guter Schallschutz ist aber von beiden nicht zu erwarten. Das Bild **4** zeigt eine Scheibenart, die speziell für die Lärmbekämpfung entwickelt wurde. Sie besteht aus zwei verschieden dicken Scheiben, die im Gegensatz zu sonstigen Isolierscheiben mit einem elastischen Rahmen abgedichtet sind. Diese Scheiben sind unter der Bezeichnung Phonstop-Isoliergläser erhältlich. Das Flächengewicht dieser Scheiben ist sehr groß, deshalb lassen sie sich leider nicht in alle Fensterflügel einbauen.

5 zeigt Ihnen einen Fensterflügel, auf dem eine zweite Scheibe von innen befestigt ist. Die Dichtung erfolgt über Neoprenbänder und Alurahmen. Für geringe Ansprüche und bei nicht zu großem anfallenden Lärm reicht diese Konstruktion aus.

6 Gerade, wenn man schöne alte Sprossenfenster in der Hausfassade erhalten will, bietet es sich an, ein ganzes zweites Fenster von innen gegen die Fensterlaibung zu setzen. Hier wird man ohne den Tischler nichts ausrichten. Die Fensterbank muß erneuert und dazu müssen Rahmen- und Flügelhölzer für den Einzelfall hergestellt werden. Die Laibungswände können zusätzlich mit Hartfaserlochplatten verkleidet werden, hinter denen Mineralfaserwolle den von außen eindringenden Schall absorbiert.

Übrigens: Je größer der Abstand der beiden Fenster, desto besser. Mindestens sind 17 cm nötig. Aus dieser Angabe, die sich bei Versuchen bestätigte, ersehen Sie, daß die in Bild 1 gezeigte Konstruktion kaum wirksam sein kann.

5

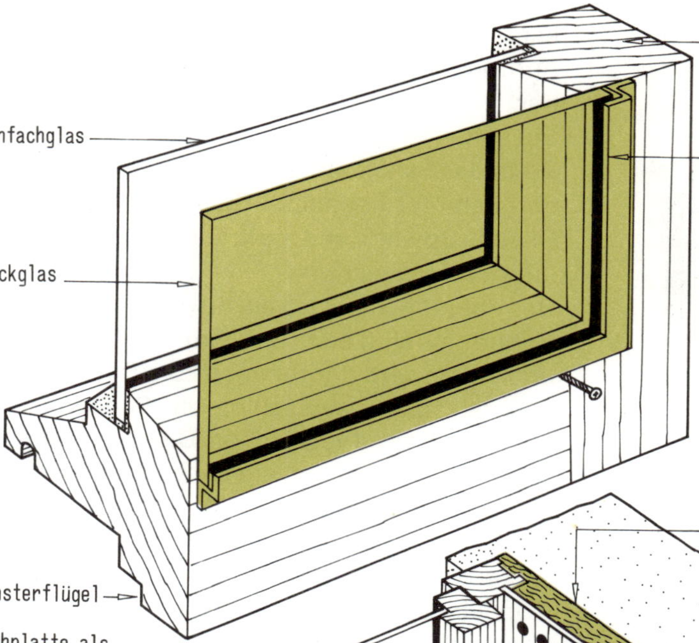
Fensterflügel
Einfachglas
Alu-Rahmen aufgeschraubt oder Beschlag zum Abklappen mit Gummidichtung
Dickglas
Fensterflügel

6

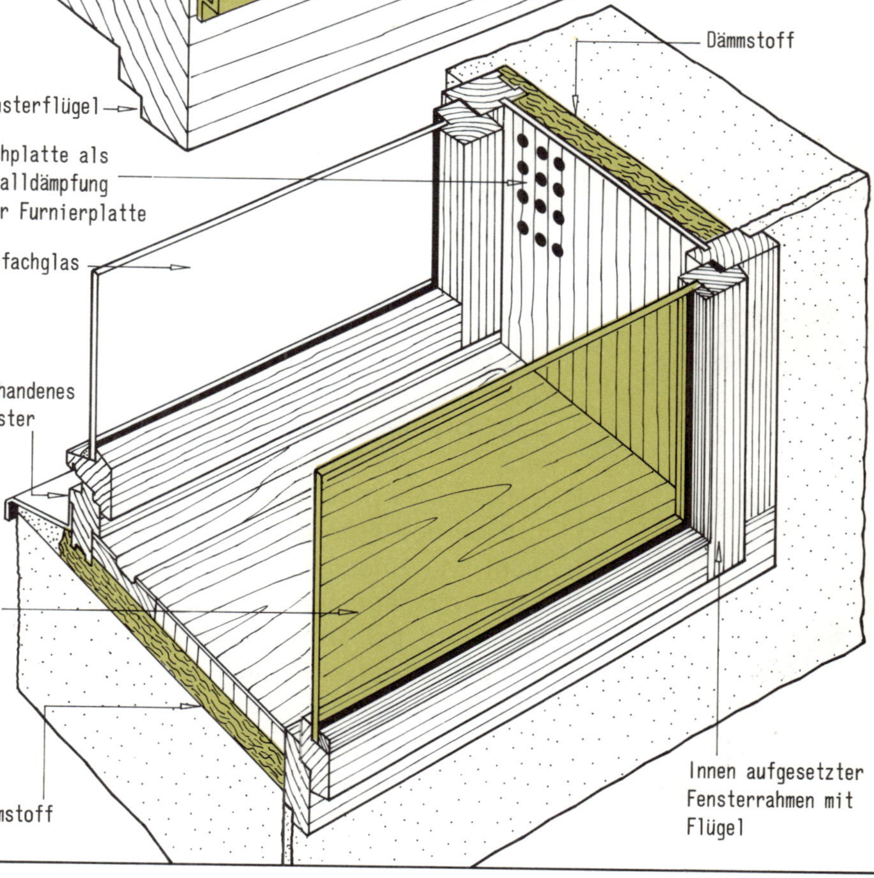
Dämmstoff
Lochplatte als Schalldämpfung oder Furnierplatte
Einfachglas
vorhandenes Fenster
Isolierglas
Dämmstoff
Innen aufgesetzter Fensterrahmen mit Flügel

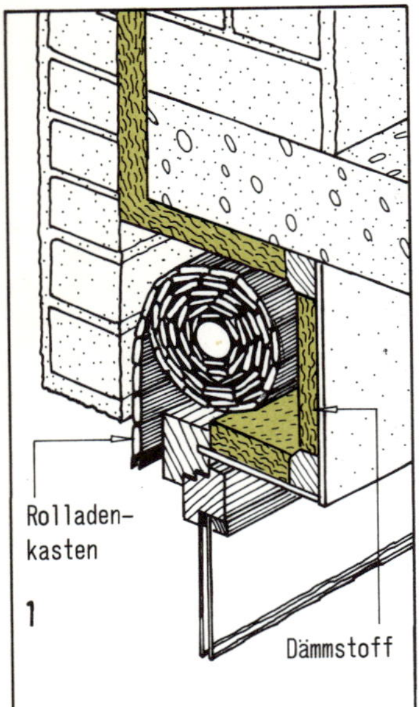

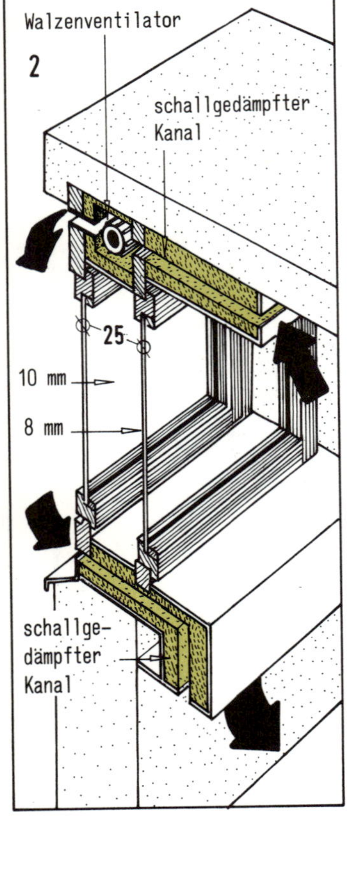

Obwohl das Fenster auf Seite 131 nicht im Selbstbau hergestellt und auch kaum selbst eingebaut werden kann, zeigen wir Ihnen die Konstruktion, damit Sie als Auftraggeber auf die wichtigsten Punkte achten können.

Ein Maueranschlag erleichtert die Dämmung erheblich. Denn der Schall dringt nicht nur durch die Scheiben in den dahinter liegenden Raum, sondern ebenso durch Ritzen, Spalten und Lufträume zwischen Fensterrahmen und Mauerwerk.

Der Rahmen muß also elastisch eingebaut werden. Alle Hohlräume sind dicht mit Dämmstoff auszufüllen. Innen und außen wird der Rahmen zum Putz oder Mauerwerk dauerelastisch angeschlossen. Fugenmassen werden eingespritzt und verstrichen. Die starren punktförmigen Lagerungen des Fensters in den Bankeisen wirken sich kaum auf die Körperschallübertragung aus.

Die Rahmen- und Flügelhölzer müssen eine Mindestdicke von 7,8 cm haben. Der Falz hat drei Anschläge, wobei in einem der Anschläge (meist im mittleren des Fensterflügels) ein umlaufender Dichtungsrahmen aus Neopren in einer Ebene (!) eingebaut ist.

Auch die Scheiben müssen elastisch gelagert sein. Vorlegebänder aus Neopren, die Scheibe und Flügelholz voneinander isolieren und die Versiegelung gehören zu einem guten Fenster. Die Fenstertechnik ist schon gegen früher ziemlich kompliziert.

Noch komplizierter wird es, wenn ein Rolladenkasten (Bild **1**) eingebaut wird und gut schallgedämmt sein muß.

Bei extremer Schallverschmutzung, also neben Hauptstraßen und Autobahnen oder in Flugplatznähe, sind nicht zu öffnende Fenster die einzige Chance, des Lärms einigermaßen Herr zu werden (Bild **2**). Die Lüftung wird bei solchen Fenstern über lange Schalldämpfstrecken in die Räume geleitet. Das wird ziemlich teuer.

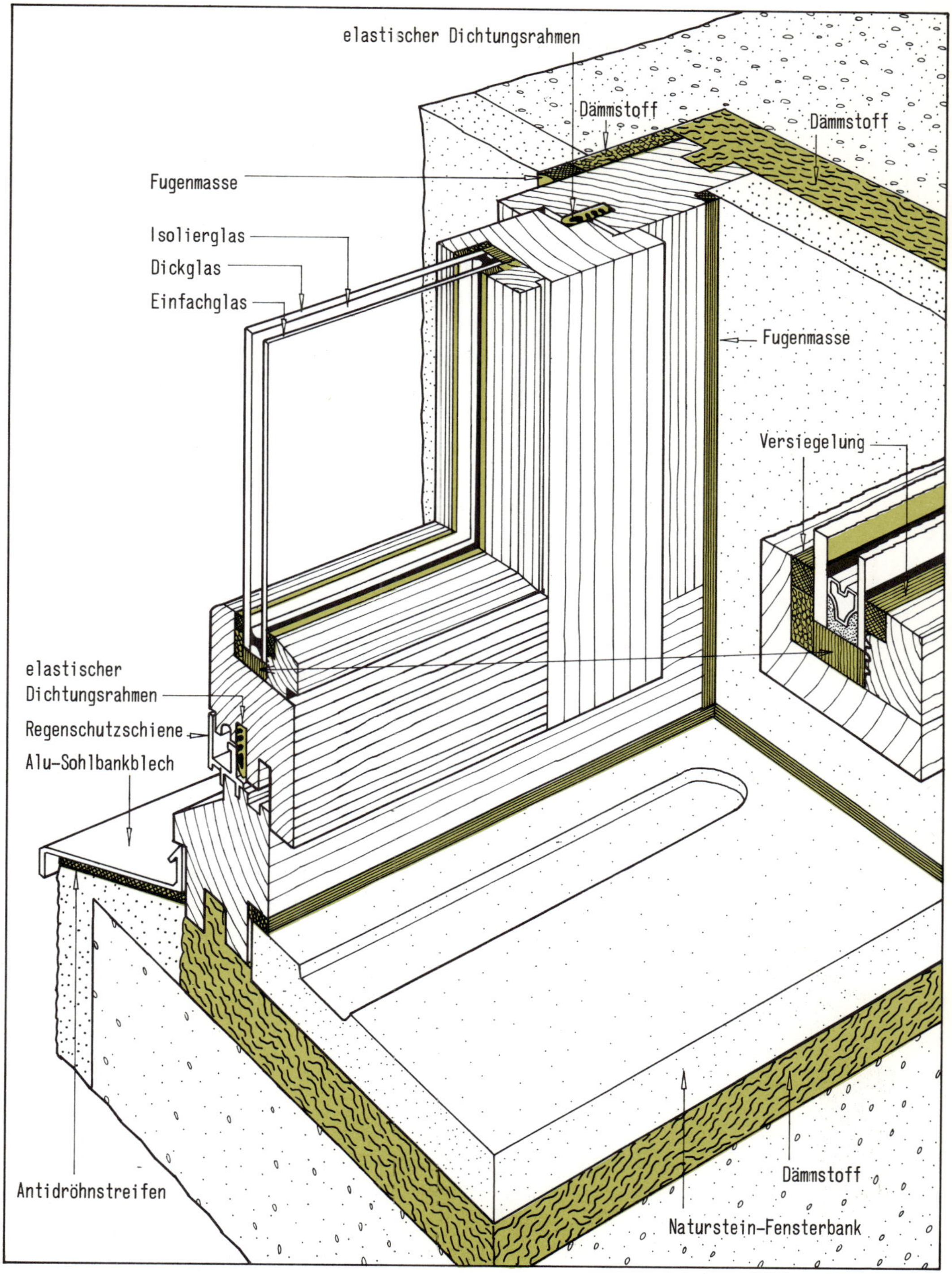
elastischer Dichtungsrahmen
Dämmstoff
Dämmstoff
Fugenmasse
Isolierglas
Dickglas
Einfachglas
Fugenmasse
Versiegelung
elastischer Dichtungsrahmen
Regenschutzschiene
Alu-Sohlbankblech
Antidröhnstreifen
Dämmstoff
Naturstein-Fensterbank

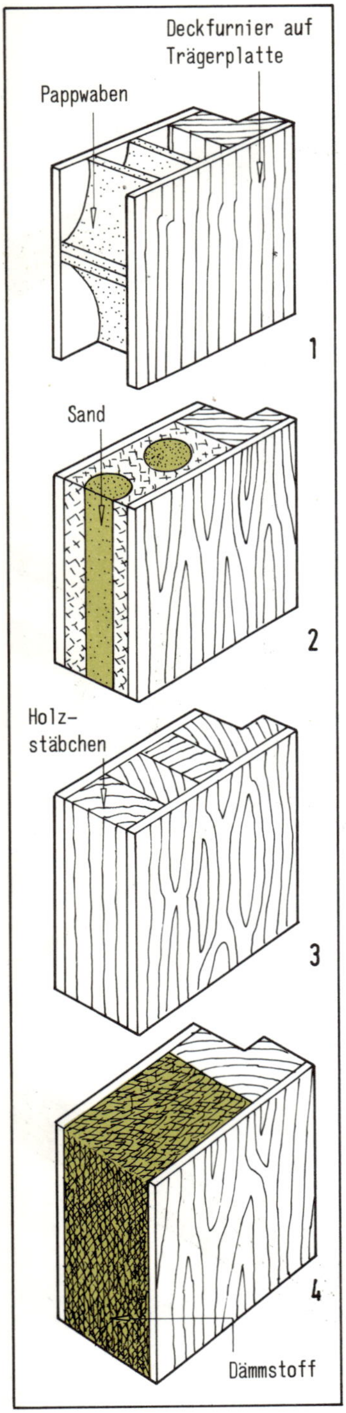

Innen- und Außentüren

Die schalltechnisch unsicheren Stellen bei Türen sind erstens das Türblatt, zweitens die Falze und drittens die Schwelle.
Die Türblätter besitzen meist ein niedriges Flächengewicht und damit eine geringe Dämmung. Die wabenförmigen Stützkonstruktionen (Bild **1**) zwischen den Holzdeckblättern erlauben auch nicht, wie zum Beispiel Röhrenspanplatten (Bild **2**), das Einfüllen von Sand, was das Flächengewicht erhöhen würde. Hierzu müßte auch die Rahmenkonstruktion der Türblätter geöffnet werden. Besser sind stäbchenverleimte Blätter (Bild **3**). Da man das Gewicht einer Tür wegen der Beweglichkeit nicht beliebig erhöhen kann, werden doppelschalige Türen konstruiert, deren Hohlraum mit Mineralwolle ausgefüllt ist (Bild **4**). An diesen Konstruktionen sind gute Schalldämmaße ermittelt worden.

5 Die bisher am besten funktionierende einfachste Lösung ist die Anordnung von zwei Türen hintereinander. Wenn umlaufende Falzdichtungen und eine Schwelle für die Dichtigkeit sorgen, brauchten nicht einmal die Innenseiten der Türen aufgepolstert zu werden.

6 Muß man mit einer Tür auskommen, hilft nur die Erhöhung des Eigengewichts. Man nimmt dann den notwendigerweise größeren Kraftaufwand in Kauf, um die Tür zu bewegen. Ein Blei- oder Stahlblech wird auf dem Türblatt befestigt, darüber die Unterkonstruktion für ein Deckblatt. Die Zwischenräume erhalten eine Mineralfaserfüllung. Bedenken Sie, daß Sie die Gesamtdicke von 6 cm bei einer Tür nicht überschreiten sollten. Eine Tür mit einem so hohen Gewicht muß mit mindestens drei Einbohrbändern mit je drei Zapfen angeschlagen werden.

7 und **8** Außentüren sind, weil sie meist aus zweischaligen Konstruktionen bestehen (aufgedoppelte Türen), genügend schwer. Der Schallschutz stellt bei ihnen geringere Anforderungen als der Wärmeschutz, zumal auch Vorräume, Flure oder Windfänge außen und zwi-

5

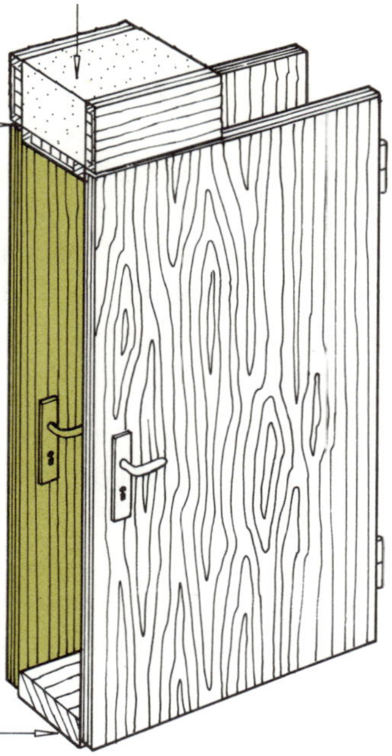
Sturz
Falz dichten
Schwelle

6

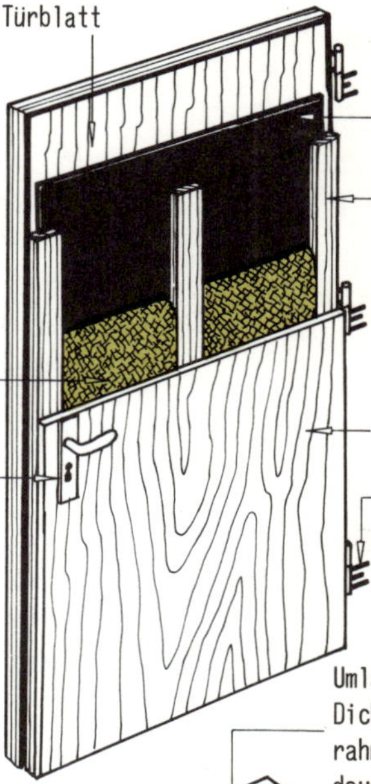
Türblatt
Bleiplatte
2 - 3 mm
Latten
Dämmstoff
Deckplatte
Schilder ab-
nehmen und
versetzen
Bänder mit
3 Zapfen

7

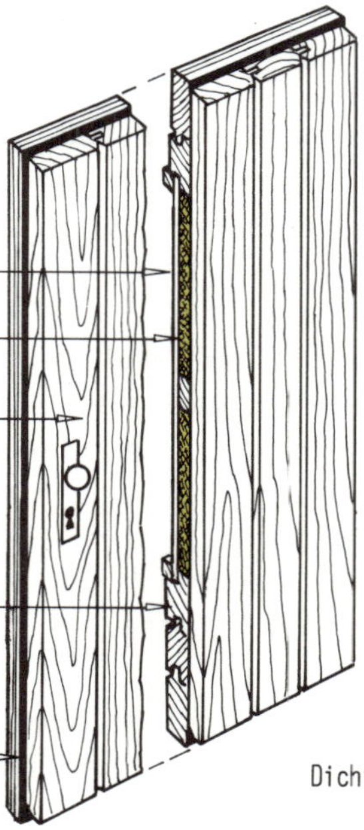
Innere
Deckplatte
Dämmstoff
Aufdoppelung
Rahmenhölzer
Umlaufender
Dichtungsrahmen

8

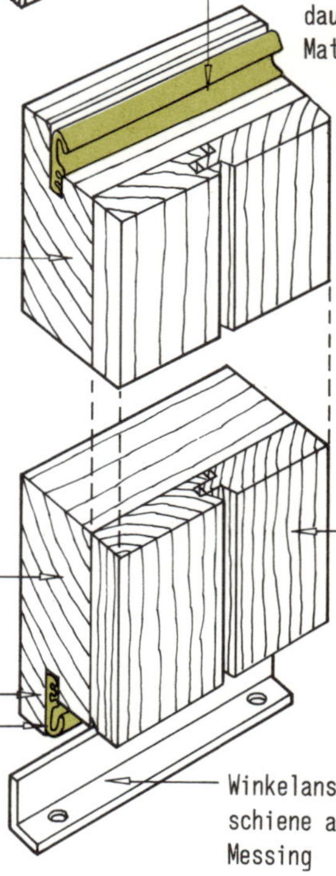
Umlaufender
Dichtungs-
rahmen aus
dauerelastischem
Material
Rahmenholz
oben
aufdoppeln
Rahmenholz
unten
eingenutet
Dichtungsrahmen
Winkelanschluß-
schiene aus
Messing

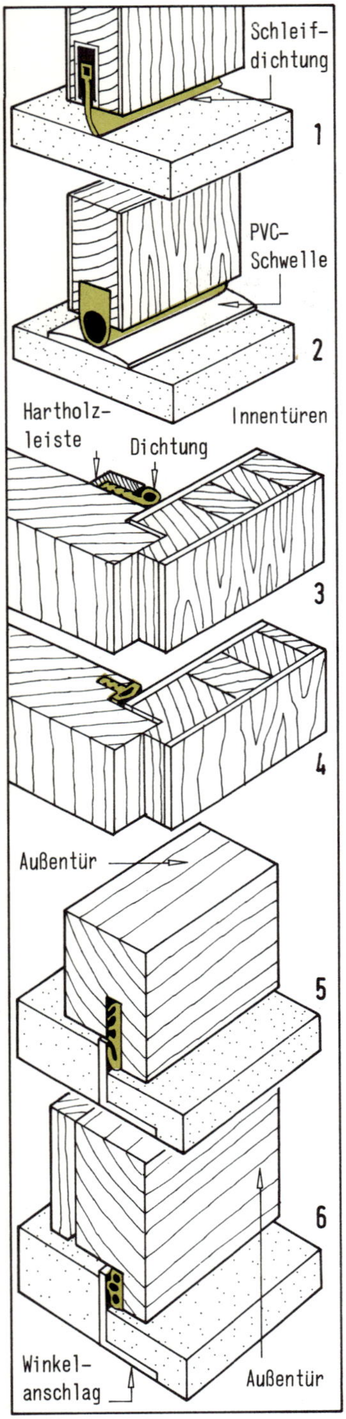

schen den Wohn- und Schlafräumen liegen. Die Wärmedämmung, die zwischen die Schalen kommt, sorgt ebenfalls für einen erhöhten Schalldämmwert.
Immerhin ist, wie schon beim Wärmeschutz vermerkt, auf einen funktionsfähigen, umlaufenden Dichtungsrahmen zu achten. Der Dichtungsrahmen muß immer am Türblatt, nicht am Rahmen, angebracht sein. Als Schwelle dient eine Metallschiene, die während des Einbaus die Aufgabe hat, die senkrechten Türrahmenhölzer im Paßabstand zu halten. Nach dem Einbau dient sie als unterer Anschlag für das Türblatt.

Wir haben Ihnen in den Bildern **1** bis **6** die hauptsächlichen Möglichkeiten für die Ausbildung der Falze und Schwellen aufgezeichnet.

1 Mit einer Schlitzsäge muß die bewegliche Schleifdichtung in das Türblatt unten eingeschlitzt und eingeklebt werden. Es gibt zwar auch solche Schleifdichtungen, die man auf das Türblatt aufschraubt, es entsteht aber unten an der Tür ein häßlicher, meist andersfarbiger Streifen.

2 Auch für eine Auflaufschwelle aus PVC muß ein Schlitz in den Türblattrahmen gezogen werden. Das weiche eingelegte Gummiprofil sorgt aber für gute Fugendichtigkeit.

3 Der nachträglich aufgeschraubte Dichtungsrahmen, der mit Hartholz abgekleidet ist, stellt keine Ideallösung dar, läßt sich dafür aber ohne Tischlerarbeit anbringen.

4 Besser sind in jedem Fall die fabrikmäßig eingeschlitzten Neoprendichtungen.

5 und **6** Die Schwellendichtungen der Außentüren sollten ebenfalls wegen der hohen Belastung der Türen in Schlitze eingeklebt werden. Manchmal kann man sich aber, wenn der Falz noch sauber und glatt ist, damit helfen, daß man ein Dichtungsprofil nur in Breite des Falzes an der Tür aufklebt.

Installation

Schon bei der Planung der Installation eines Hauses könnte Rücksicht auf die Schalldämmung genommen werden. Denn Rohrleitungen und Armaturen sollte man nicht an Wohn- oder Schlafzimmerwänden befestigen. Störende Wasserleitungsgeräusche entstehen fast stets bei der Wasserentnahme in der Armatur, eigentlich nie in der Rohrleitung. Allerdings breiten sie sich entlang des Leitungssystems aus. Die Rohrleitungen geben die Schwingungen auf die Wände ab und können dadurch erheblichen Lärm verursachen.
Um Abhilfe zu schaffen, ist das Nächstliegende, die Geräusche an der Entstehungsstelle, also an der Armatur selbst, zu dämpfen. In der Tat müssen Armaturen mit Prüfzeichen versehen sein, die Auskunft darüber geben, ob sie zu der geräuschärmeren Gruppe I oder der nicht geräuschgedämpften Gruppe II gehören.
Ferner ist also das Schwingen der Rohre oder zumindest die Weitergabe der Schwingungen an Wände zu verhindern.
Eine Reihe von Dämmstoffen, speziell für Rohre, sind entwickelt worden. Diese dämmen alle sowohl gegen Wärme (Kälte) als auch gegen Schall. Außerdem bieten sie Schutz gegen Korrosion.

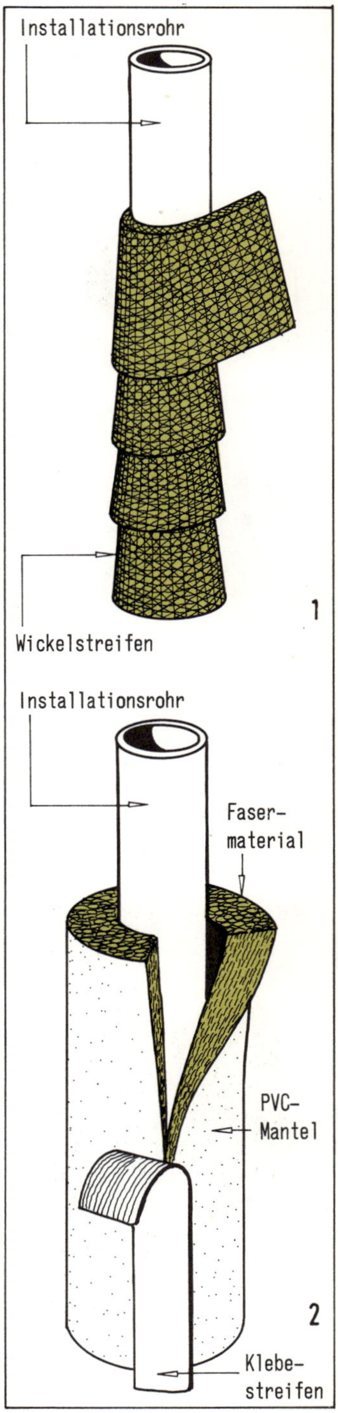

1 Zwei Arten der Dämmung bieten sich an: Einmal die Umwicklung der Rohre mit Isolierstreifen aus Fasermaterial, das auch mit einem Kunststoffüberzug zu haben ist. Diese Methode wählt man, wenn Rohre mit sehr unterschiedlichen Dicken zu isolieren sind.

2 Dann gibt es aber auch für bestimmte Rohrdicken sogenannte Isolierschläuche, die nur um die Rohre herumgelegt und abgeklebt zu werden brauchen. Ein Klebestreifen ist sogar bereits am Schlauch angearbeitet. Das Schlauchmaterial besteht aus Fasermaterial oder Polyurethan-Schaum und ist mit einem PVC-Schutzmantel abgedeckt.
Das Isoliermaterial verhindert zwar die Berührung der Rohre mit der Wand. Es würde aber schalltechnisch kaum etwas bringen, wenn die Rohre starr an den Mau-

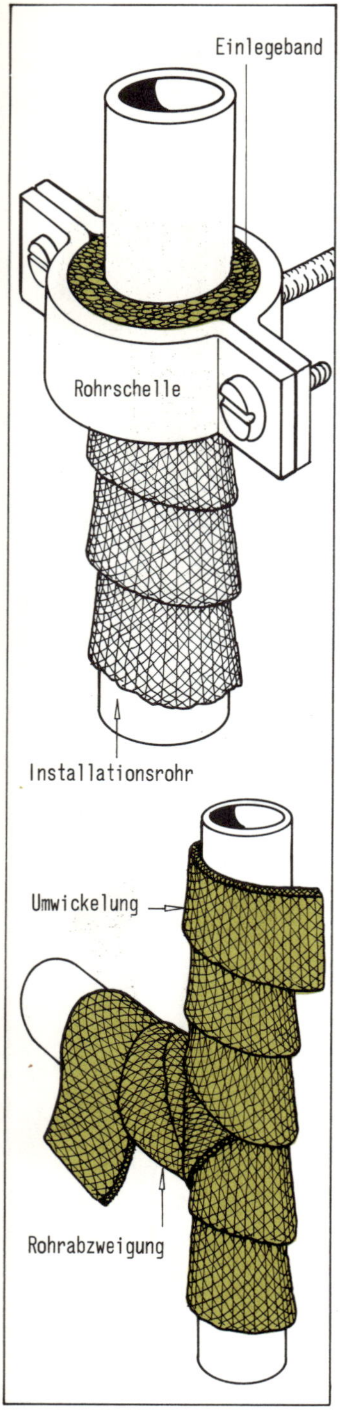

ern befestigt würden. Deshalb legt man in die Befestigungsschellen alterungsbeständige Bänder aus Gummi, Kunststoff oder Filz ein.
Rohrführungen durch Decken bekommen zusätzlich ein Mantelrohr. In den Zwischenraum zwischen Rohr und Mantelrohr stopft man Dämmstoff.
Besonders aufpassen müssen Sie bei der Isolierung der PVC-Abflußleitungen, die übrigens im Gegensatz zu Warm- oder Kaltwasserleitungen problemlos selbst verlegt werden können. Wegen des geringen Gewichts ist aber jedes Fließgeräusch in ihnen deutlichst zu hören.

1 Deshalb ist es überhaupt ungünstig, Rohre vor der Wand zu verlegen. In diesem Fall muß besonders sorgfältig gedämmt werden. PVC-Rohre, die den Schall auch an die Luft abgeben, sind dann in jedem Fall zu ummanteln.

2 Besser ist, man bringt die Rohre in einem Schacht unter. Will man später an die Rohre herankommen, so ist eine gedämmte Abdeckung zu empfehlen. Achten Sie darauf, daß bei der Anordnung der Schlitze in Außenwänden die Wärmedämmung der Mauer erhalten bleibt. Geringe Putz- oder Betonüberdeckungen der Rohre schließen die Luftschallübertragung aus.

3 Auch hinter Vorsatzschalen werden die Rohre ummantelt.

4 Meist nur beim Neubau oder unter Raumverlust lassen sich Rohrführungen zusammengefaßt in Mauerschächten unterbringen. Diese Anordnung ist beim hohen Flächengewicht der Bauteile die günstigste Lösung. Man sollte sie immer anstreben.

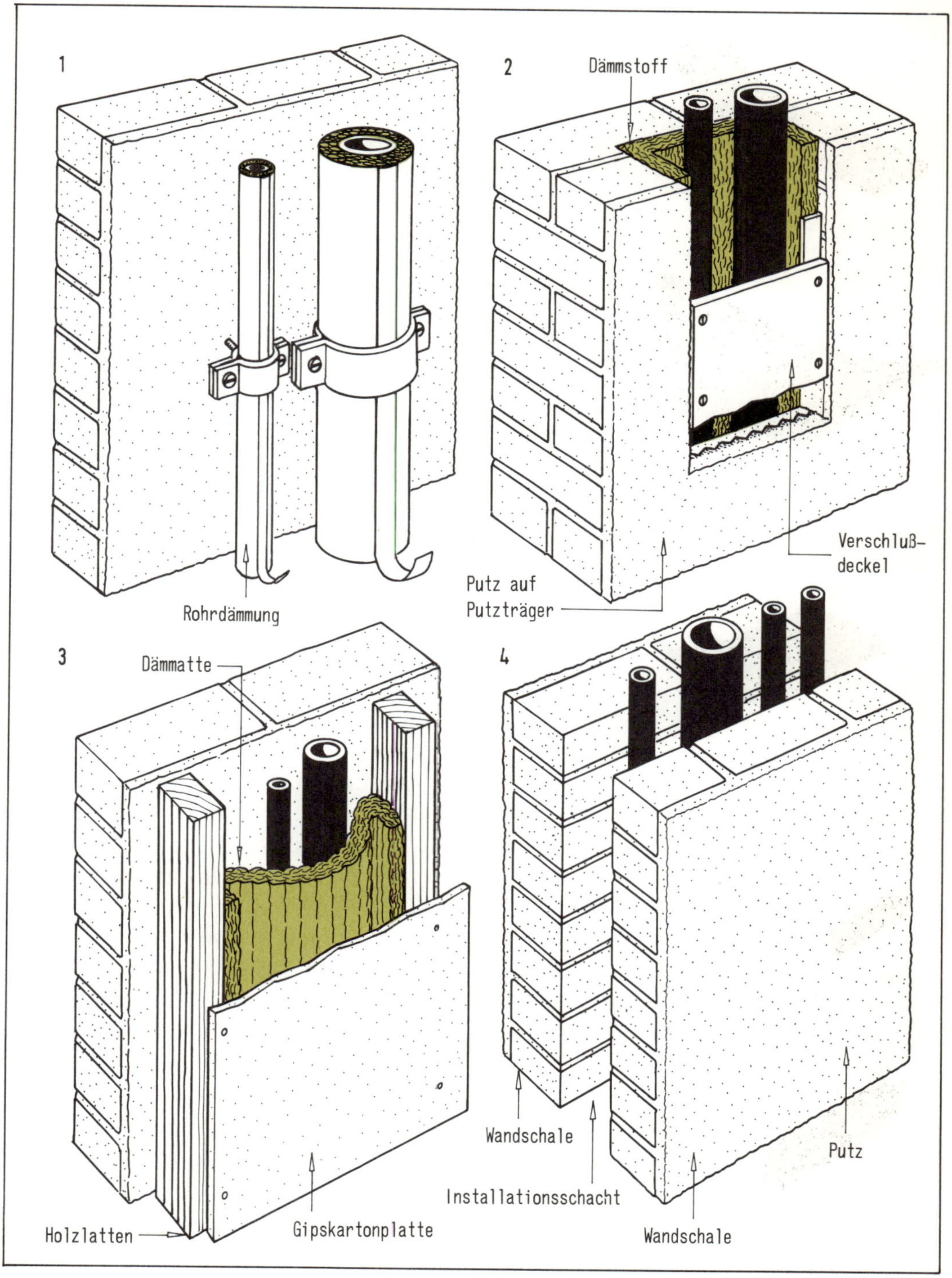
1
Rohrdämmung
2
Dämmstoff
Verschluß-
deckel
Putz auf
Putzträger
3
Dämmatte
Holzlatten
Gipskartonplatte
4
Wandschale
Installationsschacht
Putz
Wandschale

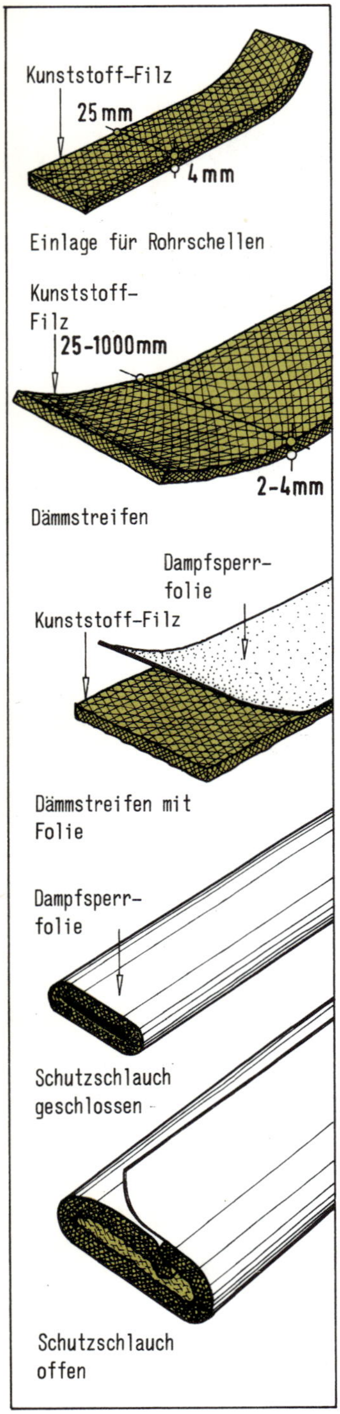

Sanitärobjekte

1 Spülkästen sind stets zu laut. Am besten, man baut sie ein, und zwar gleich unter Putz. Zwar gibt es sehr dünne Kästen, trotzdem muß die Mauer 24 cm dick sein. Für den Einbau wird eine entsprechend große Aussparung aus der Wand gestemmt oder von vornherein eingeplant. Zu- und Abwasserleitungen müssen mit Dämmaterial umwickelt sein. Ein Styroporblock hält beim Verputzen ein Rechteck offen, damit später, durch einen Deckel geschützt, die Technik des Spülkastens zugänglich bleibt.

2 Es gibt Schalldämpfer für Armaturen. Sie unterbrechen die starre Verbindung des Rohraustritts und der Wand. So werden die Geräusche, die bei der Benutzung der Armaturen auftreten, nicht auf die Wände abgegeben. Der nachträgliche Einbau ist mit Stemmarbeiten und erneutem Verfliesen verbunden. Armatur und Wand dichtet eine Gummirosette ab, die auch bei unebener Wandoberfläche wirksam ist.

3 Für die Körperschalldämmung von Badewannen gibt es spezielle Stoffe: Einmal das dem Wannenrand angepaßte Anschlußprofil und zum andern das Unterlegband. Beides muß vor der Montage der Badewanne angebracht werden.
Das weiße Anschlußprofil wird nach dem Entfernen des Silikonpapiers auf den äußeren Badewannenrand geklebt. Längsverlaufende Einschnitte im Profil ermöglichen eine individuelle Anpassung an die Stärken des Mörtelbettes und der Fliesen. Die Fuge zwischen Fliese und Wannenrand wird mit dauerelastischem Kitt versiegelt.
Das schwarze selbstklebende Unterlegband wird auf Länge geschnitten und je nach Einbauart auf den vorhandenen Sockel oder unter die Badewannenfüße geklebt.

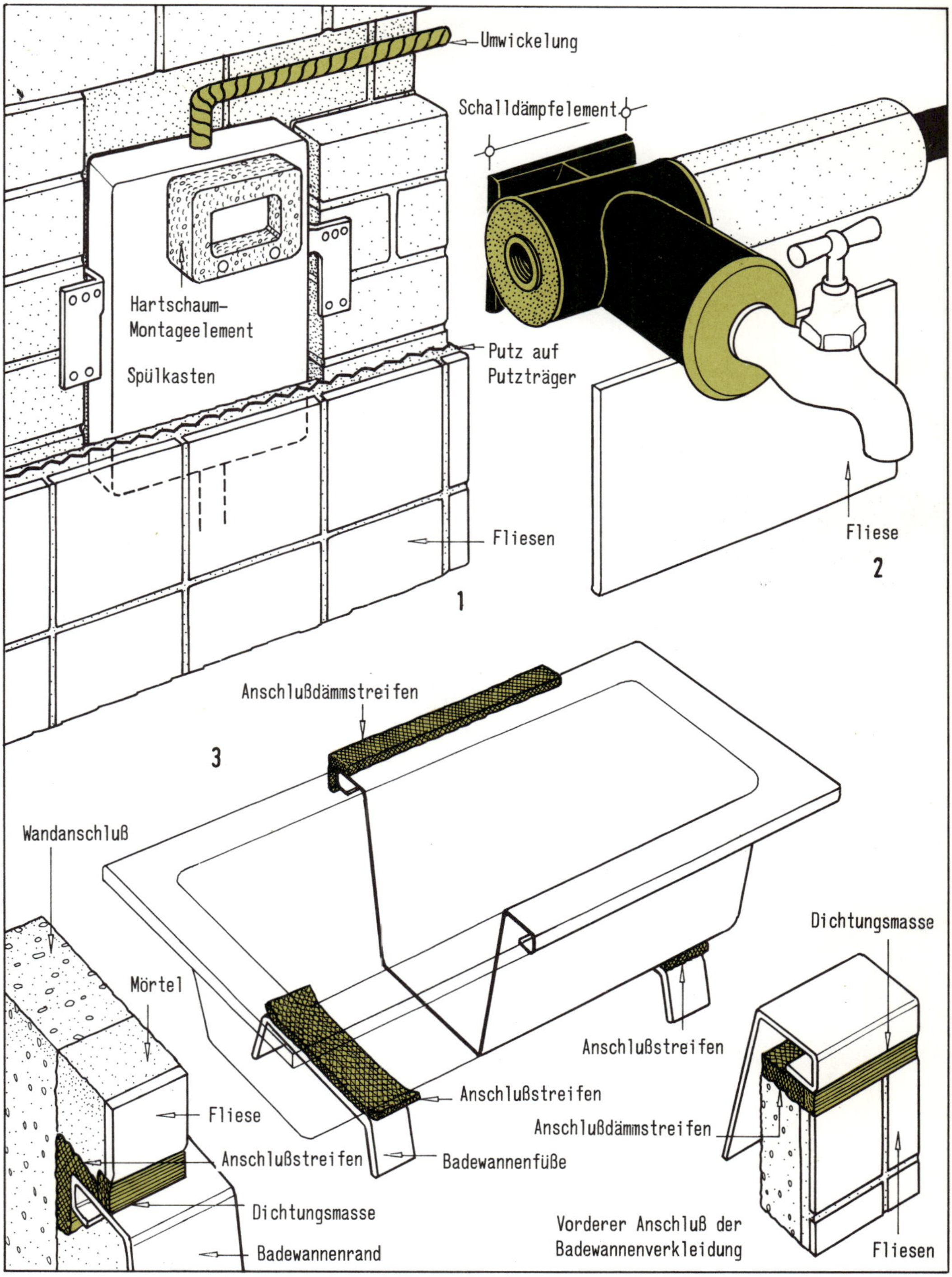
Umwickelung
Schalldämpfelement
Hartschaum-
Montageelement
Spülkasten
Putz auf
Putzträger
Fliesen
1
Fliese
2
Anschlußdämmstreifen
3
Wandanschluß
Mörtel
Fliese
Anschlußstreifen
Dichtungsmasse
Badewannenrand
Anschlußstreifen
Badewannenfüße
Anschlußstreifen
Dichtungsmasse
Anschlußdämmstreifen
Vorderer Anschluß der
Badewannenverkleidung
Fliesen

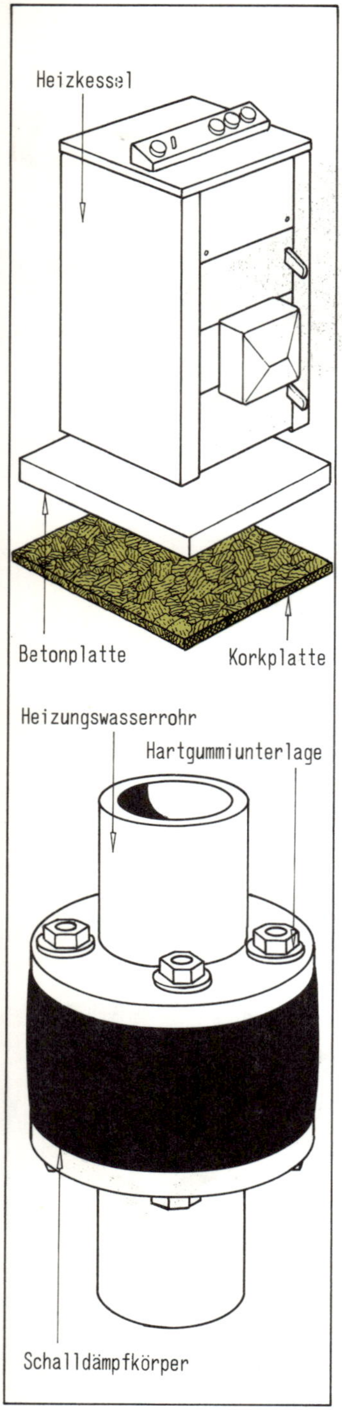

Heizungsanlagen

Besonders bei Ölheizungsanlagen kommt es vor, daß störende Geräusche, wie zum Beispiel das Anspringen des Brenners, sich auf das ganze Leitungssystem oder in Bauteilen übertragen. Dieser Körperschallausbreitung kann entgegengetreten werden, indem der Heizkessel vom Leitungssystem, aber auch vom Fußboden schalltechnisch getrennt wird.

Für das Abtrennen vom Leitungssystem gibt es sogenannte Schalldämpfkörper. Sie werden in die Vor- und Rücklaufleitung eingesetzt. Das elastische Material des Dämpfkörpers gibt den Schall nicht weiter.

Die Trennung des Kessels vom Fußboden geschieht durch eine Korkplatte. Der bei den Heizungsanlagen erforderliche Sockel wird nicht wie üblich einfach auf die Kellersohle aufbetoniert, sondern man legt zwischen Sockel und Sohle eine 2 cm dicke Korkplatte. Übrigens gibt es fertige Betonplatten, die sich als Sockel für Heizkessel eignen.

Neben diesem von der Heizung erzeugten Lärm fühlt man sich häufig von Geräuschen belästigt, die offensichtlich in den Heizkörpern entstehen. Diese Geräusche sind allerdings nicht auf ungenügende Schalldämpfung zurückzuführen, sondern sie entstehen bei unzureichender Wasserfüllung der Heizkörper. Wenn in ihnen nämlich nicht genug Wasser ist, bilden sich Luftblasen. Hier strömt das Wasser nicht mehr, sondern es tropft. Und das Tropfen hört man deutlich.

An jedem Heizkörper befinden sich Luftablaßschrauben. Beim Nachfüllen des Wassers werden diese geöffnet, bis Wasser austritt. Erst dann kann man sicher sein, daß sich keine Luft mehr in den Heizkörpern befindet.

Bauphysik

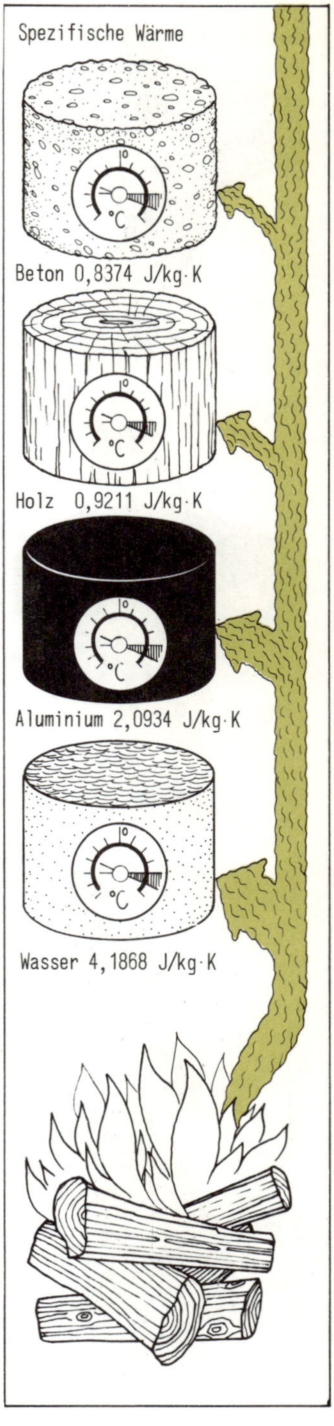

Wärme

Wärme ist Energie. Die Sonne spendet Wärme, eigentlich Sonnenenergie. Wärme »fließt« von einem Stoff zum anderen. Sie fließt solange, bis ein Ausgleich der Temperaturen zwischen den Stoffen hergestellt ist. Der Wärmefluß kann nicht »abgeschaltet«, er kann nur verlangsamt werden. Das geschieht durch die Art und Konsistenz der Substanz, durch die die Wärme hindurchfließt. In einer bestimmten Zeit fließt eine bestimmte Menge Wärme in unterschiedlichen Stoffen unterschiedlich schnell hindurch. Aber sie fließt immer. Man kann sie nicht irgendwo »einsperren«.

Für Häuser bedeutet das, daß die Wärme im Winter von innen nach außen und im Sommer umgekehrt fließt. Die Wärmedämmung hat die Aufgabe, den Wärmefluß zwischen innen und außen eines Gebäudes zu verlangsamen. Durch die Wärmedämmung kommt es also zu einer zeitlichen Verzögerung des Wärmestromes. Diese Verzögerung ist deshalb wichtig, weil man weniger Energie zuführen (also heizen) muß, wenn die Wärme länger im Gebäude bleibt. Daher wirkt sich die gute Wärmedämmung eines Hauses günstig auf die Heizkosten aus.

Es ist nicht richtig, wenn beim Wärmeschutz nur von der Wärmedämmung, im engeren Sinne von der Wärmedämmschicht, gesprochen wird. Für ein angenehmes Klima im Inneren eines Hauses ist nicht allein die meßbare Lufttemperatur entscheidend, sondern auch eine ausreichende Oberflächentemperatur der Wände. Die Wandtemperatur sollte immer ein bißchen höher als die Lufttemperatur sein.

Die Wandoberflächentemperatur kann einigermaßen gleich gehalten werden, wenn der Stoff, aus dem eine Wand besteht, die Fähigkeit hat, Wärme zu speichern.

Die Wärmespeicherfähigkeit ist abhängig von der spezifischen Wärme und der Masse des Baustoffes. Die spezifische Wärme gibt an, wieviel Joule (Kalorien) erforderlich sind, um ein Kilogramm eines Stoffes um ein Kelvin (1 Grad Celsius) zu erhöhen (J/kgK). Die Bilder auf Seite 141 geben die unterschiedliche spezifische Wärme für einige Baustoffe an.

Drei Arten des »Wärmeflusses« unterscheidet man: Erstens: die Wärmeleitung, zweitens: die Konvektion, drittens: die Strahlung, Die Erläuterung der Wärmeleitfähigkeit, bei der die Wärme innerhalb eines Stoffes von Molekül zu Molekül weitergegeben wird, ist für den Wärmeschutz eines Hauses deshalb so wichtig, weil sie eine Eigenschaft der Baustoffe selbst ist. Dämmaterial leitet die Wärme eben schlechter weiter als zum Beispiel Aluminium, das dem Wärmefluß kaum einen Widerstand entgegensetzt (nebenstehendes Bild).

Um genaue Werte für Berechnungen zu erhalten, müssen bestimmte Maß- und Berechnungssysteme eingeführt werden: Den Grundwert stellt die Wärmeleitzahl λ(sprich: Klein-Lambda) dar. Sie ist die Wärmemenge, die in einer Stunde durch einen Kubikmeterwürfel eines Stoffes hindurchgeht, wenn der Temperaturunterschied der beiden Oberflächen 1 Kelvin (1 Grad Celsius) beträgt.

Die Maßeinheit für diese Definition lautet $\frac{W}{m \cdot K}$ = Watt/Meter mal Kelvin.

Wenn man nun weiß, wieviel Wärme eine ein Meter dicke Stoffschicht durchläßt, kann man auch berechnen, wieviel durch jede beliebige Dicke eines Materials hindurchgeht (Bild rechts oben). Die Zahl der Wärmeleitfähigkeit wird durch die Maßzahl der Schichtdicke geteilt. Dieses Verhältnis nennt man den Wärmedurchlaß Λ (sprich: Groß-Lambda). Bei verschiedenen Stoffen ist die Wärmeleitfähigkeit unterschiedlich, also ist auch der Wärmedurchlaß verschieden (Bild rechts Mitte).

Bei der Beurteilung von Baustoffen hinsichtlich ihrer wärmetechnischen Eigenschaften interessiert nicht so sehr, wieviel Wärme ein bestimmtes Bauteil hindurchläßt, sondern vielmehr, wieviel Widerstand es dem Wärmefluß entgegensetzt, wieviel es »dämmt«. Diese

Wärmedurchlaß bei gleichem Material, aber unterschiedlicher Dicke des Materials

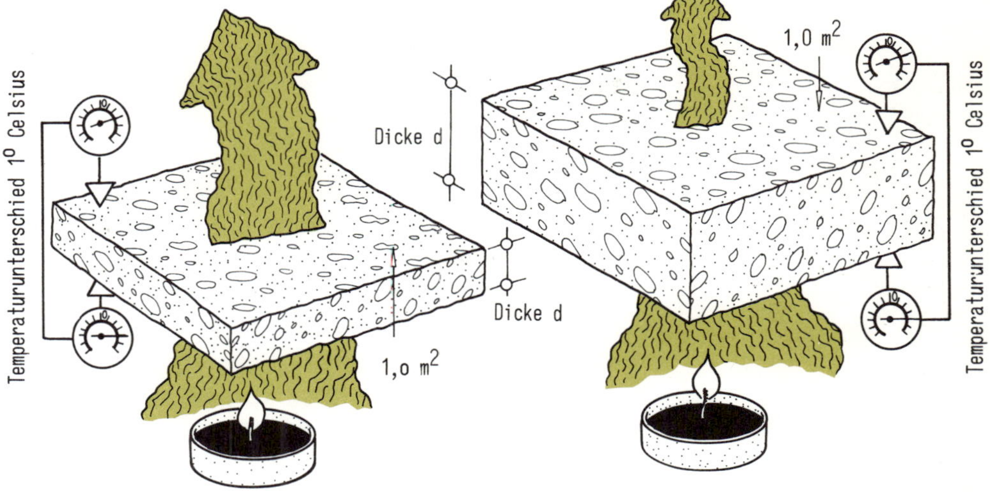

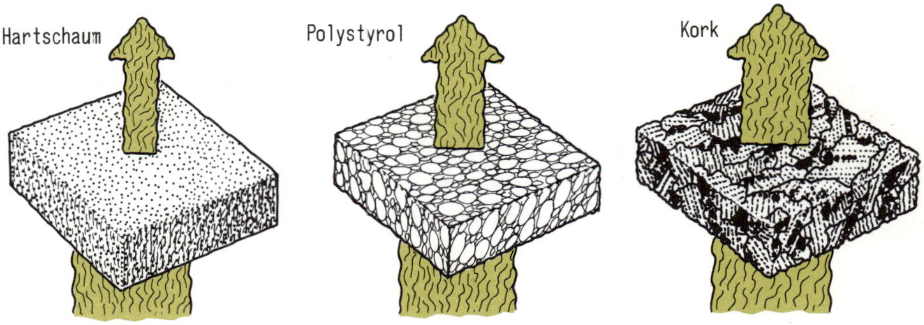

Wärmedurchlaß bei gleicher Dicke, aber unterschiedlichen Materialien

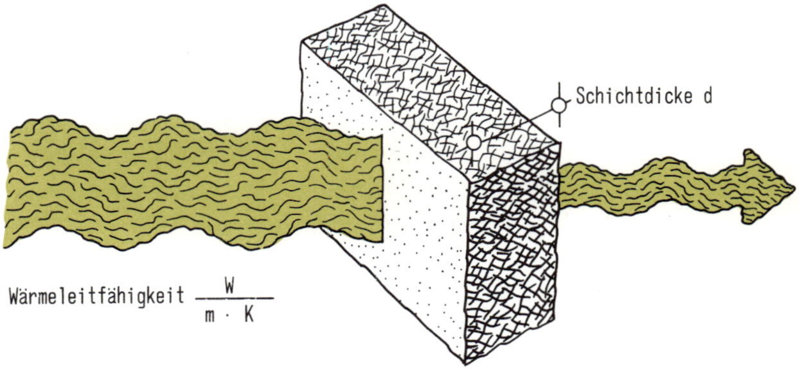

$$\text{Wärmedurchlaßwiderstand} = \frac{\text{Schichtdicke}}{\text{Wärmeleitfähigkeit}} = \text{Wärmedämmwert}$$

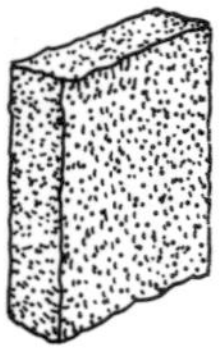

Polyurethan
Hartschaum
0,035 W/m·K

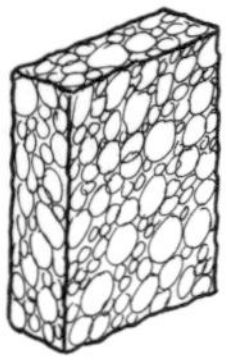

Polystyrol
Hartschaum
0,041 W/m·K

Mineralfaser
0,041 W/m·K

Kork
0,041 bis
0,140 W/m·K

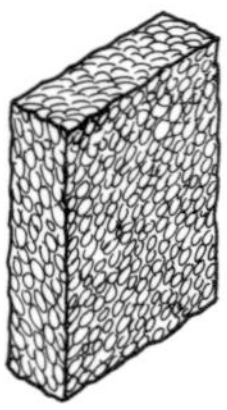

Schaumglas
0,055 W/m·K

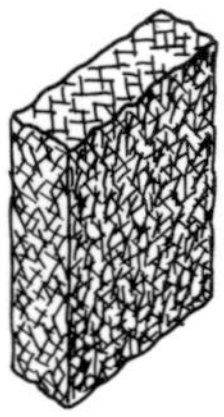

Holzwolleleicht-
bauplatten
0,081 bis
0,047 W/m·K

Dämmfähigkeit wird durch den Wärmedämmwert ausgedrückt. Es ist der Kehrwert der Wärmedurchlaßzahl: $1/\Lambda$.

In der Randzeichnung sind die wichtigsten Dämmaterialien mit ihrer Wärmeleitzahl dargestellt. Je größer die Zahl ist, desto schlechter wird der Dämmwert.

Die wärmetechnischen Vorgänge an einem Bauteil sind nur unvollständig beschrieben, wenn wir nicht den Wärmeübergang zwischen Luft und Materialoberfläche berücksichtigen (Bilder der Seite 145). In dieser Grenzschicht muß nämlich der Wärmefluß eine Art Widerstand überwinden. Dieser Widerstand ist so groß, daß er in die Wärmedämmberechnungen eingehen muß. Um eine Berechnungsgrundlage zu finden, trifft man folgende Annahmen: Es wird die Wärmemenge gemessen, die in einer Stunde in eine 1-Quadratmeter große Fläche eindringt, wenn der Temperaturunterschied zwischen Luft und Oberfläche 1 Kelvin (1 Grad Celsius) beträgt. Diese Menge wird ausgedrückt durch die Wärmeübergangszahl α (sprich: Klein-Alpha). Der Kehrwert der Wärmeübergangszahl gibt wie beim Wärmedurchlaßwiderstand den Dämmwert der Grenzschicht an. Dieser Wert der Grenzschicht ist der Wärmeübergangswiderstand $1/\alpha$.

Außenflächen von Häusern bestehen aus mehreren Schichten von Baustoffen, die jeweils unterschiedliche Wärmedurchlaßwiderstände haben. Auf beiden Seiten der Bauteile muß der Wärmefluß die Luftgrenzschichten überwinden. Beide Arten der Widerstände (die Wärmedurchlaßwiderstände und die Wärmeübergangswiderstände) werden in den Berechnungen zusammengefaßt als Wärmedurchgangswiderstand 1/k.

Als wärmetechnische Angabe für ein Bauteil wird der 1/k-Wert angegeben. Je größer der Wert, desto günstiger das Wärmedämmvermögen.

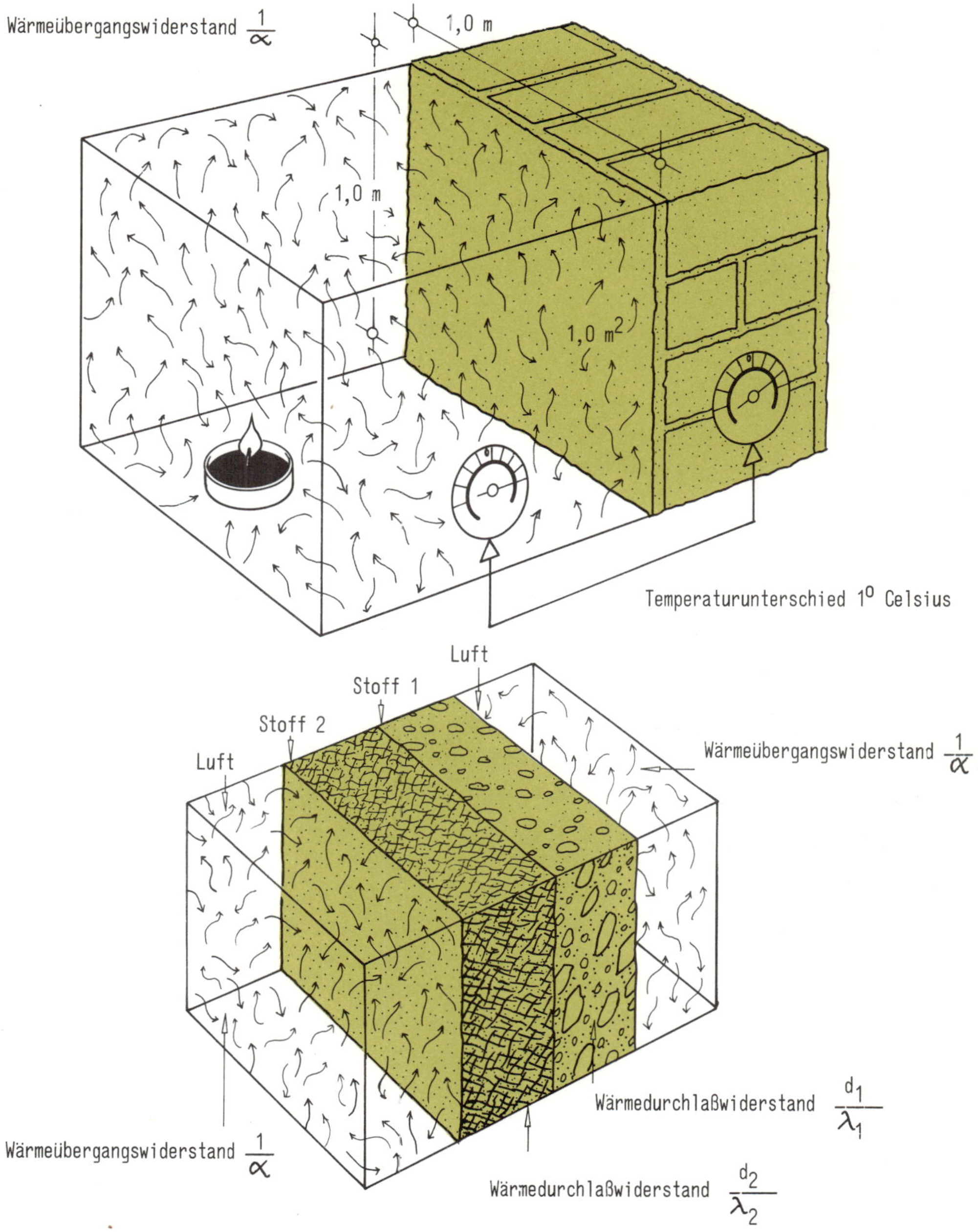

Wärmeübergangswiderstände + Wärmedurchlaßwiderstände = Wärmedurchgangswiderstand

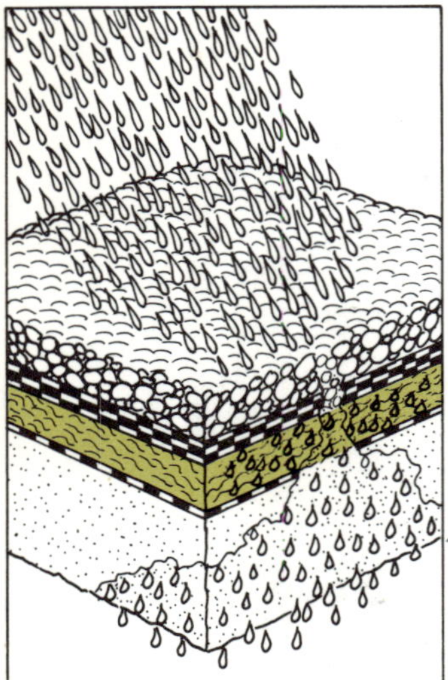

Durchfeuchtung durch Undichtigkeit

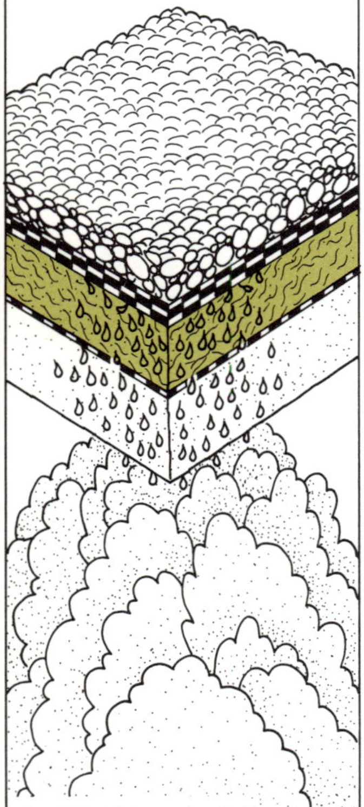

Durchfeuchtung durch Wasserdampfdiffusion

Temperatur und Feuchtigkeit. Je dichter ein Stoff ist, desto besser leitet er die Wärme weiter. Weil Wasser im physikalischen Sinne ein dichter Stoff ist, muß man besonders darauf achten, daß es nicht in die Wärmedämmung eindringt und dadurch die Dichte der Wärmedämmung erhöht. Das hätte zur Folge, daß die Wärmedämmfähigkeit des Dämmaterials herabgesetzt wird. Feuchtigkeit ist der größte Feind der Wärmedämmung. Das Wasser kann auf zwei Arten in die Wärmedämmung gelangen: Erstens durch Undichtigkeiten in den Bauteilen und zweitens durch Wasserdampfkondensation (nebenstehende Bilder).

In unserem Zusammenhang interessieren uns nicht Bauschäden durch Risse, sondern nur die Durchfeuchtung als Folge der Wasserdampfkondensation. Ohne daß Bauteile beschädigt sind, können sie feucht werden. Wie kommt das?

In Gebäuden wird ständig Wasserdampf erzeugt: Atemluft, Kochen, Waschen, Duschen. Von der Lufttemperatur hängt es ab, wieviel Wasserdampf die Luft aufnehmen kann. Ein Beispiel: 20° warme Luft kann je Kubikmeter maximal 18 g Wasser aufnehmen. Wird diese mit Wasserdampf gesättigte Luft abgekühlt, so fällt derjenige Anteil an Feuchtigkeit als Wasser aus, der nach der jeweiligen Temperatur zu viel ist. Kühlt die Luft auf 0° Celsius ab, so fallen 13 g Wasser je Kubikmeter aus. Die Luft scheidet also bei einer bestimmten Temperatur den Wasserdampf, der von ihr nicht mehr gehalten werden kann, als feine Wassertröpfchen aus.

Genau dieser Vorgang kann sich innerhalb von Außenwänden oder Dachdecken abspielen. Die warme, feuchte Innenluft dringt in die Bauteile ein, kühlt durch die niedrigere Außentemperatur ab und gibt den mitgeführten Wasserdampf an die Bauteile ab. Das Wasser füllt die Poren in den Materialien, verteilt sich und tropft schließlich nach innen ab. Dabei geht auch die Dämmwirkung der Dämmstoffe verloren.

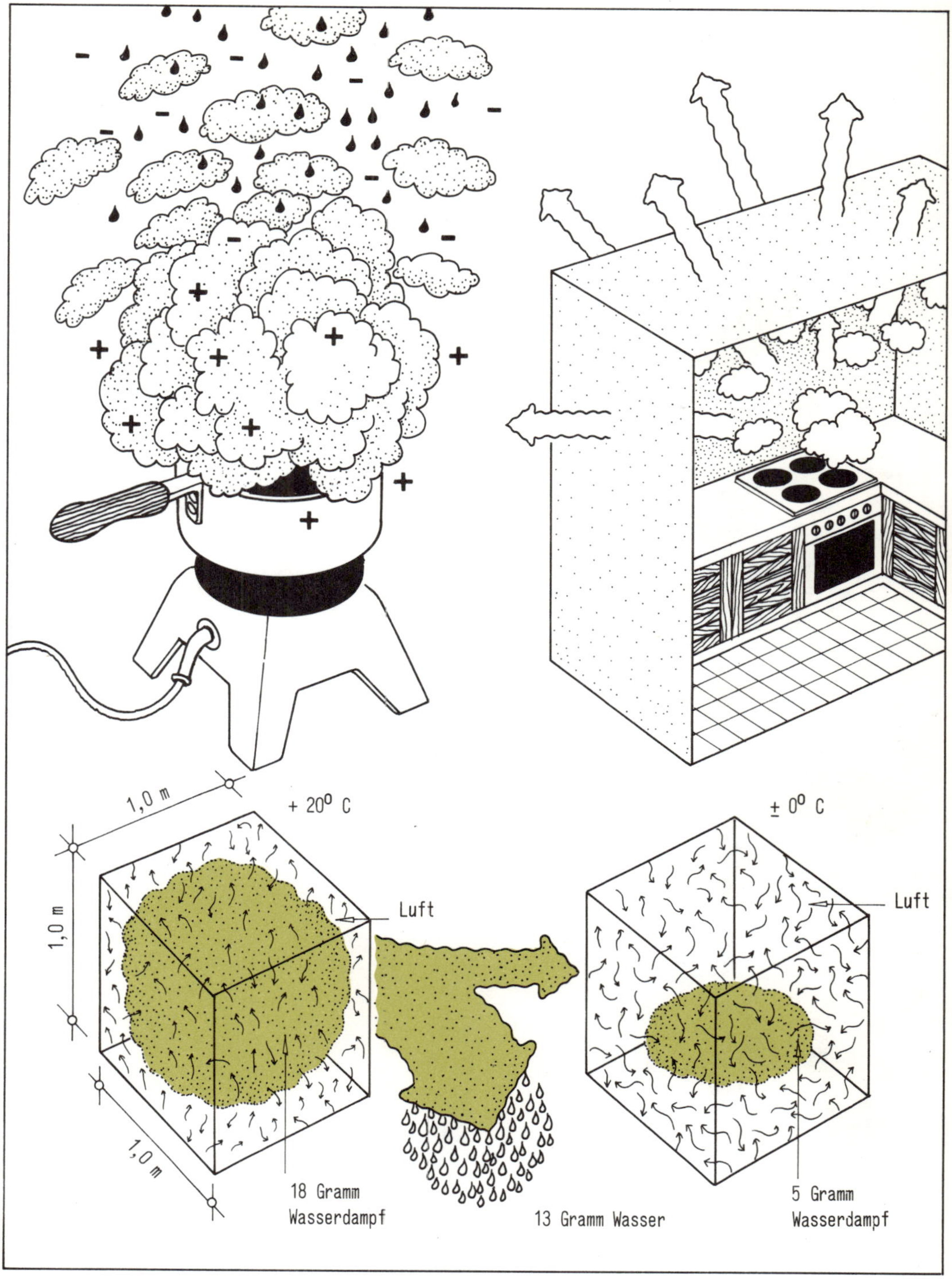
1,0 m
+ 20° C
1,0 m
1,0 m
Luft
18 Gramm
Wasserdampf
13 Gramm Wasser
± 0° C
Luft
5 Gramm
Wasserdampf

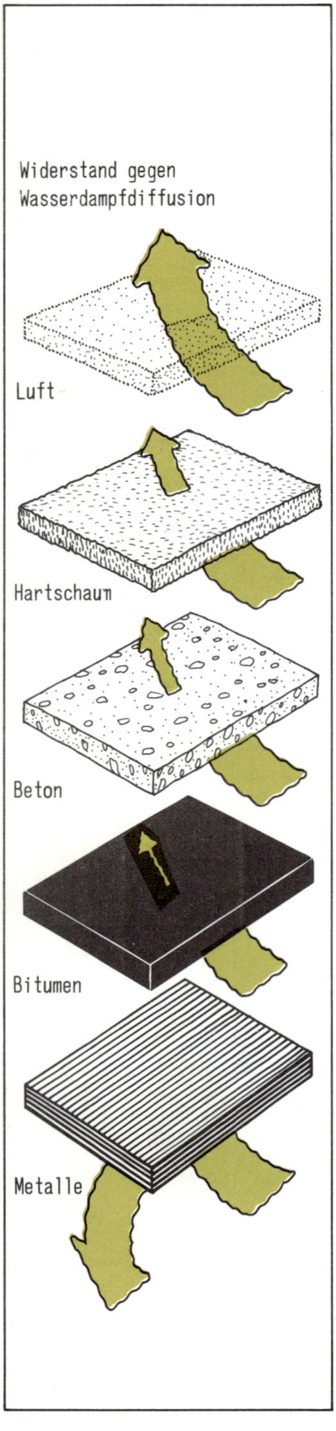

Bei der Konstruktion einer Außenwand oder eines Daches ist also darauf zu achten, daß die Wasserdampfwanderung (Wasserdampfdiffusion) nicht gerade in der Wärmedämmung zur Kondensation führt. Insbesondere bei Leichtbauweisen und beim flachen Warmdach kann die Wasserdampfdiffusion nur vom Fachmann in der Planung und Ausführung berücksichtigt werden.
Als Regel gilt: Die Wärmedämmung sollte möglichst weit außen im Bauteil angeordnet sein. Ist, wie bei Feuchträumen, mit höherem Wasserdampfgehalt zu rechnen, muß die Wärmedämmschicht zusätzlich mit einer Dampfsperre geschützt werden. Dampfsperren bestehen meist aus Metallfolien, da sie dem Wasserdampfdruck den höchsten Widerstand entgegensetzen (siehe Bild).

Schall

1 Luftschall. Sprechen oder das Spielen von Musikinstrumenten erzeugt in einem Raum Luftschall. Dabei werden die Luftmoleküle im Wechsel zusammengedrückt und auseinandergezogen. Durch diese periodischen Luftdruckschwankungen werden die Wände und Decken in Schwingungen versetzt. Im Nachbarraum bewegen sich, durch die Schwingungen veranlaßt, ebenfalls Luftmoleküle. Den gesamten Vorgang nennt man Luftschallübertragung.

2 Körperschall. Anders als beim Luftschall wird das Bauteil selbst in Schwingung versetzt, zum Beispiel durch einen Hammerschlag. Die Luftmoleküle im Nachbarraum fangen an, sich zu bewegen, das heißt zu schwingen. Diese Schwingung wird als Geräusch wahrgenommen. Den Körperschall, der durch das Begehen von Fußböden erzeugt wird, nennt man Trittschall.

3 Schalldämmung. Die Bauteile setzen der Luft- und Körperschallanregung Widerstand entgegen. Diesen Widerstand bezeichnet man als Schalldämmung. Sie hängt im wesentlichen vom Gewicht und dem Gefüge des Bauteils ab. Je schwerer ein Bauteil ist, desto höher ist die Schalldämmung. Diese Gesetzmäßigkeit ist zusammengefaßt in dem Bergerschen Gewichtsgesetz von 1911.

4 Schallabsorption. Von Schallabsorption oder Schallschluckung spricht man, wenn der Luftschall von einem Bauteil »aufgesaugt« wird. Der auftretende Schall wird je nach der Wandoberflächenbeschaffenheit in Wärme umgewandelt. Je rauher die Wandoberfläche, desto mehr Schall kann absorbiert werden.

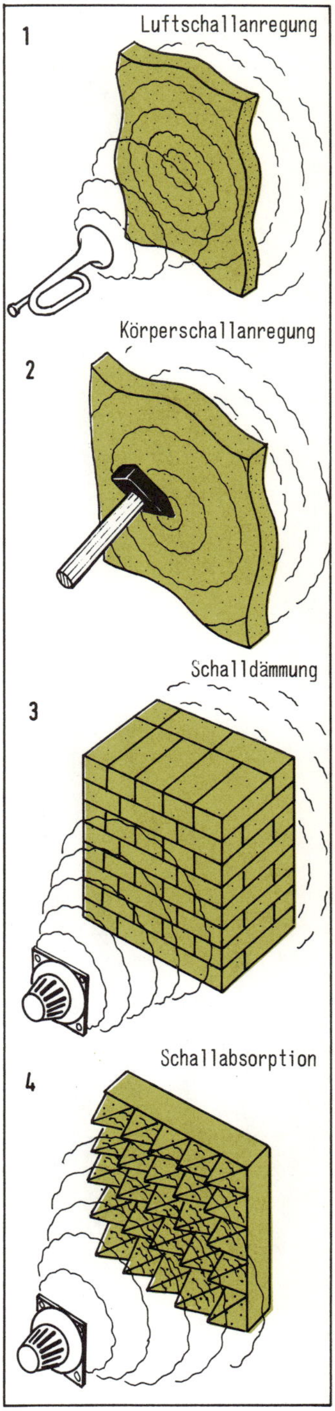

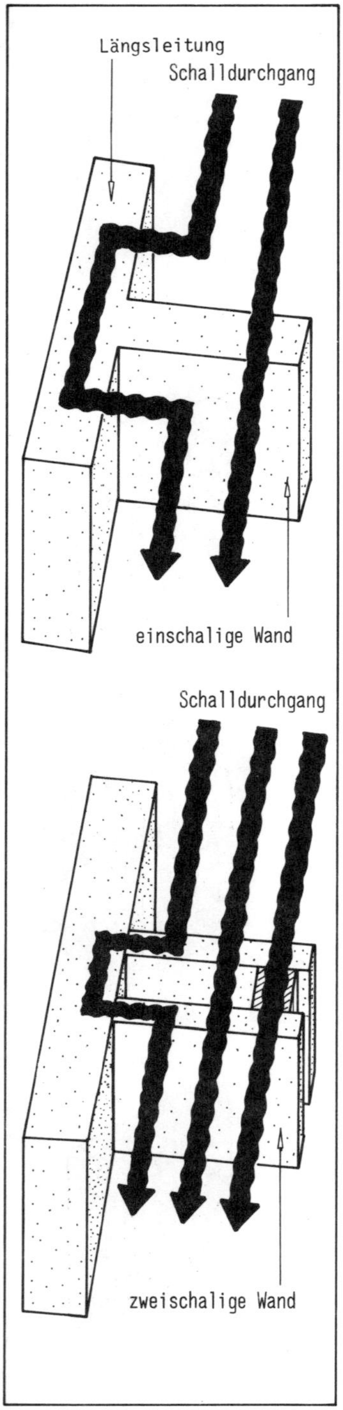

Wände. Bei einschaligen Wänden wird der Schall auf direktem Weg und durch Schallängsleitung übertragen.

1 Luftlöcher in einer einschaligen Wand setzen die Schalldämmung herab. Diese Luftlöcher entstehen durch unzureichend vermörtelte Fugen.

2 Durch den Wandputz erhöht sich das Wandgewicht, so daß die Luftschalldämmung verbessert wird. Der Putz muß aber bis auf die Rohdecke gezogen werden. Der fehlende Putzstreifen würde die Schalldämmung erheblich herabsetzen.

3 Wände mit durchgehenden großen Hohlräumen besitzen eine ungenügende Schalldämmung. Die unzureichende Schalldämmung ist auf die Resonanzen an den massiven Teilstücken der Wand zurückzuführen.

4 Mit eingebauten Schränken ist eine gute Schalldämmung zu erzielen. Die Schalldämmung ist auf die Schalldämpfung durch Wäsche und Kleidung im Schrank zurückzuführen.

5 Vorhänge, besonders aus schweren Stoffen, Teppichböden und Polstermöbel, beeinflussen die Raumakustik. Der Schall wird durch die Textilien absorbiert. Bei zweischaligen Wänden ist die Schallübertragung auf den drei im Bild gezeigten Wegen möglich.

6 Der Abstand zwischen zwei Wandschalen muß genügend groß sein, mindestens 17 cm.

7 und **8** Die Schallübertragung durch die Luftschicht der Wand kann durch die Füllung mit Dämmstoff verbessert werden. Versuche haben gezeigt, daß es genügt, wenn nur die Ränder der Wand mit Dämmstoff gefüllt sind.

9 Die Schallübertragung über die Randeinspannung kann herabgesetzt werden, wenn eine Schale biegeweich und die andere biegesteif ausgeführt ist.

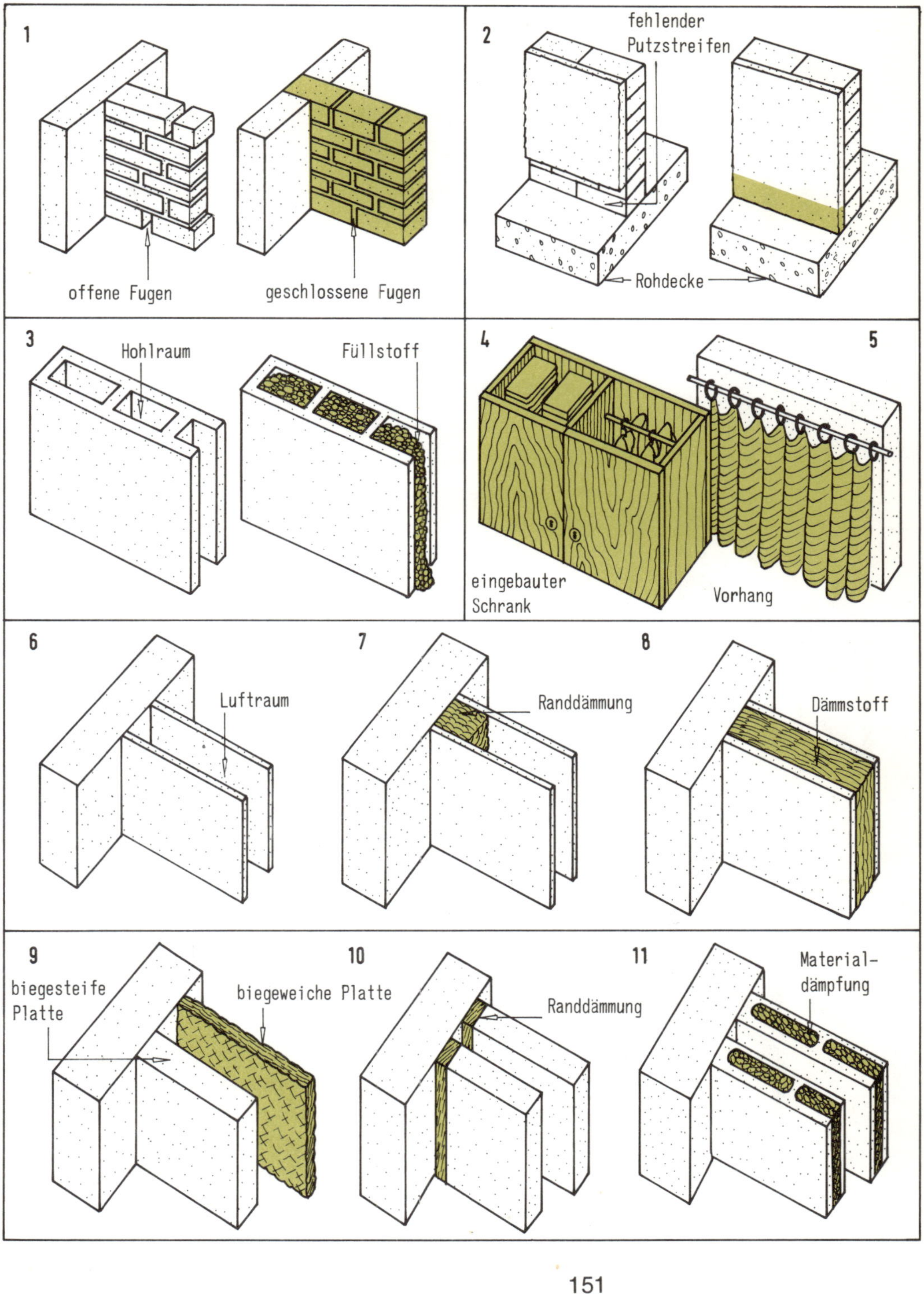
1
offene Fugen
geschlossene Fugen
2
fehlender
Putzstreifen
Rohdecke
3
Hohlraum
Füllstoff
4
5
eingebauter
Schrank
Vorhang
6
Luftraum
7
Randdämmung
8
Dämmstoff
9
biegesteife
Platte
biegeweiche Platte
10
Randdämmung
11
Material-
dämpfung

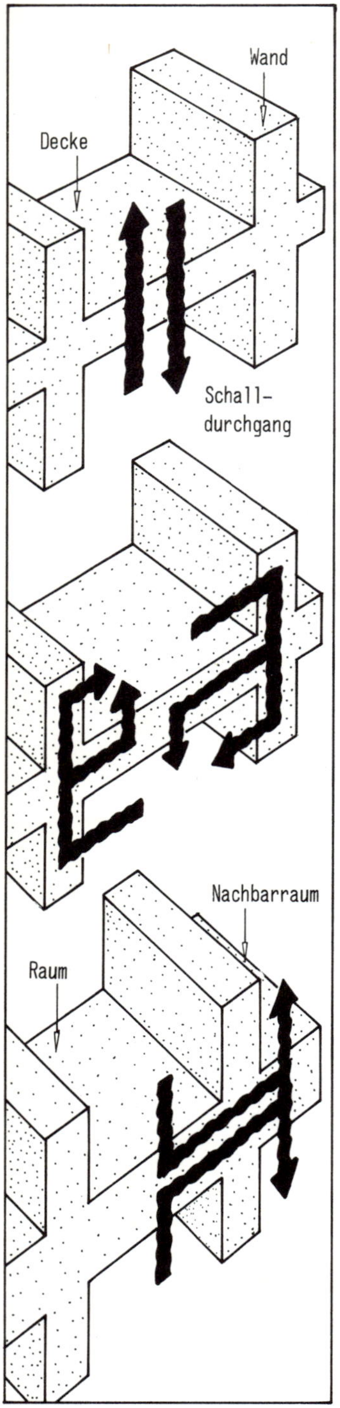

10 Schallschutzwände müssen eine Randdämmung erhalten.

11 Baustoffe mit hoher Materialdämpfung verhindern eine Schallübertragung über den Rand, da sie weniger zum Schwingen neigen.

Decken. In den nebenstehenden drei Zeichnungen sind alle Möglichkeiten der Schallübertragung durch Dekken dargestellt. Zu beachten ist, daß der Schall über die Decken auch in Nachbarräume gelangen kann.

1 Die Luftschalldämmung von massiven Decken genügt den Anforderungen, da das erforderliche Gewicht von 350 kg/m² meist überschritten wird.

2 und **3** Viele Decken besitzen größere Hohlräume. Diese Hohlräume dienen der Gewichtsersparnis. Sie sind aber gegenüber den massiven Decken schalltechnisch ungünstig. Die Ursache für das ungünstige Verhalten liegt in der Konzentration eines großen Teils des Deckengewichts in den Stegen.
Falsch wäre es zu glauben, daß dieser Mangel durch an der Unterseite anbetonierte Holzwolleleichtbauplatten zu beseitigen ist. Hierdurch würde lediglich eine Verbesserung der Wärmedämmung erreicht.

4 Der Estrich in Wohnbauten muß in einer Dämmstoffwanne »schwimmend« eingebaut werden. Nur so erreicht man eine ausreichende Trittschalldämmung. Dabei kommt es darauf an, daß die Estrichplatte keinen Körperkontakt zu den angrenzenden Bauteilen hat.

5 Auch Holzfußböden sollte man schwimmend verlegen. Das bedeutet, daß die Fußbodendielen nicht auf den Deckenbalken festgenagelt werden dürfen. Auch der Randkontakt zwischen Dielen und Wänden muß vermieden werden.

6 und **7** Die Luftschalldämmung einer Decke kann durch Schalldämpfung verbessert werden. Weiche Baustoffe mit großer Oberfläche absorbieren den Schall. Dieselbe Wirkung mit gleichzeitiger Erhöhung der Trittschalldämmung erfüllt eine federnd abgehängte Decke.

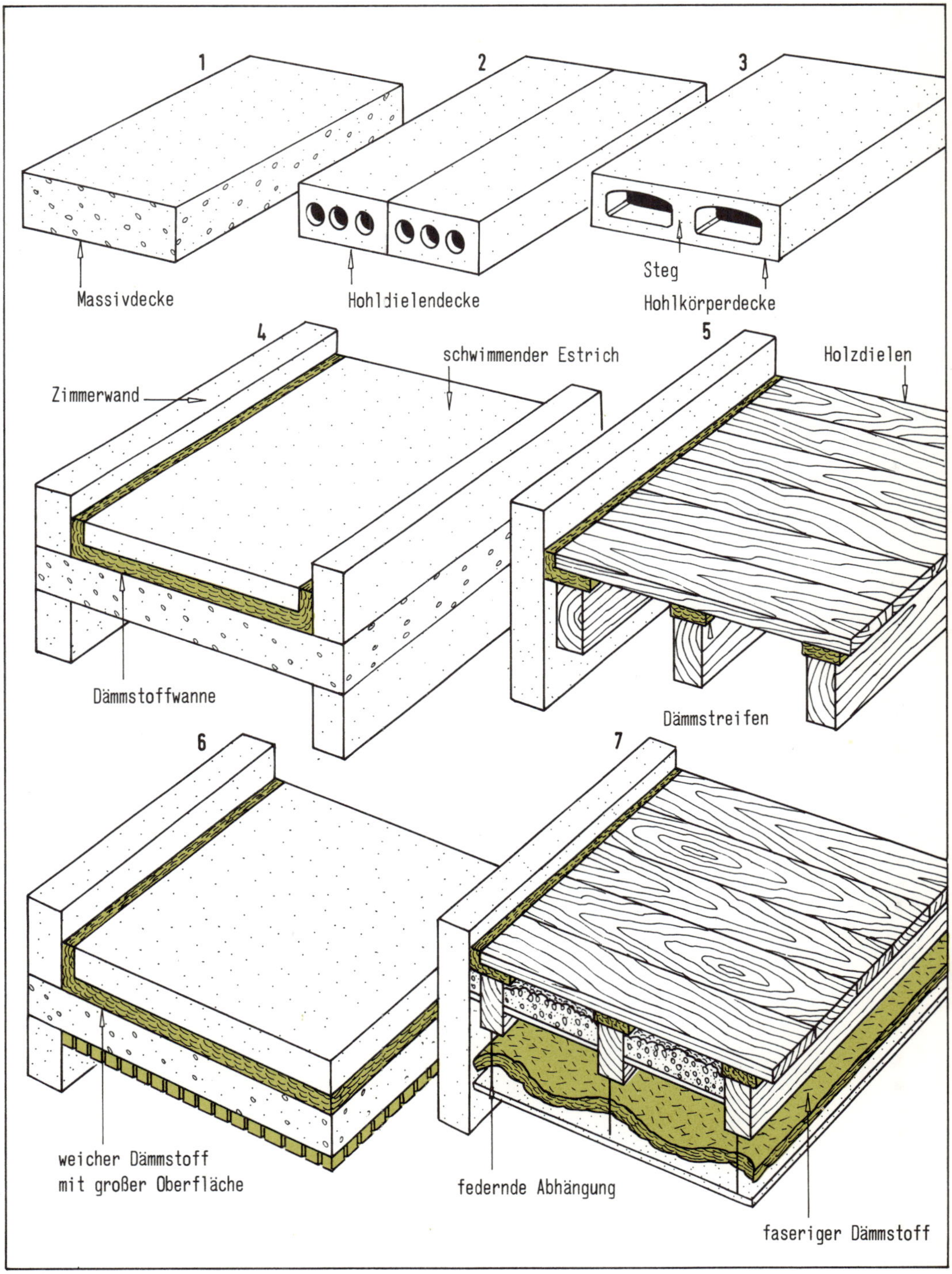
1
2
3
Massivdecke
Hohldielendecke
Steg
Hohlkörperdecke
4
5
schwimmender Estrich
Zimmerwand
Holzdielen
Dämmstoffwanne
Dämmstreifen
6
7
weicher Dämmstoff
mit großer Oberfläche
federnde Abhängung
faseriger Dämmstoff

Stichwortregister

Abbeilverfahren 20
Abdeckung, gedämmte 136
Abgasbestandteil 96
Abgasverlust 89
Abgehängte Decke 126
Abseitenzwickel 19
Alurahmen 128
Aluschiene 72
Ankleben 58
Anmachwasser 52
Ansetzgips 56
Armatur 135
Armierungsdrahtgewebe 32
Asbestzementplatte 60
Asbestzementwellplatte 64
Aufdoppelung 86
Auflaufschwelle 134
Ausbaufähigkeit 20
Ausfachung 60
Ausgleichbrett 26
Ausgleichlatte 120
Außenjalousie 80
Außenlärm 99
Außenwandschlitz 90

Balkendecke, schallunempfindliche 48
Baubahn 104
Baukleber 30
Baumethode, traditionelle 11
Baustoff (biegesteifer und biegeweicher) 102
Befestigungsband 82
Berührungsränder 46
Betonestrich, schwimmender 48
Betonsohle 52
Bewässerung 42
Bewässerungsrohr 56
Bewehrungsgewebe 68
Bewehrungsstreifen 30, 106
biegesteife Schale 102
biegeweiche Schale 102
Bimsmauerwerk 58
Bimsstein, zementgebundener 62
Binderfarbe 106
Bitumenauflage 16
Bitumenfilzplatte 112
Bitumenkocher 66
Bitumenkorkfilz 122
Bitumenpapierkaschierung 16
Bitumenpappe, heißverklebte 52
Blatt, stäbchenverleimtes 132
Bleischürze 84
Blendrahmen 84
Blindboden 122
Bolzensetzer 50
Breitkopfnagel 30, 72
Brettlasche 34

Dachdeckung 22
Dachflächenfenster 38, 82
Dachflächenfenstertür 38
Dachhaut 30
Dachhaut (Hinterlüftung) 22
Dachpfanne 84
Dämmfilz 118
Dämmaterial, Sonderformen 12
Dämmplatte 108
Dämmputz 18
Dämmrohmaterial 18
Dämmstoff 11
Dämmstoff, gerollter 12, 14
Dämmstoffmantel 12
Dämmstoffmatte 14
Dämmstoffmatte, weiche und halbsteife 12
Dämstoffplatte 12
Dämmstoffplatte, steife 14
Dämmstoffrand 28
Dämmwert 12
Dampfsperre 148
Decke, abgehängte 119
Deckenauflager 44
Deckenpaneele 126
Dichtleiste 76
Dichtmasse, dauerelastische 76
Dichtschlämmen 64
Dichtungsprofil 86, 134
Dichtungsrahmen 74, 130
Dichtungsstreifen 12, 16
Doppelständerwerk 116
Doppel-T-Stahlprofil 54
Doppelverglasung 74
Doppelzange 36
Dosenfräser 114
Dränageschlitz 64
Drahtanker 68
Drahtnetz, verzinktes 58
Dreifachverglasung 74
Dübelstein 72
Dünnbettverfahren 58
Dünnputz 32, 50
Durchblickmaß 82
Durchlaßwiderstand 72

Eckspachtel 110
Einbohrband 132
Eindeckrahmen 84
Eindichtungsarbeit 24
Einfachscheibe 74
Einfachverglasung 71
Einfluß, physikalischer 11
Einschäummasse, flüssige 94
Einschubtreppe 40
Einwalzverfahren 54
Energiefluß 89
Entwässerung 42
Entwässerungsrohr 56
Estrich-Zementmörtel 124

Falz, dicht verschließbarer 74
Falzdichtung 132
Falzplatte 12, 14
Faserdämmstoff 102
Fassadenschutz 70
Federprofil 88
Fehlboden 124
Fensterblock 80
Fensterflügel, isolierverglaster 74
Fensterfutter 38
Fensternacken 84
Fertigbetonmischung 124
Fertigparkettbretter 46
Fertigparkettelement 122

Fertigteil-Einschubtreppe 42
Feuchtigkeitsschutz 64
First 34
Firstlasche 34
Firstpfette 34
Flachdachdichtung, begehbare 40
Fließgeräusch 136
Folienlappen 24
Folienummantelung 18
Fugendichtigkeit 78
Fugengipsmörtel 110
Fundamentunterfangung 54
Fußbodenholzkonstuktion, schwimmende 44
Fußpfette 44
Futterbrett 28
Futterholz 26
Futterkasten, ein- und mehrteiliger 42

Gasheizung 96
Gaube 38
Gaubendach 38
Gebäudeschnitt 11
Gefache 78
Gießwalzverfahren 54
Gipsansetzbinder 108
Gipskartonplatte 110
Gipskartonverkleidung 28, 30
Gipsplatte 30
Glasfalz 71
Glasleiste 74
Glasseidengewebe 32
Glasvliesarmierung 16
Glaswoll-Dämmstoffschnüre 18
Grundwasserdichtung 54
Gußasphalt 52

Hafttiefengrund 120
Halbblockstein 66
Haltekonstruktion 34
Hartstahlnagel 58
Hausbock 20
Hausbockkäfer 20
Hausbockkäferlarve 20
Heftrandbahn, aluminiumkaschiert 58
Heißbitumenanstrich 64
Heißbitumenanstrichverfahren 66
Heißluftverfahren 20
Heizkörperhalter 92
Heizkörpernische 19, 92
Heizkörper-Thermostatventil 98
Heizungsregelung 98
Heizwasserdurchlaufmenge 98
Hinterlüftung 68
Hintermauerung 68
Hirnholzparkett 122
Hirnholzparkettplatte 46
Hobeldiele 122
Holzbalkendecke 36
Holzpaneel-System 28
Holzschutzmittel 70
Holzskelett 60
Holzständerwerk 116
Holztürblatt 86
Holzwollekaschierung 16
Holzwolleleichtbauplatte 30, 58
Holzwurm 20

Iso-Bitumenkorkfilz 104
Isolierglasscheibe 74
Isolierschlauch 135

Joule (Kalorien) 142

Kabel 42
Kabel, verklemmen 42
Kalkmörtel 70
Kalkzementmörtel 70
Kalorien 142
Kaltbitumenanstrich 64, 66
Kapillarwasser 64
Kastenfenster 74
Kehlbalkenlage 36
Kellerwanddichtung 64
Kelvin (1 Grad Celsius) 142
Klappladen 80
Klebemontage 50
Klemmfalzdämmplatte 68
Knagge 36
Knaggenstärke 36
»knirsch« 118
Körperschall 106, 149
Körperschalldämmatte 14
Körperschalldämmung 138
Körperschallerzeuger 100
Kondenswasser 56, 80
Konstruktion, heutige 11
Konstruktion, tragende 119
Konstruktionsbalken 40
Konterlattung 60
Konvektion 142
Kopfmaß 82
Korkplatte 52, 122
Korrosionsschaden 12
Krallenleerdose 42
Kreiselschneider 110
Kunststoffdispersionsputz 70
Kunststoffolie 52
Kunststoffschwelle 88

Lärmausbreitung 100
Lärmbelästigung 100
Lärmquelle 100
Lagerfuge 112
Laibung 71
Laibung, nichtgedämmte 72
Laibungsdämmung 86
Leichtbauwand 62
Leichtbetonboden 124
Lichteinfall 84
Lichteintrittsöffnung 82
Lochblende 42
Lotriß 104, 112
Lüftungswärmebedarf 78
Lüftungswärmeverlust 71
Lüftungsstein 68
Luftablaßschraube 140
Luftblase 140
Luftdruckschwankung 149
Lufterneuerung 78
Luftgrenzschicht 144
Luftloch 104
Luftmolekül 149
Luftschall 149
Luftschallerzeuger 100
Luftschallübertragung 100, 149
Luftschichtplatte 68

Mantelrohr 136
Mauerschale 68
Mauerschale, halbstein'sche 60
Mauerwerksdurchfeuchtung 12
Matte, bitumenpapierüberzogene 30
Mehrkammerhohlblockstein 62
Mehrschichtleichtbauplatte 32
Mehrschichtplatte 12, 14, 16

Metallfolienschicht 16
Mindestschallschutzanforderung 100
Mineralfasermatte 104
Mineralfaserplatte 112
Mineralwoll-Gipskarton-Verbundelement, nichtbrennbares 56
Mischerventil 98
Mörtel 72
Montageträger 126
Moosgummi 76
Motormischventil 98

Nachverdichten 120
Naßestrich 52
Naßmörtel 32
Naßputz 58
Naßraumfußboden 124
Neoprenband 128
Neoprendichtung 134
Neoprendichtungsprofil 88
Neudeckung 22
Nischendämmung 92
Nutenzieher 114

Oberflächentemperatur 72, 141
Oberputz 58
Ölheizung 96

Papierkaschierung 16
Pappdocken 24
Paßabstand 134
Perlgipsplatte 120
Pfettendach 19
Phonstop-Isolierglas 128
Platte, dreischichtige 32
Pochkäfer 20
Polyäthylenfolie 120
Polyäthylenschaumfolie, extrudierte 48
Profilholzschalung 58
Profilschalbrett 28
Pumpenheizungsanlage 90
Putz, mineralischer 70
Putzbewehrungsstreifen 58
Putzdurchfeuchtung 72
Putzmörtel 66
PVC-Abflußleitung 136

Randdämmstreifen 104
Randdämmung 16, 150
Randstreifen 12, 16
Rauchgas 96
Rauchrohr 96
Rauchrohrabdeckung 96
Rauchrohrquerschnitt 96
Raumthermostat 98
Raumthermostat (mit Zeituhr) 98
Reflektionsplatte 92
Regenschutzschiene 76
Reibeputz 32
Revisionsschacht 94
Rieselschutz 46
Rillenfurche 16
Ringdränageleitung 64
Rippenstreckmetall 32
Rißbildung 12
Röhrenspanplatte 132
Rohr (mit angeschäumtem Polyurethanhartschaummantel) 90
Rohr mit Isolierstreifen 135
Rolladenkasten 80
Rücklaufwasser 98
Rundstahlanker, gespaltener 86

Satteldach 19
Sattelholz 76
Schallabsorption (Schallschluckung) 149
Schallbrücke 102
Schalldämmung 149
Schalldämmwand 102
Schalldämpfer 138
Schalldämpfkörper 140
Schalldämpfstrecke 130
Schallerzeugung 100
Schallschutzvorsatzwand 101
Schallschutzwand 102, 106
Schallübertragung 101
Schallverschmutzung 130
Schattenfuge 126
Schattenfugenabstand 28
Schaumstoffblock 94
Schilfrohrmatte 32
Schimmelpilzbefall 72
schlagregengeschützt 76
Schleifdichtung 88, 134
Schlitzsäge 134
Schnellbauschraube 118
Schnellhänger 126
Schornstein 96
Schornsteinzug 96
Schraubnagel 118
Schüttmaterial 16
Schwachstromanlage 42
Schwellenbereich 76
Schwellholz 116
Schwingungsdämpfung 16
Senkblei 116
Sichtflächenschicht 16
Skelettholz 68
Sohlbank 92
Sohlbankabdichtung 92
Sohlenkonstruktion 54
Sonnenenergie 141
Sonnenschutzglas 82
Spachtelgips 30
Spannfolie 28
Spannschnur 58
Spannungsriß 64
Sparren, abgebeilter 26
Sparrenfeld 28
Sparrenfuß 34
Sparrenkonstruktion 32
Sparrenstummel 40
Sparrenüberblattung 34
Sparrenwechsel 38
Sparschalung 30, 32
Speichervermögen 62
Sperrmaterial 11
Sperrschicht 64
Spezialdichtungsbahn 66
Spezialformteil 18
Spezialnagel, verzinkter, mit Hohlkopf 118
Spitzboden 19, 40
Spritzbewurf 58, 70
Sprossenfenster 71
Spülkasten 138
Stahlbetondachdecke 44
Stahlbetondecke 119
Stahlbetonwanne 54
Stahlwinkel 104
Starkstromanlage 42
Stauraum 19
Steckabstandskralle 126
Steinplattenfußboden 52
Stichleitung 64
Stillstandverlust 89
Stoßfuge 112
Strahlung 142
Streichmaß 30
Stützblech 84
Stufenfalz 44
Sturz, tragender 80
Sturzbereich 76

Taupunkt 72
Tauwasserbildung 12
Temperaturspannung 12
Terrassenentwässerung 40
Tiefgrund 36, 110
Traufbohle 24
Traufe 34
Traufel 114
Traufzwickel 34
Trennfolie 76
Trittschall 149
Trittschalldämmplatte 46
Trittschalldämmung 122
Trittschallverbesserung 100
Trockendämmschüttung 52
Trockenestrich 120
Trockenestrichplatte 52
Trockenputz 32
Trockenschüttung 120
Türlaibung 86

Übertragungsweg 100
Umdeckung 22
Umwälzpumpe 98
Unterdecke 122
Unterputz 58
Unterspannbahn 22, 24
Unterspannbahnlatte 30

Verblendmauerwerk 68
Verblendung 68
Verbundplatte 56
Verkieselung 52
Verkleidungsarbeit 16
Verkleidungsplatte 26, 104
Vorlegeband 74
Versiegelung 78
Vorlauftemperatur 98
Vormauerschale 72
Vormauerung 68
Voröl 106
Vorsatzflügel 74
Vorspachtelmasse 106

Wärme 141
Wärmebrücke 16, 34, 82
Wärmedämmung 102, 141
Wärmedurchgang 71
Wärmedurchgangswiderstand 144
Wärmedurchlaß 142
Wärmedurchlaßwiderstand 144
Wärmefluß 12
Wärmeleitung 142
Wärmeleitzahl 142
Wärmeschutzmantel 46
Wärmestrom 72, 141
Wärmeübergang 144
Wärmeübergangswiderstand 144
Wärmeübergangszahl 144
Walmdach 19
Wandoberflächentemperatur 141
Wandtemperatur 141
Wasserdampfkondensation 146
Wasserdampfwanderung (Wasserdampfdiffusion) 148
Wechselholz 82
Wetterschutzschicht 56
Winkellochplatte 104
Wischputz 32
Wohnflächenberechnung 19

Zangenhölzer 36
Zementmörtel 70
Ziegelmauerwerk 58
Ziegelmontageelement 60
Zwickelbereich 34
Zwickeldämmung 34, 42
Zwickelhohlraum 12, 40
Zwickelverkleidung 34
Zwischenwand 116

Bildnachweis
Das Titelbild und die Zeichnungen Dietmar Lochner.